"十三五"国家重点出版物出版规划项目
高等教育网络空间安全规划教材

U0175169

网络安全实用教程

沈苏彬　编著

机 械 工 业 出 版 社

本书从网络安全防御的角度，系统地讨论网络安全技术体系的基本概念、原理及其应用。本书共分 7 章，分别为网络安全概述、数据加密导论、网络真实性验证、网络访问控制、网络攻击与防御、网络安全加固以及网络安全应用。

本书侧重于网络安全的概念、原理等方面的分析和描述，便于读者进一步学习和掌握与网络安全相关的技术或方法；并且每章配有思考与练习，以指导读者深入地进行学习。

本书既可作为高等院校网络空间安全、信息安全等专业相关课程的教材，也可作为网络安全研究和开发人员的技术参考书。

本书配有授课电子课件，需要的教师可登录 www.cmpedu.com 免费注册，审核通过后下载，或联系编辑索取（微信：15910938545，电话：010-88379739）。

图书在版编目（CIP）数据

网络安全实用教程 / 沈苏彬编著. —北京：机械工业出版社，2021.5
（2022.6 重印）
"十三五"国家重点出版物出版规划项目
高等教育网络空间安全规划教材
ISBN 978-7-111-68165-6

Ⅰ.①网… Ⅱ.①沈… Ⅲ.①计算机网络－安全技术－高等学校－教材 Ⅳ.①TP393.08

中国版本图书馆 CIP 数据核字（2021）第 084196 号

机械工业出版社（北京市百万庄大街 22 号　邮政编码 100037）
策划编辑：郝建伟　　　责任编辑：郝建伟　陈崇昱
责任校对：张艳霞　　　责任印制：常天培

固安县铭成印刷有限公司印刷

2022 年 6 月第 1 版·第 2 次印刷
184mm×260mm · 13.25 印张 · 326 千字
标准书号：ISBN 978-7-111-68165-6
定价：55.00 元

电话服务　　　　　　　　网络服务
客服电话：010-88361066　　机　工　官　网：www.cmpbook.com
　　　　　010-88379833　　机　工　官　博：weibo.com/cmp1952
　　　　　010-68326294　　金　书　网：www.golden-book.com
封底无防伪标均为盗版　　机工教育服务网：www.cmpedu.com

高等教育网络空间安全规划教材
编委会成员名单

前　　言

网络安全（Cyber Security，也称网络空间安全）知识已经成为现代信息社会成员必备的常识，也成为现代信息通信技术专业人员必备的基础知识。由于互联网已经成为国家信息基础设施，而网络安全也已经成为国家安全的一个重要组成部分，所以，网络安全的技术领域已经成为国家战略发展的核心技术领域之一。

从 1988 年 11 月 2 日晚在互联网上首次爆发"网络蠕虫"开始，计算机网络领域的学术界和产业界越来越重视网络安全相关技术的研究和开发。随着网络技术及其应用的发展，侧重于网络安全防御的网络安全技术在已有的数据加密、数据安全通信、计算机数据安全等技术的基础上，逐步形成了由网络真实性验证、网络访问控制、网络攻击与防御、网络安全加固以及网络安全应用技术构成的一套自身特有的网络安全技术体系。

本书将从网络安全防御的角度，探讨网络安全中的基本原理和基本方法，分析网络安全中较为成熟的应用技术和方法，试图为从事信息通信技术的专业人士、相关专业的本科生和研究生进一步研究与开发网络安全技术或产品奠定基础。

网络安全技术属于高速发展的信息通信技术领域中的核心技术，相关的参考文献和专业书籍十分丰富。由于网络安全属于不断发展和演进的国际前沿技术，原创的概念和原理主要源于英文版的学术研究刊物。由于专家们的专业背景不同，对于相关英文术语会存在不同的理解，由此翻译的中文术语与英文术语的含义容易存在一定的偏差，给初学者理解网络安全的概念和原理造成了一定的困难。本书试图澄清这方面的一些偏差。

本书主要基于编者对英文版权威参考文献中有关网络安全技术的分析和理解，结合编者在网络安全方面十多年的教学体验，试图较为通俗地分析和描述实用网络安全技术中的概念、原理和方法，主要包括以下内容。

第 1 章"网络安全概述"讨论了网络安全的概念、组成和关键技术，强调了网络安全中的保密性、完整性和可用性在网络安全技术的学习与应用中的关键作用。

第 2 章"数据加密导论"讨论了传统数据加密和公钥数据加密的概念、原理以及相应的算法，包括传统数据加密算法中基于块加密算法的加密操作模式的具体应用。

第 3 章"网络真实性验证"讨论了报文真实性验证和真实性验证协议的原理与方法。

第 4 章"网络访问控制"讨论了网络访问控制模型以及网络防火墙技术。

第 5 章"网络攻击与防御"讨论了网络攻击的分类、网络攻击检测的原理和方法，以及网络恶意代码、互联网蠕虫、僵尸网的特征与防御方法。

第 6 章"网络安全加固"讨论了互联网协议（IP）以及互联网传送层的安全加固方法。

第 7 章"网络安全应用"讨论了网络安全技术在电子邮件系统、万维网等方面的应用，以及区块链的概念、原理及其应用方法。

由于编者水平有限，书中难免存在疏漏和不妥之处，敬请广大读者谅解，并提出宝贵意见。

编　者

目　　录

第 1 章　网络安全概述

网络安全是一种从 1988 年开始发展起来的、面向网络系统及其应用的安全技术，并且已经逐步形成一门独立的技术体系。常用的网络安全技术包括报文真实性验证技术、数字签名技术、真实性验证协议、安全互联网协议（IPsec）技术、网络防火墙技术、网络攻击和网络防御技术、安全万维网技术、安全电子邮件技术以及其他网络应用安全技术。

网络安全技术的发展历史就是防范不断出现的、不同形式的网络攻击的历史，正确理解网络面临的安全威胁，可以准确地理解网络安全技术的目标和基本原理。

从网络用户的角度看，网络安全可以具体表现为以下三个基本特性：可用性、完整性、保密性，网络安全技术体系主要是围绕这三个基本特性而发展和完善的，这三个基本特性是评判网络系统及其应用是否安全的基本指标，所以也可以称为网络安全的内涵。

网络安全技术体系包括了作为基础技术的密码技术，作为核心技术的真实性验证技术、访问控制技术、攻击防御技术，作为应用技术的网络安全加固技术与网络安全应用技术。其中数据加密、真实性验证、访问控制、攻击防御构成了网络安全的基本技术。

本章要求掌握网络安全的定义以及基本特性；掌握网络安全威胁的分类；掌握网络安全的技术架构以及关键技术的构成。

1.1　网络安全的相关定义

网络安全目前在国内的“正式”称谓是“网络空间安全”，对应的英文术语是 Cyber Security，而不是 Network Security。如果要准确地理解和把握网络安全，必须准确地理解 Cyber 的含义，另外也需要梳理“网络空间”初始的含义。在此基础上，才能完整和准确地给出网络安全的定义，并准确地描述网络安全的内涵。而准确且全面地理解网络安全的内涵，是学习、掌握和应用网络安全基本概念、原理和技术的基础。

1.1.1　网络与网络空间

学习网络安全的基本概念和基本原理，最容易产生的概念方面的错误就是对于“网络”和“网络空间”的定义和内涵的理解与把握。

国内信息通信技术领域的教材，通常忽略了对相关技术领域核心术语的准确把握和表述，这在很大程度上造成了这些技术领域的术语混乱和基本概念的混乱，这样就不利于初学者较快地掌握该领域的基本概念和技术原理。网络安全技术领域属于存在较多术语表述混乱的领域。本书将强调对于网络安全技术领域关键术语的分析和准确把握，在此基础上，试图采用通俗易懂的方法表述网络安全的基本概念和基本原理。

> 📖 20 世纪 90 年代，正值互联网及其应用在我国"跃进"式发展之际，当时我国真正从事计算机网络专业研究和开发的人员极少，而对于计算机网络和互联网方面的技术书籍的社会需求量却极大，由此催生了一批非计算机网络或非互联网的专业人员大量翻译国外的计算机网络和互联网的专业书籍，造成计算机网络和互联网领域专业术语的混乱，使得我国在计算机网络和互联网领域的基本概念和基本原理的表述与理解存在较多的混乱，这不仅阻碍对于国际不断创新的信息通信技术的学习和理解，并且也直接阻碍我国在信息通信技术领域的原始创新。

> 📖 最为典型的就是互联网中的地址解答协议（Address Resolution Protocol）明明是通过协议报文的"一问一答"的交互过程获得 IP 地址的"地址解答协议"，却被翻译成为"地址解析协议"。这个协议没有任何"分解、析出"的含义。另外，网络安全的关键技术——Authentication，现在国内通常翻译为"身份认证"技术，这里的 Authentication 没有任何"认证"的含义，《朗文当代英语辞典（英-汉）》Longman Dictionary of Contemporary English（English-Chinese）中解释这个词为："to prove that something is true or real，证明某物是真的，鉴定某物之真实性"。现在有些学者将该术语翻译为"鉴真"是准确的，只是不够通俗，不太容易理解。本书将该术语直译为"真实性验证"。

1. 网络

我们通常所说的"网络"对应的英文术语是 Network，但网络这个词已经被广泛应用于众多的应用领域，例如交通网络、复杂网络、计算机网络、神经网络、移动通信网络、电信网络等，这些术语中的"网络"具有截然不同的含义，例如复杂网络、神经网络都是仅仅指一类数学模型；交通网络是现实世界的城际公路、城市道路、铁路、民航的运输网络；计算机网络、移动通信网络、电信网络则是与互联网相关的、可以提供不同服务、满足不同应用需求的、可以作为信息基础设施的网络。目前，全球通用的公共信息基础设施就是互联网。

本书讨论的网络安全中的"网络"应该是与计算机网络、移动通信网络、电信网络等这类信息基础设施相关的网络，并且与互联网及其应用相关的网络，所以，本书讨论的网络安全中的"网络"对应于英文术语 Cyber。

2. 网络空间

中文曾经将该英文术语 Cyber 音译为"赛博"。但查询有关资料，可以找到 Cyber

的解释为"诺伯特·维纳在《控制论》中使用 Cybernetics 一词，后来作为前缀，代表与 Internet 相关或计算机相关的事物，即采用电子工具或计算机进行的控制。"这里突出 Cyber 与互联网或计算机相关的特征。

《新牛津英汉双解大词典》第 2 版中给出的 Cyber 的英文解释的中文直译是"计算机、信息技术、虚拟现实的技巧和表示方式的、相关的，或具有这方面特征的"，这种解释应该是最为基本的，通俗地说，Cyber 表示我们目前使用的互联网、互联网上的应用以及通过互联网获取的所有结果。采用专业说法，Cyber 表示互联网及其互联网应用。所以，将 Cyber 翻译成为"网络空间"是比较准确和通俗易懂的。

本书将采用这种中文翻译的术语，但出于表述的简单性考虑，将"网络空间安全"简称为"网络安全"。

当然，曾经有些专家认为 Cyber 应该翻译为"信息"，把 Cyber Security 翻译成为"信息安全"，这应该是受到了诺伯特·维纳在《控制论》中使用 Cybernetics 一词的影响。从目前真正使用的含义看，这里的 Cyber 绝大多数是指与互联网相关的。所以，国际上曾经使用过的专业术语 Internet Security（互联网安全），目前也应该称为 Cyber Security（网络空间安全），这样可以更多地侧重于互联网应用方面的安全问题以及相关的解决方案。

> 📖 《新牛津英汉双解大词典》第 2 版中给出的 Cyber 的英文解释是："of, relating to, or characteristic of culture of computers, information technology, and virtual reality"。

1.1.2 网络安全的定义

准确理解和掌握网络安全的定义是理解和掌握网络安全基本概念与基本原理的第一步，也是最关键的一步。这一步如果出现偏差，将难以真正全面、完整地理解和掌握网络安全的基本概念与基本原理。

以下首先罗列并分析目前国内网络安全教科书中给出的定义，然后再罗列并分析国际电信联盟给出的定义，最后给出本书对于网络安全的定义。

1. 国内现有的定义

百度百科给出的定义是："网络安全是指网络系统的硬件、软件及其系统中的数据受到保护，不因偶然的或者恶意的原因而遭受到破坏、更改、泄露，系统连续可靠正常地运行，网络服务不中断。"这样的总体定义还是比较准确的，但百度百科有关网络安全的展开性说明就不太准确，存在一定概念上的错误，容易造成歧义。

> 📖 有关百度百科的"网络安全"定义和完整的说明可以具体浏览（注：2019 年 12 月可以访问）以下网页：https://baike.baidu.com/item/网络安全/343664。

2．国际电信联盟的定义

国际电信联盟作为联合国下属的国际信息通信技术的标准化机构，给出了网络安全的标准定义："网络安全涉及用以保护网络环境和机构及用户资产的各种工具、政策、安全理念、安全保障、指导原则、风险管理方式、行动、培训、最佳做法、保证和技术。机构和用户的资产包括相互连接的计算装置、人员、基础设施、应用、服务、电信系统以及在网络环境中全部传送和/或存储的信息。网络安全工作旨在确保防范网络环境中的各种安全风险，实现并维护机构和用户资产的安全特性。网络安全的总体目标包括下列各个方面：可用性、完整性（其中可以包括真实性和不可否认性）、机密性。"

> 📖 国际电信联盟的网络安全定义可见https://www.itu.int/rec/T-REC-X.1205-200804-I上发布的ITU-T X.1205建议书（2008年）中的网络安全综述（Overview of Cybersecurity）。

国际电信联盟是从完整和准确地表述网络安全技术特征的角度，给出了网络安全的定义。初学者不太容易理解这种偏重于技术应用类的定义，但进行网络安全技术研发的人员，则能够从以上定义中明确网络安全技术涉及的内容、网络安全需要保护的对象以及网络安全主要的评价指标。

例如，以上定义明确了网络安全必须保护的对象是"网络环境和机构及用户资产"，而网络安全的评价指标是"实现并维护机构和用户资产"的"可用性、完整性（其中可以包括真实性和不可否认性）、机密性。"。

通过以上分析可以看出，国际电信联盟给出的网络安全定义，全面、完整和准确，可操作性强。只是涉及的专业技术细节较多，不利于初学者的理解和掌握。

3．本书的定义

网络安全是在通信安全、计算机安全和密码技术的基础上建立的一种网络环境下的安全可控技术体系，其目的是保证网络通信系统、网络应用系统以及网络系统内传递和存储数据的保密性、完整性与可用性。

网络安全不同于通信安全和计算机安全技术，网络安全涉及在网络环境下的数据和应用安全，以及网络系统自身的安全性。

网络安全中的安全性可以具体分解为以下可操作和可评测的三个基本特性：保密性（Confidential，注：也有专家翻译为机密性，但作为一个安全特性，它是用于保护数据的机密，还是翻译为"保密性"比较准确），表示网络（传送和应用的）数据和网络系统（配置）都是保密的，敏感数据或用户隐私数据没有被泄露；完整性（Integrity），表示网络数据、网络应用以及网络系统的真实可信、没有被篡改、不是假冒的、没有被攻击、没有被恶意控制；可用性（Availability），表示网络数据、网络应用以及网络系统都可以访问、可以使用、可以提供服务、可以正常响应用户的服务请求。这三个安全特性也可以简称为网络安全的 CIA 特性。

📖 国内有些专家坚持扩展网络安全 CIA 这三类基本特性，例如增加不可抵赖性等，我们认为，这些拟增加的特性都可以从现有的 CIA 特性中推导出来。例如，保证网络环境下的数据的完整性不仅在于数据传送过程中确保数据不被修改，同时还要确保发送数据的一方是真实的发送方。这里主要的问题是：如何正确理解英文"Integrity（完整性）"的含义。实际上，英文的"完整性"就有"真实"的含义。例如，如果说一个人性格完整，就是说明其性格很真实。

1.2 网络安全的发展历史

网络安全是不断防御各种各样的网络攻击而逐步形成的一个独立技术体系。网络安全技术综合了密码学、通信安全、计算机安全、数据安全等多方面的相关理论和技术，根据网络安全应用以及防御网络攻击的实际需求形成了一个特有的技术体系。

1.2.1 网络安全面临的威胁

要了解网络安全技术发展的历史，必须首先了解网络安全面临的威胁。目前，网络环境下的主要安全威胁可以分成以下几种类型：假冒、窃听、篡改、重播报文、拒绝服务以及网络蠕虫等安全威胁。

1）假冒，是指假冒网络主机或者假冒网络用户访问某机构内部网络系统或内部网络服务器（如图 1-1a 所示）。例如，在互联网应用初期常常通过 IP 地址限制主机对公共互联网的访问，这样就可以假冒有权限访问公共互联网的 IP 地址，从而获得公共互联网的访问权限。

2）窃听，是指截获网络上传递的报文（如图 1-1b 所示）。例如，攻击者可能截获网上交易的报文，获取他人的未加密的交易信息。

3）篡改，是指截获并篡改网络上传递的报文（如图 1-1c 所示）。例如，攻击者可能截获网上交易传递的报文，更改报文中的关键数据，从而实施网络犯罪活动。

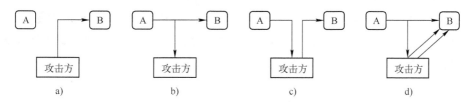

图 1-1 网络系统几类常见的安全威胁

a) 假冒 b) 窃听 c) 篡改 d) 重播报文

4）重播报文，是指重复传播网络上传递的报文（如图 1-1d 所示）。攻击者可能截获网络上正常传递的报文，对该报文不做任何更改，在适当时候在网络上一次或者多次转发该报文。重播报文会对网络正常运行造成较大的危害。例如，重播请求登录服务器的报文，可能假冒用户登录并使用服务器，这就是"重播攻击"。

5）拒绝服务，是指多个网络站点发送虚假的请求服务报文，使得被请求服务器无法正常处理其他网络请求，处于"拒绝服务"状态。分布式拒绝服务攻击是目前网络上难以防范的一类攻击。

6）网络蠕虫，是指恶意代码利用网络系统的漏洞，在网络上繁殖和传递恶意代码，窃取网络主机或者网络应用系统的敏感数据（如窃取用户登录口令），造成网络主机或者网络应用系统（如电子邮件系统）无法正常工作。网络蠕虫攻击是目前网络上最大的一类安全威胁。

1.2.2　网络安全的相关技术

虽然网络安全从 1988 年才开始成为一个独立的技术体系，但网络安全在很大程度上继承了数据加密、通信安全、计算机安全、数据安全等技术中的相关概念、原理和方法，所以网络安全的发展史也是不断融合这些相关技术的发展史。

1. 数据加密

数据加密是一种为了防止非授权者获取数据内容而对数据进行编码处理，以便隐藏数据内容，同时可以方便授权者获取数据内容而进行解码处理的技术。经过该编码处理的数据可以使非授权者难以获取数据表示的内容，经过解码处理的数据又可以使得授权者较为容易地获取该数据表示的内容。这种对数据的编码和解码的处理过程称为数据加密。

例如，对于数学中常用的常数 π 的近似值 3.1415926 中的每一位数以 10 为模进行加 5 处理，例如 $(3 + 5)\bmod 10 = 8$，$(1 + 5)\bmod 10 = 6$，…，经过这种简单的编码处理，π 的近似值就变成 8.6960471。这样，不知道该编码方法的非授权者就难以知道这个数是 π 的近似值。而被授予可以读取该数据中信息权限的用户则可以通过对该数的每一位数以 10 为模进行减 5 处理，例如 $(8 - 5)\bmod 10 = 3$，$(6 - 5)\bmod 10 = 1$，…，这样，就可以将 8.6960471 还原成为 3.1415926，从而知道这是 π 的近似值。

数据加密只是密码学的一个组成部分，密码学不仅研究如何进行加密/解密数据的处理过程，还研究如何破译加密的数据，获取加密数据表示的信息。密码破译技术的研究具有双重目的：其一是检验加密/解密算法的安全性；其二是破译敌方的密码，窃取敌方的保密信息。

网络环境下的数据保密传递离不开数据加密技术，而网络环境下的身份真实性验证也离不开数据加密技术，网络银行交易和网上购物的防范虚假交易与商业欺诈的主要手段是数字签名，数字签名就是一类公钥加密算法的应用。所以，数据加密在网络安全技术的发展过程中发挥了十分关键的基础性作用。

> 📖 一些网络安全核心技术和应用技术依赖于数据加密的概念、原理与方法，例如报文真实性验证技术、身份真实性验证协议、数字签名、安全 IP 以及区块链等。从这个角度看，数据加密是网络安全的技术基础。

2．通信安全

通信安全技术要解决的首要问题是如何识别通信另一方的身份真伪。早在第二次世界大战期间，盟军为了识别德军的飞机，就开始研究身份真实性验证协议，即通过发送加密的无线电信号，判断远方的战机是否能够回复。如果能够回复，则说明该战机拥有盟军的解密方法，属于盟军。

身份真实性验证协议就是通过通信双方的报文交互，相互识别和验证对方身份真伪的一组规则。著名的 Needham-Schroeder 真实性验证协议是 1978 年提出的、面向公共电信网络的身份真实性验证协议。这种身份真实性验证协议已经直接应用于网络安全技术中。

3．计算机安全

计算机安全技术主要侧重于对于计算机用户身份真实性验证技术、对计算资源的访问控制技术以及数据加密存储技术。

数据加密存储技术就是对存储的数据进行加密，计算机系统中的用户身份真实性验证技术通常采用的是用户名和口令管理系统。为了保证计算机系统中存储数据的安全性，美国军方从 20 世纪 60 年代就开始启动了计算机系统访问控制的研究项目，包括对计算机系统中的文件进行创建、删除、读、写、执行等权限控制研究。并且在 20 世纪的 70 年代至 80 年代，提出了诸如 Bell-Lapadula 模型、Biba 模型等一系列著名的访问控制模型，以及相应的实现机制。

这些计算机安全技术已经直接应用于网络安全中，形成了网络防火墙技术，构成了从网络分组转发控制到网络应用控制的访问控制技术，成为网络安全中的核心技术之一。

4．数据安全

数据安全是一种保证数据在采集、存储、传递、处理、访问、使用过程中的保密性、完整性和可用性的技术。

如果数据仅仅存储在多用户计算机环境下，则数据安全技术只涉及计算机安全技术，以及数据存储介质的安全技术，例如磁带防电磁干扰、防潮湿霉变技术等。

如果数据在网络环境下传递和存储，数据安全则必须依赖于网络安全技术。将已有的数据安全技术与网络安全技术相结合，就构成了面向数据的网络安全技术。

1.3 网络安全的技术体系

网络安全是在通信安全、计算机安全和密码技术的基础上建立的一种网络环境下的安全技术体系，其目的是保证网络系统本身，以及网络系统内部存储和传递的数据的保密性、完整性与可用性。

网络安全不同于通信安全和计算机安全技术，它在一个完整集成了数据通信和计算机应用的开放网络环境下提供数据安全和系统安全的功能，而不是在某个封闭通信环境，或者某个封闭的计算机系统内提供数据安全的功能。另外，网络安全还提供对网络系统自身的安全防护功能。这里的系统安全不仅包括网络中的数据传送系统的安全，还包括连接在网络系统中的计算机系统安全，和构建在网络系统之上的应用系统安全。

1.3.1 网络安全的目标和内涵

根据网络安全的定义，网络安全的目标主要涉及两个方面的内容：数据在网络系统中传递和存储的安全性，网络系统本身的安全性。

安全性是一个比较抽象的特性，为了理解网络安全，必须进一步了解"安全性"的内涵。在网络安全中，安全性通常可以具体表示为：保密性、完整性和可用性。

1）保密性，通常指网络系统中信息的隐藏性。网络系统内传递的数据具有保密性就是指即使传递的数据中途被截获，截获方也无法获取数据中表示的信息。网络系统结构以及配置具有保密性是指非授权网络用户无法通过截获网络中传递的报文等非法手段，获取有关网络结构及其配置等网络系统的内部数据。

2）完整性，通常指网络系统中数据的真实性和不可篡改性。网络系统内传递的数据具有**完整性**就是指该数据是来自**真实的数据源**，并且在传递过程中**没有被篡改**，这样，可以保证接收方完整地接收到真实发送方发来的数据。网络系统结构以及配置具有完整性是指网络结构和配置数据是真实的，并且没有被非授权修改。

3）可用性，通常指网络系统的服务及其存储在网络中的数据始终处于可以访问、可以使用的状态。可用性是网络安全中一个十分重要的指标。目前，较为难以应对的网络威胁是"拒绝服务（DoS）"攻击。这种攻击不是窃取网络中的数据，也不是篡改网络中的存储或传递的数据，而是通过恶意使用网络服务，使得网络服务处于不可使用状态。

从网络用户角度看，网络安全的目标就是保证在网络系统中传递和存储数据的保密性与完整性，保证网络系统的可用性。为了保证网络系统的可用性，网络管理员必须保证网络系统结构和配置数据的保密性与完整性。

在网络安全中，"安全性"还可以再细分出：可鉴别性和不可抵赖性。可鉴别性是指可以对用户的身份进行标识和验证的特性，而不可抵赖性是指用户对自己完成的操作具有不可隐藏、不可否认的特性。在网络安全环境下，这两个特性都可以作为保密性和完整性的某种细化的特性。例如，如果系统提供了保密性，则系统必须首先明确哪些用户是合法阅读保密数据的用户，这样，系统必须对用户身份具有可鉴别性，即具备保密性的系统也同时具备了可鉴别性。如果系统提供了完整性，则系统可以保证数据确实是经过真实性验证的数据源端发送给接收端的，而且是没有被篡改的数据。这样，具备完整性的系统也同时具备了不可抵赖性。

1.3.2　网络安全的技术架构

从使用网络和提供网络服务的角度看，网络安全技术包括真实性验证、访问控制、攻击防御、网络安全加固技术以及网络安全应用技术。虽然数据加密在网络安全技术中也扮演了一个十分关键的、不可缺少的角色，但是，数据加密并不是网络安全中研究和开发的技术。数据加密只是研究和开发某些网络安全技术的技术基础。这些技术的相互依赖关系以及与数据加密的依赖关系如图 1-2 所示，这些技术共分成 3 层，上层技术依赖于下层技术。

图 1-2　网络安全技术的组成

真实性验证是源于通信安全的一种技术，主要是验证网络环境下交互双方身份的真实性，并且保证交互双方数据传递报文的真实性。真实性验证技术是网络安全技术体系中的一类核心技术，也是网络安全研究和应用较为成功的一类技术。

访问控制是源于计算机安全的一种技术，主要是控制对某些网络区域或者某些网络资源的访问。访问控制技术是具体实现网络安全控制策略的技术，它是网络安全技术体系中的一类核心技术，网络防火墙就是网络访问控制技术的具体应用。

攻击防御是网络安全中最具有直接应用价值的技术，它包括网络环境下的入侵和攻击检测技术、网络蠕虫等网络攻击的防御技术。攻击防御技术是网络安全技术体系中的一类核心技术，也是网络安全中发展最快的技术。

网络安全加固技术是真实性验证、访问控制、攻击检测等网络安全核心技术在现有网络系统和服务的具体应用，其目的是使得已有网络具有保密性与防御攻击的能力。网络安全加固技术属于网络安全中的一类应用技术。

网络安全应用技术是真实性验证、访问控制、攻击检测等网络安全核心技术在网络应用系统中的具体应用，包括安全电子邮件技术、安全万维网服务技术等。网络应用安全技术属于网络安全技术中的一类应用技术。随着网络应用安全技术的进一步发展，可以进一步细化为更为具体的网络应用安全技术，例如区块链技术等。

数据加密是网络安全中不可缺少的一类基础技术，但它不是网络安全中研究和开发的某类技术。所以，在图 1-2 中采用灰色方框表示。

下面一节将简要介绍网络安全中的三大基础技术：真实性验证、访问控制和攻击防御技术，以及两类应用技术：网络安全加固和网络安全应用技术。

1.3.3　网络安全的关键技术

网络安全技术是针对网络安全威胁设计的一套安全防范机制。真实性验证技术可以防范假冒和篡改攻击，访问控制技术可以防范窃听和重播攻击，攻击防御技术则可以在一定程度上防御重播攻击、分布式拒绝服务攻击以及网络恶意代码攻击。

在已有的网络系统中，通常采用网络安全加固技术防范假冒、篡改和窃听等攻击，以及在一定程度上防范重播报文攻击。在具体网络应用中，通常采用网络安全应用技术来防范这些网络攻击。

1．网络真实性验证

网络真实性验证是网络安全控制的第一步，网络真实性验证包括两个方面的技术：报文真实性验证技术、身份真实性验证技术。报文真实性验证技术是一类与数字签名相关的技术，确保网络环境下传递报文的真实性。身份真实性验证技术涉及身份标识真实性的验证，主要通过真实性验证协议实现。

网络环境下身份标识是指对网络实体的标识，例如，IP 地址就是对网络层 IP 实体的标识，网络端口号就是对传送层实体的标识。但现有的网络系统，例如，基于 TCP/IP 协议簇的互联网系统，对网络实体只有身份标识，而没有对这些身份标识进行真实性的验证。现在应用于互联网的网络层安全加固技术，通过引入安全 IP 协议簇，增加了网络真实性验证的功能，安全加固了现有的 IP。

报文真实性验证技术主要是通过报文真实性验证算法生成报文验证码，实现对报文完整性的保护。真实性验证协议通过交互双方传递经过加密的、携带各自身份标识的报文，从而实现双方的身份真实性验证。真实性验证协议是密码技术在网络协议中的具体应用，所以，真实性验证协议也称为密码协议或安全协议。有关网络真实性验证技术的概念、原理和应用可以查阅本书第 3 章。

2．网络访问控制

网络访问控制技术是实现网络安全控制策略的一类技术，现在网络访问控制的理论模型是计算机安全中提出的访问控制模型。目前，访问控制模型可以分成三种类型：第一种是军用的基于数据保密等级建立的访问控制模型；第二种是商用的基于数据处理完整性而建立的访问控制模型；第三种是面向信息通信系统的基于角色访问控制模型。虽然这些访问控制模型在计算机系统中的应用比较有效，但如何将这些访问控制模型有效地应用于整个网络环境，还是一项正在研究并且不断发展的技术。

目前，网络安全中常用的网络访问控制技术就是网络防火墙技术，它可以按照一定的访问控制策略，控制访问网络的分组以及控制访问网络服务器的用户。虽然目前网络防火墙技术已经成为一种实用的安全访问控制技术，但还存在许多理论和技术问题值得研究。有关网络访问控制技术的原理和应用可以查阅本书第 4 章。

3．网络攻击与防御

网络攻击与防御属于网络安全技术的核心，实用的网络安全技术的重心就是网络安全防御。网络安全防御包括预防、检测、补救这三个环节。网络真实性验证和网络访问控制都属于网络安全预防类技术；而对网络攻击的阻隔、恢复被攻击的系统则属于网络补救类技术，网络补救类技术已经不再局限于网络安全技术范畴，而是属于网络及其应用系统的容灾、容错、备份等综合技术范畴；网络攻击检测真正属于网络安全防御的核心技术。

网络攻击检测技术是基于真实性验证和访问控制环节所产生的日志，进行可能的网络攻击检查和审核的技术。如果没有网络攻击检测技术，就无法验证在网络系统上部署的真实性验证技术和访问控制技术的有效性。同样，如果没有真实性验证技术和访问控制技术，也就无法进行网络攻击的检测。因为在没有真实性验证和访问控制的情况下，难以检测一个网络行为是否是正常的网络行为。当然，也可以根据对已经发现的网络攻击行为提取网络攻击行为的特征，检测可能的网络攻击行为。事实上，有些网络攻击行为是难以与正常网络行为区别开的。例如，分布式拒绝服务攻击行为，从单个网络站点看都是一种正常的网络行为，这种攻击行为与大量正常用户的访问网络行为完全一致。有关网络攻击与防御的相关概念和原理，可以查阅本书第 5 章。

4．网络安全加固

现有的互联网本身并不具有网络安全防御功能，而互联网作为全球信息基础设施，已经融入了人类社会生活和工作的各个领域，成为人类社会无法缺失的基础设施。只能通过对互联网进行安全加固，确保这个重要的人类社会信息基础设施更加安全可信。

互联网安全加固的基本思路是为网络中的数据传递提供一个安全通道，安全通道两端的网络实体身份都经过验证，在安全通道内传递的数据可以根据应用需要进行保密性保护（加密数据）或者完整性保护（携带报文验证码）。现在互联网环境下最为常用的两种安全加固技术是网络层的安全 IP 技术和传送层的安全套接层技术。

互联网的网络层安全加固的核心概念是在现有互联网的网络层无连接互联网协议（IP）中引入了数据传递安全通道的"安全关联"，安全 IP 技术定义了两个在安全关联中传递 IP 报文的安全协议：真实性验证报头协议和封装安全报体协议；安全 IP 还定义了一个创建和维护安全关联的框架模型：互联网安全关联与密钥管理协议；另外，安全 IP 技术还具体定义了一个创建和维护安全关联的协议：互联网密钥交换协议。安全 IP 技术是较为完整的技术，但它的整个安全体系还是较为复杂，目前主要应用于构建专用虚拟网络。

互联网传送层的安全加固的主要思路是在现有互联网的传送层端到端传输控制协议（TCP）的服务调用接口（套接层）上引入了安全套接层（SSL）协议或传送层安全（TLS）协议，这是最初为了安全访问万维网（WWW）服务器而设计的网络安全技术。SSL/TLS 协议直接基于 TCP 这类端到端传送协议的服务调用接口之上，通过真实性验证协议完成服务器和客户机身份真实性验证和加密方法协商，构造一个从客户机到服务器的数据安全通道。这样，SSL/TLS 客户机和服务器之上的应用系统就可以进行安全的数据传递。SSL/TLS 协议的设计比较简单，是目前互联网上客户端系统主要使用的数据安全技术。有关互联网的网络层和传送层的安全加固技术的原理及其应用可以查阅本书第 6 章。

5．网络应用安全

网络应用安全技术是针对具体网络应用系统设计的安全技术。从互联网创建至今，互联网上应用最为普及的是电子邮件系统和万维网系统，电子邮件系统和万维网系统等网络应用的安全技术具有较高的代表性。而互联网创建至今，一直都没有真正解决互联网中的可信管理问题，特别是不依赖于任何权威机构的互联网可信管理。近几年在互联网中逐步得到应用的区块链技术，为解决互联网去中心化的可信管理提供了一个实用的解决方案。有关电子邮件系统和万维网系统等安全应用技术以及区块链的原理和应用，可以查阅本书第 7 章。

1.4　思考与练习

1．概念题

（1）网络安全的内在特性是什么？这些内在特性分别针对网络系统中的哪些安全威胁？

（2）网络安全技术可以由哪几类安全技术组成？为什么说这些技术是网络安全中的关键技术？如果忽略其中一项技术，是否还可以保证网络的安全性？试列举相应的理由。

（3）为什么在网络安全技术体系中必须包括密码技术？

（4）网络安全技术主要保护哪两类对象？试举例说明。

2．应用题

（1）列举两个网络安全被破坏的实例，试分析它们分别属于哪类网络安全威胁？

（2）网上银行通常使用的 U 盾是为了保护网上银行交易中的哪个安全特性？

第 2 章 数据加密导论

本章将简要概述数据加密与密码学的基本概念、传统数据加密方法的原理和典型算法，以及公钥数据加密方法的原理和典型算法。密码学基本概念包括了数据加密、密码破译、加密系统安全性的定义，以及密码技术的分类。传统数据加密方法包括传统密码学原理、恺撒加密、围栏加密、矩阵加密、数据加密标准等算法，以及加密操作模式。公钥数据加密方法包括了公钥数据加密方法原理、RSA 公钥加密算法，以及基于公钥数据加密方法原理的传统加密算法的密钥协商生成方法。

本章要求掌握加密和解密的相关定义、密码破译的三种方式、加密系统安全性的定义，以及密码技术的分类；掌握传统密码学的加密原理、常用算法，以及加密操作模式；掌握公钥加密算法的原理、常用算法，以及基于公钥数据加密方法原理的生成传统加密算法密钥的方法。

2.1　数据加密与密码学

为了理解密码技术中的相关概念和原理，必须学习密码学基本概念。本节包括密码学的组成、数据加密的基本概念、密码破译技术、密码学分类方法以及数据加密方法的分类。

2.1.1　密码学的组成

密码学包括两个部分：数据加密和密码破译。数据加密是研究在已知一定保密信息的前提下，对数据表示的信息进行隐藏和再现的方法。密码破译是研究在未知任何保密信息的前提下，再现保密数据中信息的方法。

如图 2-1 所示，加密和破译是现实世界同时并存的两种行为，如果一方希望通过数据加密对某些信息保密，敌对的另一方就一定会试图破译该加密数据，以获取其中的信息。所以，加密和破译是密码学研究中两个不可缺少的部分。如果不研究破译技术，就无法提出完整的数据加密的风险模型，就无法设计出具有较强安全性的加密算法。另外，不研究破译技术，也就无法较为全面、完整地测试加密算法的安全性。

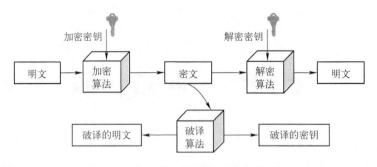

图 2-1　密码学相关的基本概念关联图

2.1.2　数据加密的基本概念

数据加密包括以下基本概念（见图 2-1）：没有经过信息隐藏处理的数据称为"明文"，在公式中通常采用 P 表示；经过信息隐藏处理之后的数据称为"密文"，在公式中通常采用 C 表示；将数据进行信息隐藏处理的过程称为"数据加密"（简称为"加密"），在公式中通常采用 E 表示；在加密过程中，除明文之外需要输入一段数据，这段数据称为"加密密钥"，在公式中通常采用 K_E 表示；将密文还原成为明文的过程称为"数据解密"，在公式中通常采用 D 表示；在解密过程中，除密文之外需要输入一段数据，这段数据称为"解密密钥"，在公式中通常采用 K_D 表示。

参照图 2-2，加密过程可以采用下式表示：

$$C = E(K_E, P)$$

该式表示对于加密算法 E，输入明文 P 和加密密钥 K_E，生成密文 C。为了简化表达式，加密公式也可以表示为

$$C = E_{K_E}(P)$$

或者进一步简化为

$$C = K_E\{P\}$$

在真实性验证交互协议中，通常采用最后一种简化方式表示。

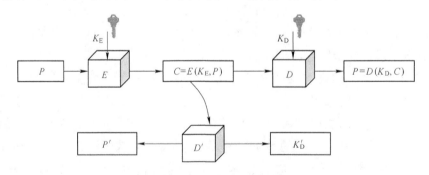

图 2-2　密码学相关的基本变量关联图

同样，参照图 2-2，解密过程可以采用下式表示：

$$P = D(K_D, C) = D(K_D, E(K_E, P))$$

该式表示对于解密算法 D，输入密文 C 和解密密钥 K_D，得到明文 P。为了简化表达式，解密公式也可以表示为

$$P = D_{K_D}(C) = D_{K_D}(E_{K_E}(P))$$

从以上加密和解密的公式可以看出，经过数学抽象表示的加密和解密过程更加简洁、明了，便于梳理思路，掌握本质内容。本书会对一些重要的算法和协议采用这种公式表示。理解公式的最大障碍在于对其中变量和操作符含义的理解，本书附录 C 中提供了本书采用的变量和操作符的简要说明。

2.1.3 密码破译技术

无论己方和敌方都需要研究密码破译技术。加密算法设计者研究密码破译技术是为了研究加密算法的风险模型。按照安全理论的基本原则，安全都是指在某种环境和条件下相对的安全，即某种安全技术必须针对某种风险模型。同样，必须根据目前常用的密码破译技术来设计和评测加密算法。

W. Diffie 和 M. Hellman 于 1976 年提出了对加密系统的三种典型的攻击方式。

1）已知密义攻击。攻击者仅仅掌握了密文，试图破译对应的明文。如果该密文加密算法已经公开，攻击者也试图破译这些密文对应的加密密钥。

2）已知明文攻击。攻击者掌握了大量的明文和对应的采用相同加密算法与密钥加密的密文，试图破译加密这些密文的算法和密钥。如果加密算法已经公开，则攻击者主要试图破译对应的密钥。不能防范已知明文攻击的加密系统不能算是安全的加密系统。

3）选择明文攻击。攻击者可以向被攻击的加密系统提交多个选择的明文并且可以检查对应生成的密文，试图破译该加密系统采用的加密算法和密钥。如果加密算法是公开的，则攻击者主要试图破译对应的密钥。这里假定在被攻击期间，加密系统没有更改密钥。

对加密系统的攻击都是属于"系统识别"问题，已知明文攻击属于"被动系统识别"类攻击，而选择明文攻击属于"主动系统识别"类攻击。一个安全的加密系统应该是一类难以识别的系统，至少必须防范"被动系统识别"类攻击，最好能够防范"主动系统识别"类攻击。

已知明文攻击与选择明文攻击的最大区别在于，前者只能被动地接收（明文，密文）对，而后者可以选择地获得具有较多有效信息量的（明文，密文）对。例如，在第二次世界大战期间，美军在破译日军的密码系统的过程中，并没有破译出日军对于地名的编码。当美军发现日军的电文中有大量关于某个地点的行动计划时，美军揣测这个地点可能是"中途岛"。为了验证这个揣测，美军故意发布了"中途岛"缺水的情报，而后在日军的密文中截获了该地点缺水的报告。这样，美军就破译了日军关于"中途岛"地名的编码。这就是一个较为典型的选择明文攻击方式的例子。

选择明文攻击方式可以很大程度上提高攻击的效率。例如，对于采用"恺撒密码"

的加密系统，可以通过选择一个或者两个（明文，密文）对，就可以攻破其加密系统。

2.1.4　数据加密系统的安全性

W. Diffie 和 M. Hellman 将加密系统的安全性分成两种类型。

1）计算安全的加密系统。它是一类相对安全的加密系统，是因为破译者的计算成本限制或者计算能力限制而无法被破译的加密系统。如果破译者不考虑计算成本，或者由于计算技术发展使得计算能力有大幅度提高，则这类系统的安全性需要重新评估。

2）无条件安全的加密系统。它是一类绝对安全的加密系统，是无论攻击者花费多少时间、使用多么高级的计算技术都无法破译的加密系统。

无条件安全加密系统源于某种密文存在多种有意义的明文，例如，对于简单替换而成的密文 XMD 可以对应于有意义的明文：now, and, the 等。

相反，在计算安全的加密系统中，密文一定存在可以唯一对应的明文和密钥，其安全性只依赖于计算成本和计算时间。如果已知密钥，则用很低的计算成本和较短的计算时间就可以获得明文；如果未知密钥，则需要花费较高的计算成本和较长的计算时间，才有可能获取密文对应的明文和密钥。但如果破译密钥的时间长于密钥更新的时间，则加密系统安全。

一种可以证明的无条件安全加密系统是"一次性覆盖数"系统，该系统设计的密钥必须与明文具有同样长度，通过该密钥与明文进行"异或"操作，完成对明文的加密。该加密系统必须保证"一次一密钥"，即对于不同的明文采用不同的加密密钥。由于该加密系统的密钥长度必须等于明文长度，并且每次加密都需要更新的密钥，所以，该加密系统生成和更新密钥的计算成本相当高，在实际应用中几乎不可能。

目前，实际可行且得到广泛应用的还是计算安全的加密系统。这种计算安全的加密系统能够保证在当前的计算条件下，无法在一个人的有生之年破译安全的加密系统。为了能够对计算安全加密系统有一个量化的概念，需要了解一些典型常数和参数的数量级别。表 2-1 提供了与加密算法相关的典型参数及其数量级别。

表 2-1　典型常数和参数的数量级别一览表

典型常数和参数	数量级别
一年的秒钟数	3.15×10^7
主频为 3.0GHz 的 CPU 的一年运转的时钟循环次数	9.46×10^{16}
长度为 56bit 的二进制数个数	7.21×10^{16}
长度为 64bit 的二进制数个数	1.84×10^{19}
长度为 80bit 的二进制数个数	1.21×10^{24}
长度为 128bit 的二进制数个数	3.40×10^{38}
长度为 192bit 的二进制数个数	6.28×10^{57}
长度为 256bit 的二进制数个数	1.16×10^{77}

2.1.5　数据加密的分类

密码学有多种分类方法，例如可以根据加密数据过程中对明文的处理方式，分成块加密方法和流加密方法；也可以根据加密和解密数据过程中采用的密钥数目，分成对称密钥加密方法和不对称密钥加密方法。

块加密方法是指对某个固定长度的数据块进行一系列复杂的运算，生成对应的相同长度密文块的方法。通常在块加密方法中采用的固定长度是 64bit，从加密算法的安全性考虑，现在建议采用 128bit 的数据块进行块加密。

流加密方法是指不间断地对数据流中的某个较小的数据单元进行简单的运算来生成密文流的方法。这里的较小数据单元可能是 1 个八位位组（即一个长度为 8bit 的字节）或者 2 个八位位组。流加密方法不需要等待一个数据流中较大的固定长度的数据块到达后再进行复杂的加密运算，这样，可以减少数据流的延迟，从而满足某些实时数据流的高效传递的需求。

国际通用的标准加密算法是块加密方法，例如，由美国国家标准与技术学会（NIST）标准化的加密算法：数据加密标准（DES）和高级加密标准（AES），都是块加密方法。在实际应用中，可以采用块加密方法实现流加密的功能，具体可以查阅 2.2.7节"加密操作模式"。

对称密钥加密方法是指加密和解密过程都采用相同的密钥，即在图 2-2 中 $K_E = K_D$，而不对称密钥加密方法则是指加密和解密过程采用不同的密钥，即在图 2-2 中 $K_E \neq K_D$。

较为科学的分类方法是按照 W. Diffie 和 M. Hellman 在 1976 年的论文中对密码学的发展历史进行分析时提出的观点而进行分类。他们认为，密码学的核心是"保密"，但是，不同的"保密"范围代表了密码学的不同发展阶段。

恺撒密码体系依赖于对整个加密处理过程的保密；在电报系统出现之后，人们开始研究通用加密设备与特定密钥分离的加密方法，这样，即使加密设备被窃之后，也可以通过更换密钥，继续原来的加密电报传输的业务，整个加密系统只依赖于密钥的保密。1976 年，W. Diffie 和 M. Hellman 提出了公钥数据加密方法，他们进一步将需要保密的范围缩小为部分密钥，即对于加密过程而言，只需要保密用于解密的密钥。这样，可以很大程度上简化最初协商密钥的烦琐过程，使得密码学可以应用于大规模的电信网。

根据这个观点，现代密码学可以分成两种类型，一种是对全部密钥保密的传统数据加密方法，另一种是对部分密钥保密的公钥数据加密方法。这里的"公钥"就是指"公开的密钥"。传统数据加密方法就是加密和解密都使用相同密钥的"对称密钥加密方法"，而公钥数据加密方法是采用一个可以公开的加密密钥，另一个却需要保密的解密密钥的"不对称密钥加密方法"。

公钥数据加密方法不仅可以应用于数据加密，还可以应用于数字签名。在公钥密码系统中，数字签名的处理过程正好与数据加密的处理过程相反，采用保密的密钥加密报文摘要，采用可以公开的密钥解密和验证报文摘要。具体内容可以参见 3.2.6 节"数字签名"。

2.2　传统数据加密方法

传统数据加密方法的原理起源于古代的密码术。早在古罗马时代恺撒大帝就采用"替代"方法加密自己发布的命令，这种"替代"加密方法被称为"恺撒加密法"。实际上，传统数据加密方法的基本原理可以归结为两条对数据处理的方法：替代和换位。美国国家标准局（NBS）于 1977 年颁布的数据加密标准（DES）是应用最为广泛的传统加密方法。NBS 现在已经更名为美国国家标准与技术学会（NIST），NIST 在 2001 年颁布的高级加密标准（AES）将是未来取代 DES 的一种加密方法。本节在介绍传统数据加密方法原理的基础之上，主要介绍 DES 和 AES 加密算法。

> 📖 "cryptography"这个术语通常会直译为"密码学"。编者也曾经在早期的教材中采用了这种中文翻译。现在看来这种中文翻译并不适用于所有的场景，例如将"public-key cryptography"直译为公钥数据加密方法，说明它是系统地讨论公钥数据加密方法以及针对公钥数据加密方法的可能攻击及其安全防范，这种翻译是准确的。对于密码学研究人员而言，将 Elliptic curve cryptography（缩写为 ECC）翻译为"椭圆曲线密码学"是准确的。但对于仅仅是使用椭圆曲线加密算法的网络安全领域的专业人员，如果将 ECC 翻译为"椭圆曲线密码学"，则就成为令人费解的"术语"了。这是对英文理解力不够或对于英文术语通常用法的不熟悉而造成的误解。《新牛津英汉双解大词典》第 2 版中给出的 cryptography 的英文解释是："the art of writing or solving codes"。这里的 art 虽然可以翻译为"学科"，但一般是指人文学科，而 art 还具有"技巧、能力"的含义，所以，本书将 cryptography 翻译为"加密法"，这样更加符合本书在网络安全应用场景下讨论 cryptography 的实际含义，也更便于读者理解。

2.2.1　恺撒加密法

恺撒加密法是将明文中的每个字母用该字母对应的后续第 3 个字母替代，这里假定字母按照字母表顺序循环排列，即明文中的字母 a 对应密文中的字母 D，明文中的字母 x 对应密文中的字母 A。例如，命令"attack after dark（天黑后攻击）"经过恺撒加密法处理如下。

明文：attack after dark

密文：DWWDFN DIWHU GDUN

如果将每个英文字母都映射为一个数值，例如 a = 1，b = 2，…，z = 26，对于每个明文字母 P 经过恺撒加密法处理后得到密文字母 C，则恺撒加密法中的加密过程可以表示为

$$C = E(P) = (P + 3) \bmod 26$$

恺撒加密法中的解密过程可以表示为

$$P = D(C) = (C - 3) \bmod 26$$

按照这种加密和解密过程，可以得到完整的明文字母与密文字母的对照表 2-2。这种明文与密文的对照表也就是一种密码簿。

表 2-2　恺撒加密法密码簿

明文	a b c d	e f g h	i j k l	m n o p	q r s t	u v w x	y z
密文	D E F G	H I J K	L M N O	P Q R S	T U V W	X Y Z A	B C

W. Stallings 进一步将恺撒加密法中字母表的后移位数从 3 扩展到任意数 K（<26），得到了通用恺撒加密法。这里的假设条件与前面定义的恺撒加密法相同，通用恺撒加密法中的加密算法可以表示为如下形式：

$$C = E(P) = (P + K) \bmod 26$$

通用恺撒加密法中的解密算法可以表示为如下形式：

$$P = D(C) = (C - K) \bmod 26$$

这里的 K 就是通用恺撒加密法中的密钥，这种通用恺撒加密法可以做到公开加密算法，而仅需要发信和收信双方秘密地保存密钥。但是，这种公开算法的传统加密方法并不安全，因为该算法仅仅提供了 25 种可以选择的密钥，信件的中途截获者只要最多尝试 25 种密钥，就可以破译这种加密算法。

从通用恺撒加密法可以得到这样的启示，如果某个加密法只依靠密钥保密，则这种密钥的选择应该具有很好的随机性，并且应该选择的空间足够大，使得攻击者利用现有的计算技术，在可能的时间范围内无法破译。参照表 2-2 可知，根据主频为 3.0GHz 计算机的处理能力，长度为 80 的二进制数密钥在目前基本上是无法穷举的。而通用恺撒加密法的密钥才相当于长度为 5 的二进制数密钥，当然就很容易被破译。

有人可能会提出这样的想法：我们可以不公开加密算法，这样，加密方法就更安全了。这种想法有一定道理，例如不公开恺撒加密法，试图破译这种密文也会存在一定的困难。但是，在实际商业应用环境中难以做到不公开加密算法。我们知道，电报的出现才使得加密算法与密钥分离。加密算法可以做到一个加密设备中，该设备被窃之后，应该不会影响保密电报的传递。如何才能做到这一点？一种简单可行的办法就是加密算法与密钥的分离，加密设备仅仅实现了加密算法，而密钥可以通过人工设置。这样，即使加密设备被窃，只要发送和接收双方及时更改密钥，照样可以保证电报传递的保密性。另外，从密码技术的普及应用角度看，无论是军用和民用，都需要第三方生产大量的加密设备和系统，这样一来，只能公开加密算法。所以，不公开加密算法，无论从实际商业应用的保密角度，还是从实际商业应用的推广角度看，都是不可行的。公开加密算法是技术发展和工业化社会发展的需要。

2.2.2　传统数据加密的原理

传统数据加密的基本原理就是对明文数据的"替代"和"换位"。

"替代"是将明文中的字母/数字/符号采用其他字母/数字/符号替代。实际上字母/数字/符号都可以采用比特序列编码表示，所以，"替代"也可以抽象地定义为将明文的比特模式替代为密文的比特模式。

恺撒加密法就是采用"替代"原理设计的一种加密方法。这是一种有规律的"替代"方法，在实际应用中很容易被破译。现代加密算法通常采用一种无规律的"替代"方法，即利用矩阵运算实现对明文的加密，而通过矩阵的逆运算实现对密文的解密。对数据块进行"替代"矩阵运算的是一个常数矩阵，该矩阵习惯上称为"替代盒"，或者 S-盒（注：英文"替代"的首字母是 S）。

"换位"是将明文中的字母/数字/符号，或者这些元素的组合进行某种形式的重新排列。实际上字母/数字/符号都可以采用比特序列编码表示，所以，"换位"也可以抽象地定义将明文中的位或者位组进行某种形式的重新排列。

最简单的一种换位加密算法称为围栏方法：将明文写成上下对角线形式，再按照从上到下的顺序逐行读出上面一行和下面一行的字母序列，就构成了密文。图 2-3 就是按照围栏方法对 2.2.1 节示例中的明文"attack after dark"的加密过程。经过加密之后的密文就是一串没有意义的字符串："ATCATRAKTAKFEDR"。

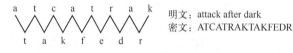

图 2-3　围栏加密方法举例图

对围栏方法生成的密文的解密方法：将接收到的密文一分为二，如果密文的符号个数为偶数 n，则前 $n/2$ 个字符在上面一行；如果为奇数 n，则前 $(n+1)/2$ 个字符在上面一行；剩余的字符串在下面一行。然后按照对角线形式读出明文。

围栏加密方法比较简单，容易被破译。可以进一步扩展围栏加密方法的思路，得到一种基于矩阵的换位加密方法：将明文逐行写成一个 $n×m$ 的矩阵，然后定义一个矩阵列编号的随机序列，按照该编号序列依次逐列读出符号，生成密文。该编号序列就是矩阵加密方法的密钥。

这种矩阵加密方法的解密过程如下：按照 $n×m$ 矩阵逐列读入密文，当读满一列时，必须按照密钥的编号序列，决定放置到哪一列。这样，按照密钥中列的编号序列就可以还原出原来的 $n×m$ 矩阵，然后再自上而下逐行读出矩阵中的符号，得到原来的明文。

图 2-4 所示就是一个矩阵加密方法的实例，首先将明文"attack after dark"逐行读入 3×5 的矩阵中，设定密钥为 25134，即在生成密文时，按照第 2 列、第 5 列、第 1

列、第 3 列和第 4 列的顺序，逐列读出该矩阵，生成密文"TADCEKAKRTFAATR"。

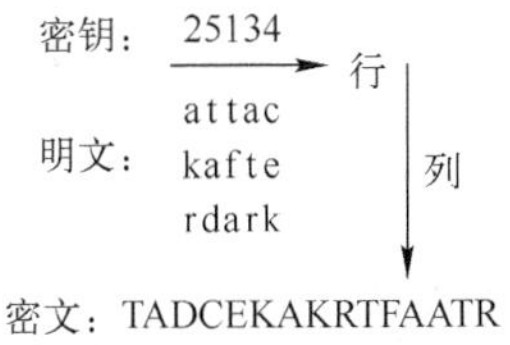

图 2-4 矩阵加密方法举例

对于矩阵加密方法会提出这样的问题：如果读入的待加密字符串装不下一个 $n×m$ 的矩阵时，应该如何处理？如果读入的待加密字符串装不满一个 $n×m$ 的矩阵时，又应该如何处理？实际上矩阵加密方法属于块加密方法，这两个问题都是块加密方法必须解决的问题。对于前一个问题，可以采用多次加密过程解决，即将一个待加密字符串分解成多个子串进行加密。对于后一个问题，可以通过填充其他字符串解决。有关这两个问题的完整解决方法，可以查阅 2.2.7 节"加密操作模式"。

2.2.3　数据加密标准（DES）

数据加密标准（DES）是迄今为止应用最为广泛的标准化加密算法之一。它是美国国家标准局（英文缩写 NBS，现在更名为美国国家标准与技术学会，英文缩写 NIST）于 1977 年标准化的一种传统数据加密算法。DES 是在 IBM（国际商用机器）公司响应 NBS 于 1973 年提出的征集国家加密标准的号召而提交的一种加密方法的基础上，经过美国国家安全局（NSA）的验证和修改后标准化的加密方法。

NBS 在 1973 年征集加密标准方案时，对加密算法提出了如下的要求：提供较高的安全性；应该完整地描述加密算法并且易于理解；安全性仅仅依赖于密钥的保密，不依赖于算法本身的保密；算法可能被验证；可以应用于所有可能的用户；可以适应于不同的应用环境；可以在电子设备上实现；可以出口。总之，对于设计 DES 算法的要求，可以归纳为安全性、高效性和可用性。

IBM 公司提交的加密算法是一种对称密钥的块加密算法，块长度为 128bit，密钥长度为 128bit。该加密算法经过 NSA 安全评估后，将其块长度更改为 64bit，密钥长度更改为 56bit，并且修改了原来加密算法中的替代矩阵 S-盒。

对于 NSA 对 DES 算法的更改有多种评论，最为典型的观点是：其一，NSA 降低密钥长度是为了降低 DES 加密算法的安全性，使得 NSA 在必要时，有能力利用其强大的计算设施破译 DES 加密系统。其二，NSA 修改了原来加密算法中的 S-盒，是为自己破译 DES 加密系统设置了后门。由于迄今为止验证传统加密算法安全性的最有效方法只能是破译该加密算法，而除了 NSA 之外，其他机构都没有这么强大的计算设施和充裕的经费用于加密算法的破译和验证。但是，NSA 是不会向外界公布其在密码学方面的研究成果和验证结论的，所以，这种揣测性评论一直到 20 世纪 90 年代初都没有得到确切的结论。

到了 20 世纪 90 年代初期，有两次不成功的对 DES 破译的报告显示，DES 的 S-盒具有很强的防范攻击的能力。随后在 NSA 解密的研究报告中发现，NSA 密码专家早在 20 世纪 70 年代就已经想到了类似的攻击方法。由此可以得到推论：更改原来加密算法中的 S-盒是为了防范攻击，增强 DES 算法的安全性。

到了 20 世纪 90 年代中期，成功破译 DES 的报告表明，较短的密钥长度是 DES 算法的安全弱点。由此可以得到推论：降低原来加密算法的密钥长度确实是为了减弱 DES 的安全性。对于减弱 DES 算法安全性的一个合理解释是，为了满足"可以出口"的需求。

1. DES 算法概述

DES 加密算法总体上是比较容易被理解的一种加密算法。虽然其中具体的"替代"和"换位"的处理函数还是比较复杂，但是，这并不妨碍对 DES 加密算法的理解。因为这种"替代"和"换位"处理函数都是整体对明文和密文进行"异或"运算，所以只要拥有密钥，采用正常的加密和解密流程，就可以使用 DES 算法。当然，如果试图研究针对 DES 算法的非正常的破译方法，就需要深入钻研其中的"替代"和"换位"处理函数。这样，从防范破译的角度看，设计复杂的"替代"和"换位"处理函数是提高 DES 算法安全性的必要方式。

DES 算法的处理过程沿时间轴纵向可以分成前期处理、16 次循环处理、后期处理部分，沿横向可以分成数据处理和密钥处理两个部分。

如图 2-5 所示，对于左边一列的数据处理部分的处理过程如下：一个长度为 64bit 的数据块首先进行一次初始排列（英文缩写 IP）。然后，再进行 16 次循环的"替代"和"换位"处理，这里每次的循环处理在 DES 中称为"轮回"，在每次循环处理中采用的"替代"和"换位"处理的函数称为"轮回函数"，每次循环称为"每轮处理"。每轮处理中采用不同的"轮回密钥"，每个"轮回密钥"由图 2-5 中右边一列的密钥处理部分产生。每轮"轮回密钥"的产生与每轮"轮回函数"的处理相对应。

DES 算法数据处理部分的后期处理包括数据块左右换位和逆初始排列处理：经过 16 轮处理之后产生的长度为 64bit 的数据块分成左边是长度为 32bit 的数据块与右边是长度为 32bit 的数据块，这两个数据块左右换位生成长度为 64bit 的数据块。最后，对该数据块进行逆初始排列处理，即进行与 DES 前期处理中的 IP 完全相反的换位处理，这种逆初始排列可以表示为 IP^{-1}。

2. DES 算法每轮处理过程

DES 算法的核心是轮回函数和轮回密钥的产生方式。如图 2-6 所示，左边是轮回函数的处理过程示意图，右边是轮回密钥的产生过程示意图。

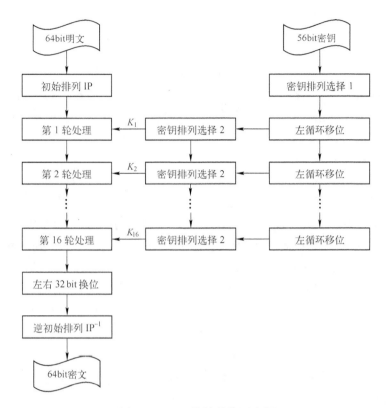

图 2-5 DES 算法结构示意图

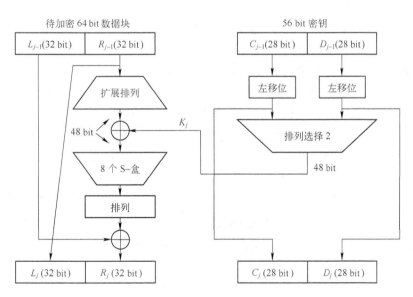

图 2-6 DES 算法每轮处理过程

在进行第 j 轮回函数处理之前，首先将 64bit 的数据块分成两个 32bit 数据块，分别表示为 L_{j-1} 和 R_{j-1}，经过第 j 轮处理之后将产生两个 32bit 数据块，分别表示为 L_j 和

R_j。第 j 轮数据块的处理过程如下：

R_{j-1} 直接传递给 L_j，即 $L_j = R_{j-1}$。

R_{j-1} 首先被扩展和排列成长度为 48bit 的数据块，该数据块分成 8 个 6bit 的数据块，分别与同样分成 8 个 6bit 的第 j 轮回密钥进行"异或"运算，产生的 8 个 6bit 的数据块再经过 8 个 S-盒的"选择替代"处理，得到 8 个 4bit 的数据块，合并成长度为 32bit 的数据块。该 32bit 的数据块可以表示为 $F(R_{j-1}, K_j)$。

R_{j-1} 经过有密钥 K_j 参与的"替代"和"换位"处理之后，得到的数据块 $F(R_{j-1}, K_j)$ 再与 L_{j-1} 进行"异或"操作得到 R_j，即 $R_j = L_{j-1} \oplus F(R_{j-1}, K_j)$。

DES 算法中密钥处理过程如下：首先，将长度为 56bit 的密钥进行初始排列（见图 2-5），密钥排列选择 1。这里的排列选择并没有减少密钥的长度。这种初始排列的方法不同于加密数据块的初始排列方法。经过初始排列的密钥会进入每轮的密钥生成过程。

在每轮的轮回密钥产生过程中，首先，将长度为 56bit 的密钥分成左、右两半，即长度各为 28bit 的半个密钥。然后，分别对左、右半个密钥进行左循环移位，在第 1、2、9、16 轮中左循环移位 1bit，其余轮回中则左循环移位 2bit。1bit 左循环移位操作表示最左侧位移入至最右侧位，其他位依次左移一位。移位之后的左、右半个密钥可以作为下一轮的输入密钥。而在本轮处理中，经过移位的左、右半个密钥分别进行排列选择（见图 2-6 中的排列选择 2），得到左、右半个长度都是 24bit 的密钥，合并成为 48bit 的第 j 轮的轮回密钥 K_j。

3．DES 算法的安全性分析

DES 的安全强度取决于加密算法的轮数、密钥长度和替换函数的构造。例如，DES 加密算法取 16 轮运算的原因是，如果轮数小于 16，则使用差分破译分析法便有可能在较短的时间内破译 DES 密文。大量的试验结果证明，DES 加密算法具有良好的雪崩效应。

随着计算技术的发展和计算机硬件性能的提高，长度为 56bit 的密钥已不敌新的穷举攻击。从目前报道的成功破译 DES 加密系统的方法可知，都是利用了较大规模的计算资源，采用穷举 DES 密钥的方法，才破译了 DES 的密钥。例如，1998 年美国电子前沿协会（EFF）用不到 25 万美元的代价制造了一台专门用于破译 DES 的计算机，其用不到三天的时间就破译了美国 RSA 安全公司发布的"DES 挑战 2"密文。起初，人们还曾担心过被 NSA 改动的 S-盒可能会存在破译 DES 算法的后门，但是通过对 DES 算法破译失败的分析报告以及 NSA 解密的文件可以知道，NSA 当初改动 S-盒是为了提高 DES 算法的安全性。所以，现在 DES 算法面临的主要安全弱点是密钥长度过短。

2.2.4　三重 DES 算法

早在 20 世纪 70 年代颁布 DES 标准的时候，一些密码学专家就预测到随着计算技术的发展，DES 将难以满足安全性的需求，因此，提出了对多重 DES 算法的研究。

多重 DES 的基本思路：通过多次对数据块执行 DES 加密算法，扩展密钥长度，以提高密文的安全性。多重 DES 具体包括二重 DES（2DES）、两钥三重 DES（3DES/2）、三钥三重 DES（3DES/3）三种方式。

二重 DES 简记为 2DES，令 K_1 和 K_2 为两个长度为 56bit 的密钥，P 为明文段，2DES 的加密算法和解密算法分别为

$$C = E(K_2, E(K_1, P))$$

$$P = D(K_2, D(K_1, C))$$

W. Hellman 在 1979 年 7 月的 IEEE Spectrum 上发表的论文分析了 DES 的缺陷，而 Tuchman 则提出了对 DES 缺陷的弥补方法，即三重 DES 算法，简称为 TDES、TDEA 或者 3DES。TDES 算法在 1999 年被采纳为 NIST 标准，该算法可以将 DES 的密钥长度扩展为 112bit 或者 168bit。

TDES 算法的思路十分简单：利用密钥 K_1 对明文 P 进行一次 DES 加密得到密文 C_1，然后，再采用密钥 K_2 对密文 C_1 进行一次 DES 解密得到明文 P_1，再利用密钥 K_3 对明文 P_1 进行一次 DES 加密，最终得到密文 C。TDES 加密算法的公式表示如下：

$$C = E(K_3, D(K_2, E(K_1, P)))$$

TDES 解密过程正好与加密过程相反：利用密钥 K_3 对密文进行 DES 解密得到明文 P_1，再利用密钥 K_2 对明文 P_1 加密得到密文 C_1，最后，利用密钥 K_1 对密文 C_1 解密得到明文 P。TDES 解密过程的公式表示如下：

$$P = D(K_1, E(K_2, D(K_3, C)))$$

这里可以设置 $K_1 = K_3$，这样，TDES 实际上使用了 2 个 DES 密钥，从而将 DES 的密钥长度扩展为 112bit，即两钥三重 DES。否则，TDES 使用了 3 个不同的 DES 密钥，会将 DES 的密钥长度扩展为 168bit，即三钥三重 DES。NIST 在 1999 年标准化 TDES 时认为，利用 TDES 可以保证 DES 算法在今后几年的安全性。

虽然通过 3DES 算法可以将密钥长度扩展到 112bit 或者 168bit，但是，由于需要执行三次 DES 算法，其加密效率较低，无法满足 NIST 关于加密算法高效性的要求。目前，DES 算法的另外一个缺陷是在软件中运行的效率较低，而软件加密又是最为常用的加密方法。所以，NIST 于 1997 开始在世界范围征集替代 DES 的加密算法，称为高级加密标准（英文缩写 AES）。

2.2.5　高级加密标准（AES）

长期困扰 DES 的几个问题：其一是 DES 是否存在破译后门？其二是 DES 算法的密钥长度是否足以保证其安全性？其三是 DES 算法是否可以高效地执行？

第一个问题直到 20 世纪 90 年代初期才得出一个初步结论：经过 NSA 修改的 DES 算法中的 S-盒似乎并不是为了预留后门。第二个问题可以通过三重 DES 算法解决。但是，DES 算法的性能问题却一直没有得到解决。DES 算法在进行 S-盒"替代"处理中需要将 6bit 压缩成 4bit，这种处理在硬件实现中可以取得较高的性能，而在通用计算机系统的软件处理环境下则性能较低。如果使用三重 DES 算法，则性能更低。而现代大

部分应用环境都采用软件加密。这样，NIST 就提出了对新的高效加密标准的需求，即制定"高级加密标准（AES）"。

为了满足美国联邦政府与其他合作国家在经济和商业方面的安全通信需求，以及美国联邦政府希望采用一般商用产品以满足其信息技术的需求，AES 必须适用于国际范围内的商业应用。为了消除公众对加密标准是否隐藏后门的疑问，NIST 决定采用公正和公开的程序，在全世界范围内征集 AES 方案。

1. ASE 算法的征集与选择

NIST 征集的 AES 的基本要求是：AES 应该像 DES 和 TDES 那样是一种块加密方法，并且至少也要像 TDES 一样安全，但是其软件实现应该比 TDES 更加有效。NIST 在 1997 年 9 月发布征集候选 AES 的块加密方法时明确提出要求：①不是机密的，可以向公众公开的加密方法；②可以提供长度为 128bit、192bit 和 256bit 的密钥；③具有长度为 128bit 的块；④在世界任何地方都可用，不受任何限制。

以上对 AES 的要求大部分都容易理解，只是对于"加密数据块长度为 128bit"的要求似乎有些难以理解。实际上加密算法的一个用途是加密报文验证码，而验证码长度决定了对报文真实性验证的安全程度，所以，增大加密数据块的长度也就可以将 AES 应用于较长的报文验证码，从而提高报文真实性验证的可靠性。另外，对一组较长的数据进行加密时，必须将该数据分割成加密算法可以接收的数据块大小，然后多次使用加密算法。在这种处理方式中，加密数据块的大小也决定了加密方法的安全性。所以，AES 的安全性强于 DES，不仅在于增大了密钥的长度，还在于增大了数据块的长度。

William E. Burr 详细地介绍了 NIST 选择 AES 方案的过程，了解对 AES 方案的评价过程对于学习和理解传统数据加密方法具有较大的帮助。NIST 于 1998 年 8 月从提交的方案中筛选出了 15 个 AES 候选方案。经过对候选方案的分析和研究，NIST 于 1999 年下半年又公布了从这 15 个方案中筛选出的 5 个方案。这 5 个方案包括：美国 IBM 公司提出的 MARS，美国 RSA 数据系统（Data Systems）公司提出的 RC6，比利时学者 Joan Daemen 和 Vincent Rijmen 提出的 Rijndael，英国学者 Ross Anderson、以色列学者 Eli Biham 和丹麦学者 Lars Knudsen 合作提出的 Serpent，以及美国公司和学术界联合工作组提出的 Twofish。NIST 随后对这 5 个加密方法进行了较为严格的分析和评审。

对 AES 候选方案的评审标准有 3 条：①全面的安全性，这是最为重要的指标；②性能；③算法的知识产权等特征。

对于像 AES 这样基于传统数据加密方法"替代"和"换位"原理设计的对称密钥加密算法，其全面安全性的评判标准是：只有通过"穷举密钥"的方法攻击这类加密算法时，才不会存在其他"攻击的捷径"。这样，这类加密算法的安全性将完全由其密钥长度决定。

采用"穷举密钥"方法，破译长度为 $n$bit 的二进制密钥的平均时间为 2^{n-1}。如果破译这种加密算法的平均时间小于 2^{n-1}，则这种算法就不能算是全面安全的加密算法。对照表 2-1 可知，如果 n 取值为 80，则目前计算能力基本上无法破译密钥长度为 n 的安全加密算法；如果 n 取值为 128，考虑到计算能力增长的摩尔（Moore）定律，可以保证到 2066 年还可以具备现在长度为 80bit 的密钥的安全强度。而采用长度为 256bit 的密钥，可以保证在几个世纪后，还具有现在长度为 80bit 的密钥的安全强度。

经过严格的分析和测试，NIST 无法区别候选的 5 种加密算法的安全性强弱。即这 5 种候选算法在安全性方面都没有发现问题。NIST 只能从性能和知识产权等特征方面进行选择，性能方面的分析结果是 5 种候选方案差别不大。出于知识产权方面的考虑，引出了"是否要选择多个加密算法作为 AES 标准算法"的问题，以免"将鸡蛋放在一个篮子里"。经过认真分析，考虑到多个标准算法会产生互操作问题，多个标准算法必定会要求硬件厂商为了在芯片中实现多个算法而提高实现的成本。此外，多个标准算法更容易带来知识产权方面的风险，最终还是决定选择一种算法作为 AES。

2000 年 10 月 2 日，NIST 最终选择了 Rijndael 算法作为 AES 算法，原因是该算法在几乎所有实现平台上都具有较高的性能，并且易于硬件实现。另外，该算法也是投票表决中获得最多赞成票的算法。NIST 最终选择"外国设计"的加密算法作为美国联邦政府标准的加密算法，这确实令业界感到意外，但是，这种选择也使得 AES 更容易在世界范围内得到认可和接受。NIST 在 2001 年 12 月正式颁布了基于 Rijndael 算法的 AES 标准。

2．AES 算法概述

通过利用块长度 N_b 和密钥长度 N_k 两个参数，使得 Rijndael 算法具有一定的灵活性。N_b 表示在一个加密块中长度为 32bit（4 个八位位组）的字⊖的个数。由于 AES 限定加密块长度为 128bit，所以，作为 AES 算法，N_b 取值为 4。

N_k 表示以长度为 32bit 的字为单位的密钥长度。对于密钥长度为 128bit 的 AES（简写为 AES-128），N_k 取值为 4；对于 AES-192，$N_k = 6$；对于 AES-256，$N_k = 8$。

AES 与 DES 算法结构类似，也是采用轮回方式对数据块进行循环多次的处理。与 DES 不同，AES 的循环次数是一个依赖于 N_b 和 N_k 的可变参数 N_r，$N_r = \max(N_b, N_k) + 6$。这样，对于 AES-128，$N_r = 10$；对于 AES-192，$N_r = 12$；对于 AES-256，$N_r = 14$。

美国国家安全局（NSA）于 2003 年 6 月正式采用 AES 作为美国政府部门的数据加密标准。2004 年 6 月，美国电气电子工程师学会（IEEE）将 AES 定为 802.11i 无线网通信协议的加密算法。时至今日，AES 几乎在所有含加密功能的软件产品中发挥着作用。

2.2.6　RC4 流加密算法

与 DES 和 AES 加密算法不同，RC4 是一种典型的流加密算法，它在 1987 年由公钥数据加密方法中著名的 RSA 加密算法的发明人之一 R. Rivest 提出。由于 RC4 的简单性，它被广泛应用于网络安全中，特别是无线网保密通信，因通话性质和终端设备计

⊖ 这里定义一个字（Word）的长度为 32bit，有的系统也将一个字的长度定义为 64bit。

算能力的限制，如手机、个人数字助理器（PDA）等计算功能和电池能量均比台式计算机弱，使用流加密算法更适合。

流加密算法的加密过程主要包括两个步骤：利用密钥 K 生成一个伪随机比特序列，然后用该伪随机比特序列与明文进行"异或"运算产生密文。流加密算法的解密过程也包括两个步骤：利用同样的密钥 K 生成相同的一个伪随机比特序列，然后用该伪随机比特序列与密文进行"异或"运算得到明文。在流加密算法中，由密钥 K 生成的伪随机比特序列称为"密钥流"，用 KS 表示。流加密算法可以用以下两个公式表示：

$$C = P \oplus \mathrm{KS}(K)$$
$$P = C \oplus \mathrm{KS}(K)$$

从以上两个流加密公式可以看出，为了保证流加密算法的安全性，对于不同的明文，必须采用不同的 KS，否则，流加密算法就容易被破译。

RC4 加密算法分成两个部分：初始化部分，主要用于产生长度为 256 个八位位组的伪随机比特序列；RC4 处理部分，利用初始化产生的伪随机比特序列对明文或者密文进行逐个八位位组的"异或"操作，并且每对一个八位位组进行一次"异或"操作，就相应更改伪随机比特序列。

图 2-7 是 RC4 初始化部分的 C 语言程序，从中可以看出，在 RC4 生成伪随机比特序列的过程中，使用了十分简单的方法，利用密钥对伪随机比特序列进行了传统数据加密方法中典型的"替代"和"换位"的处理。

```
// Procedure:      RC4_Init
// Input:          key: pointer to the key
//                 keylen: length of the key
// Output:         s: state array with 256 entries
void RC4_Init(byte *key; int keylen; byte s[256])
{   unsigned int j, keyIndex = 0, stateIndex = 0;
    byte a = 0;
    // Padding s[] with 0 up to 255
    for (j = 0; j < 256; j++) s[j] = j;
    // Compute initial state array
    for (j = 0; j < 256; j++)
    { stateIndex = stateIndex + key[keyIndex] + a;
      stateIndex = stateIndex & 0xff; // mod 256
      a = s[j]; s[j] = s[stateIndex]; s[stateIndex] = a;
      if (++keyIndex >= keylen) keyIndex = 0;
    }
}
```

图 2-7　RC4 初始化部分的 C 语言程序

图 2-8 是 RC4 处理部分的 C 语言程序，从中可以看出，在 RC4 对明文或密文的每个八位位组进行"异或"操作时，也是通过"换位"操作更改了伪随机比特序列：长度

为 256bit 的、以字节（Byte）为类型的一维数组 s。

```
// Procedure:        RC4_Process
// Input:            in: pointer to the plaintext or ciphertext being processed
//                   len: length of the plaintext or ciphertext being processed
// Input/output:     s: state array storing pseudo-random bit sequence
//                   index1, index2: state array indices modulo 256
// Output:           out: pointer to the resulting ciphertext or plaintext
void RC4_Process(byte *in; int len, index1, index2; byte s[256]; byte *out)
{ int j;
    byte a, b;
    for (j = 0; j < len; j++)
    { index1 = (index1 + 1) & 0xff;        //add with modulo 256
        a = s[index1];
        index2 = (index2 + a) & 0xff;       // add with modulo 256
        b = s[index2]; s[index1] = b; s[index2] = a;        // update state array
        out[j] = in[j] ^ s[((a + b) & 0xff)];       // xor operation
    }
}
```

图 2-8　RC4 处理部分的 C 语言程序

经过多年的分析和测试，可以证明在密钥长度足够大，且舍弃最前面的若干个伪随机比特序列时，RC4 算法是安全的。

需要注意的是，有些使用 RC4 加密算法的网络安全标准设定的 RC4 密钥长度过短，例如安全套接层（SSL）协议规范中规定了 RC4 的密钥长度为 40bit，这就使得 RC4 成为不安全的加密算法。

2.2.7　加密操作模式

NIST 在征集 AES 方案时，明确要求是块加密算法。这就说明在 20 多年的 DES 算法的应用过程中，已经解决了处理任何长度的数据文件和报文的加密问题，而且，像 DES 这样的块加密算法完全可以取代流加密算法，从而对数据流进行高效加密操作。块加密算法究竟如何对任何长度的数据文件或者报文进行加密操作？块加密算法究竟如何对数据流进行加密操作？这就是本节将要讨论的问题。

加密操作模式就是利用块加密算法对任意长度的数据块或者数据流进行加密或者解密处理的方式。NIST 标准化了 4 种加密操作模式，它们是电子密码簿（ECB）模式、密文块链接（CBC）模式、密文反馈（CFB）模式和输出反馈（OFB）模式。以下将分别介绍这 4 种加密操作模式。

1. 电子密码簿（ECB）模式

假定某个待加密的数据文件或者报文长度为 l，而块加密算法 E 只能处理长度为 b 的数据块，并且 $l > b$。一种最简单的处理办法是：以长度 b 为单位分割被加密的数据文件或者报文，可以得到 n 个长度为 b 的数据块和 1 个长度为 a 的数据块，并且满足 $a < b$，即

$$l = nb + a$$

对于最后一个长度为 a 的数据块，可以在该数据块之后填充长度为 $b-a$ 的数据，使得该数据块扩展成长度为 b 的数据块（见图 2-9）。

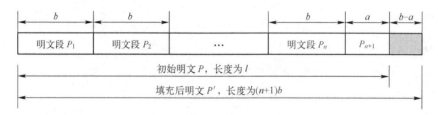

图 2-9　数据报文分段加密示意图

对于这样一组长度都为 b 的数据块，就可以采用相同密钥 K 分别执行 $n+1$ 次加密算法 E，将明文段 $P_1, P_2, \cdots, P_{n+1}$ 加密成为密文段 $C_1, C_2, \cdots, C_{n+1}$，再将这些密文段合并成为密文 C，即

$$C = C_1 \parallel C_2 \parallel \cdots \parallel C_{n+1}$$

当解密方接收到长度为 $(n+1)b$ 的密文 C 之后，首先将 C 分割成 $n+1$ 段长度为 b 的 $n+1$ 个密文段 $C_1, C_2, \cdots, C_{n+1}$，然后，采用相同密钥 K 分别对这些密文段执行 $n+1$ 次解密运算 D，得到明文段 $P_1, P_2, \ldots, P_{n+1}$，然后，将这些明文段合并，得到明文 P'，即

$$P' = P_1 \parallel P_2 \parallel \cdots \parallel P_{n+1}$$

再从 P' 末尾除去后面填充的数据，得到明文 P。整个加密解密过程如图 2-10 所示，这种加密操作模式称为电子密码簿模式，英文缩写 ECB。

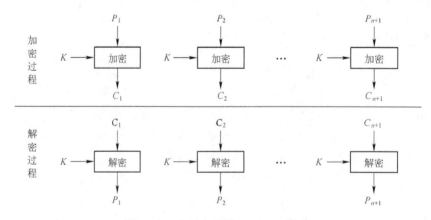

图 2-10　电子密码簿（ECB）模式

电子密码簿模式的加密操作的最大问题是：对于相同内容的明文段，加密之后会得到相同内容的密文块。这样，破译方容易识别出明文对应的结构，有助于破译明文。

ECB 模式目前被公认是不安全的加密操作模式。

2. 密文块链接（CBC）模式

为了解决 ECB 模式中相同的明文对应于相同密文的安全缺陷，可以采用密文块链接模式，这种模式的英文缩写 CBC。

CBC 模式在 ECB 模式的基础上进行了简单的改进：在加密第 j 个明文段 P_j 之前，首先将该明文段与前一个密文段 C_{j-1} 进行"异或"运算，然后，运用密钥为 K 的加密算法 E 进行加密处理，得到密文 C_j，即

$$C_j = E(K, P_j \oplus C_{j-1})$$

与 ECB 的解密过程相比，CBC 的解密过程也需要进行相应扩展：首先，使用相同的密钥 K，运用解密算法 D 对第 j 个密文段 C_j 进行解密；然后，再将解密的结果与前一个密文段 C_{j-1} 进行"异或"运算，得到第 j 个明文段，即

$$P_j = D(K, C_j) \oplus C_{j-1}$$

可以通过简单的公式推导来验证这种解密过程是正确的。

对于 CBC 模式，需要考虑 $j = 1$ 的特殊情况。这是对第一个明文段进行加密或者对第一个密文段进行解密的情况，这时需要设置一个特殊的数据块，称为"初始向量"，记为 IV，它起着 C_0 的作用。这样，在 CBC 模式中，需要增加两个初始的加密和解密公式：

$$C_1 = E(K, P_1 \oplus IV)$$
$$P_1 = D(K, C_1) \oplus IV$$

在 CBC 模式中，"初始向量" IV 不用保密，加密方可以通过明文方式将其传递给解密方。而在安全等级要求较高的数据加密过程中，初始向量则需要保密。

CBC 模式的加密和解密过程可以参考图 2-11，从该图可以看出，这种加密操作模式像一个链表一样将密文块串联起来，所以，这种加密操作模式就被形象地命名为"密文块链接"模式。

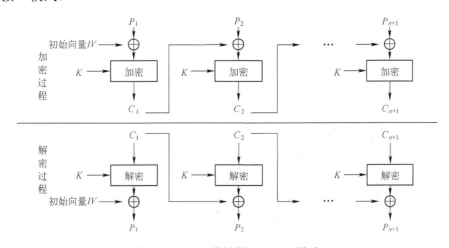

图 2-11　密文块链接（CBC）模式

由于 CBC 模式在加密之前，需要对某个明文段进行预处理，使得原来相同的明文段彼此互不相同，这样，就可以消除 ECB 模式中相同明文段对应相同密文段的安全缺陷。

CBC 模式属于块加密操作模式，只能对一个长度不小于 b 的数据块进行加密，这里 b 是 CBC 模式中采用的块加密算法要求的输入数据块的长度。如果 CBC 采用 DES 算法，则 $b = 64\text{bit}$；如果 CBC 采用 AES 算法，则 $b = 128\text{bit}$。如果被加密的数据块长度小于 b，则需要将数据块填充至长度为 b 之后，才能进行加密。

这种填充之后再加密的方法对于有些网络安全中的应用并不合适。例如，对于远程虚拟终端协议 Telnet，每次交互可能只传递一个字节（1B=8bit），即使采用 DES 算法，也需要填充 56bit。这样，在网络传输中需要传递大量无用的填充数据，另外，这些填充数据必须随机产生，否则，会产生安全缺陷。

为了解决这类应用问题，可以采用流加密操作模式。密文反馈（CFB）模式和输出反馈（OFB）模式都属于流加密操作模式。

3. 密文反馈（CFB）模式

流加密操作模式不同于流加密算法，它是采用块加密算法实现对数据流的加密和解密处理。在具体介绍密文反馈模式和输出反馈模式时可以发现，流加密操作模式仅仅利用块加密算法生成一个随机比特序列，然后再利用该随机比特序列对数据流进行"异或"操作。

流加密操作模式的功能与流加密算法一样，每次可以对任意长度的数据单元进行加密，例如，RC4 流加密算法每次对一个八位位组（8bit）进行加密或解密。这里假定流加密操作模式每次对长度为 l 的数据单元进行加密，而块加密算法要求输入数据块的长度为 b。

密文反馈（CFB）模式的加密处理过程包括以下三项操作：①长度为 b 的移位寄存器 R_j 移位并且接收前一次产生的密文 C_{j-1}；②以 K 为密钥的加密算法 E 对 R_j 中的数据块进行加密；③函数 S 从加密算法 E 的输出结果中提取出 l bit 高位与长度为 l 的输入明文段 P_j 进行"异或"运算，得到密文段 C_j。以上加密过程可以采用公式表示如下：

$$R_j = (R_{j-1} * 2^l \bmod 2^b) + C_{j-1}$$

$$C_j = S(l, E(K, R_j)) \oplus P_j$$

这里的 $R_{j-1} * 2^l \bmod 2^b$ 表达式，表示对 R_{j-1} 寄存器内容左移 l bit，丢弃移出的 l bit 高位，并且 R_{j-1} 寄存器右侧空出的 l bit 低位都以"0"填充。

这里的 $S(l, E(K, R_j))$ 表达式，表示从 $E(K, R_j)$ 提取出 l bit 高位。其中，C_j 和 P_j 的长度都是 l bit。

CFB 模式的解密过程与加密过程基本相同，也包括以下三项操作：①长度为 b 的移位寄存器 R_j 移位并且接收前一次输入的密文 C_{j-1}；②以 K 为密钥的加密算法 E 对 R_j 中的数据块进行加密；③函数 S 从加密算法 E 的输出结果中提取出 l bit 高位与长度为 l

的输入密文段 C_j 进行"异或"运算，得到明文段 P_j。以上解密过程也可以采用公式表示如下：

$$R_j = (R_{j-1}*2^l \bmod 2^b) + C_{j-1}$$
$$P_j = S(l, E(K, R_j)) \oplus C_j$$

可以通过简单的公式推导来验证以上解密过程是正确的。

与 CBC 模式类似，CFB 模式也存在一个初始向量 IV 的设置。即无论是加密过程还是解密过程，当 $j = 1$ 时，寄存器 R 中应该是初始向量：

$$R_1 = IV$$

图 2-12 较为直观地描述了 CFB 模式的加密和解密过程。

与 CBC 模式一样，CFB 模式在网络安全中属于较为安全的加密操作模式。它们都是采用密文链接的方式连续进行加密，这样，如果有一个密文段被攻击（如被篡改），则将导致后续一系列解密的错误。

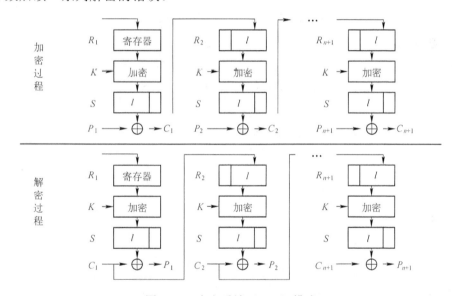

图 2-12　密文反馈（CFC）模式

4．输出反馈（OFB）模式

输出反馈（OFB）加密操作模式也是一种流加密操作模式。它与 CFB 模式类似，也是通过块加密算法产生一个随机比特序列，然后，利用该序列与明文数据流进行"异或"运算，得到密文数据流。OFB 模式是将加密算法输出的随机比特序列反馈到移位寄存器中，而不是像 CFB 模式那样，将生成的密文反馈到移位寄存器，所以，其又被称为输出反馈模式。

与 CFB 模式的约定相同，假定 OFB 每次加密或解密的数据单元长度为 l，OFB 中采用的块加密算法只能对长度为 b 的数据块进行加密，并且 $l < b$。

OFB 模式的加密过程包括如下三项操作：①移位寄存器左移 l bit，用于在右边低位接纳加密算法输出结果的 l bit 高位序列；②以密钥为 K 的加密算法 E 加密寄存器 R_j 中的数据块；③函数 S 从加密输出结果中提供 l bit 高位序列与明文段 P_j 进行"异或"运算，得到密文段 C_j。以上加密过程可以用公式表示如下：

$$R_j = (R_{j-1}*2^l \bmod 2^b) + S(l, E(K, R_{j-1}))$$

$$C_j = S(l, E(K, R_j)) \oplus P_j$$

这里 $R_{j-1}*2^l \bmod 2^b$ 表达式，表示对 R_{j-1} 寄存器内容左移 l bit，丢弃移出的 l bit 高位，并且 R_{j-1} 寄存器右侧空出的 l bit 低位都以"0"填充。

这里的 $S(l, E(K, R_j))$ 表达式，表示从 $E(K, R_j)$ 提取出 l bit 高位。其中，C_j 和 P_j 的长度都是 l bit。

OFB 的解密过程与它的加密过程基本相同，只是由输入密文段 C_j 得到明文段 P_j。OFB 的解密过程可以用如下公式表示：

$$R_j = (R_{j-1}*2^l \bmod 2^b) + S(l, E(K, R_{j-1}))$$

$$P_j = S(l, E(K, R_j)) \oplus C_j$$

同样，可以通过简单的公式推导来证明这种解密过程是正确的。

与 CFB 模式一样，OFB 模式也需要设置移位寄存器的初始向量 IV，即

$$R_1 = IV$$

图 2-13 直观地描述了 OFB 模式的加密和解密过程。

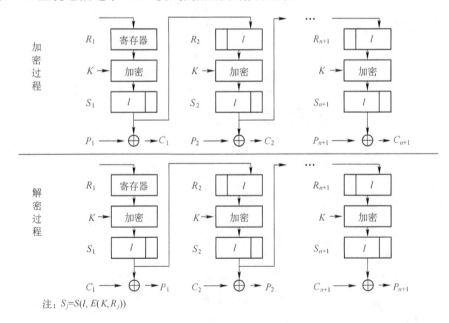

注：$S_j = S(l, E(K, R_j))$

图 2-13　输出反馈（OFC）模式

OFB 模式不如 CFB 模式安全，因为对 OFB 模式中某个密文段的攻击，只会影响对

应的明文段。这样，就使得密文和明文具有某种相关性，难以防范"选择明文"攻击。

另外，使用流加密算法最为忌讳的是：利用相同的随机比特序列（也称为流密钥），对不同的明文流进行加密。在 OFB 模式中，如果不改变初始向量 IV 和密钥 K，则 OFB 模式产生的随机比特序列就会相同，这样，就会面临被破译的危险。

5. 加密操作模式分析

OFB 和 CFB 都属于流加密模式，而 ECB 和 CBC 则属于块加密模式。流加密模式可以应用于数据流加密，而块加密模式适用于数据块加密。当然也可以将块加密模式应用于数据流加密，这时需要建立与加密块长度相同的缓存区，等待缓存区满之后，才能进行加密处理，这样就会额外增加等同于该加密块传输时间的延迟。这种额外的延迟对于有些应用是不可接受的。

而采用 OFB 和 CFB 这类流加密模式，只是采用块加密算法产生一个伪随机序列（流密钥），然后利用该流密钥对明文数据流进行"异或"运算，完成对数据流的加密工作。而接收方利用相同的块加密算法和密钥产生一个相同的流密钥，然后利用该流密钥对密文数据流进行"异或"运算，得到明文数据流。这样，在进行流密文模式的加密处理中，不需要对数据流的传递增加额外的延迟，可以满足实时数据流的需求。

现有加密模式的最大不足是：除了 ECB 模式之外，都采用了"反馈"或者"链接"操作，这样，无法采用并行处理机制提高加密/解密处理的性能。而 ECB 对于大多数应用而言是不安全的加密模式。

2.3 公钥数据加密方法

公钥数据加密方法的基本体系和基本原理由 M. Diffie 和 W. Hellman 在 1976 年首先提出，这是几千年来密码学中真正的一次革命性进步，它不再基于简单的"替代"和"换位"原理进行加密和解密，而是基于计算科学中的某些逆向计算在复杂性方面不可行的原理，对数据进行加密和解密。

提出公钥数据加密方法的最初动因是解决在电信网环境下互不相识的双方如何进行安全通信的问题，以及在电信网环境下交互的双方如何对传递的电子文档进行数字签名的问题。从这个角度看，公钥数据加密方法是电信网发展的产物。

第一个实用的公钥数据加密方法中的算法是由 Ron Rivest、Adi Shamir 和 Len Adleman 于 1977 年提出的、以他们三位姓氏的第一个字母命名的 RSA 算法。RSA 算法自问世以来得到了广泛的应用，而且目前仍然可以证明：当密钥长度达到一定范围时，RSA 是安全的。RSA 算法在数字签名中的广泛应用使得它对于电子商务的发展起到了关键作用。发明 RSA 算法的三位学者因此于 2003 年 5 月获得了 2002 年度图灵奖。

本节主要介绍公钥数据加密方法的发展动因、公钥数据加密方法的基本原理、RSA算法，以及以 M. Diffie 和 W. Hellman 命名的、采用公钥数据加密方法原理的一种传统加密算法的密钥生成算法。

2.3.1　公钥数据加密方法发展动因

电信网环境中的数据传递存在两类安全威胁：一是电信网上传递的数据可能被窃取；二是在电信网上传递的数据可能被篡改或假冒。为了解决电信网上数据传递的保密问题，可以采用传统加密算法对传递的数据进行加密。但是，传统的加密算法要求安全通信双方必须首先协商出一个只有安全通信双方才知道的、其他人都不知道的密钥。而这在电信网环境下是难以做到的，所以传统数据加密方法难以解决电信网环境下的数据安全问题。

如图 2-14 所示，对于传统的加密算法，加密方在对明文 P 进行加密时，首先需要从密钥池取得一个密钥 K，利用该密钥 K 和加密算法 E 将明文加密成密文 C。加密方同时还需要通过一个秘密通道将密钥 K 传递给解密方，这样，解密方才能利用密钥 K 和解密算法 D 将密文还原成明文。

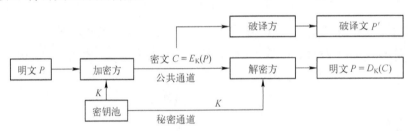

图 2-14　传统加密算法原理示意图

为了解决在电信网环境下任意两个互不相识的用户之间都能够安全地传递数据的问题，M. Diffie 和 W. Hellman 设计了以下两个方案。

1）采用公钥密码系统，将传统数据加密方法的密钥分解成加密密钥 PK 和解密密钥 VK，从 PK 无法推导出 VK，这样，就可以公开加密密钥 PK，而只有接收方独自保管解密密钥 VK。这样，任何一方试图与另外一方进行安全通信时，只需要采用对方的 PK 来加密数据，并发送给对方。只有对方才能利用相应的 VK 解密接收到的数据。任何中途截获报文的一方，都无法解密加密数据。这里的加密密钥 PK 就称为"公钥"，而解密密钥 VK 就称为"私钥"。M. Diffie 和 W. Hellman 提出的公钥密码系统随后发展并完善为"公钥数据加密方法"。

2）采用"公钥分发系统"，通过公开交互的信息，可以生成只有通信双方才知道的密钥。其他各方可以截获通信双方交互的所有数据，但是却无法计算出通信双方产生的密钥。这种通过公开交互信息生成传统数据加密方法密钥的算法被命名为 Diffie-Hellman 算法。

为了解决电信网环境下数据完整传递的问题，必须设计一种机制，使得由发送方传递的数据，除发送方之外，任何其他方都无法修改，包括数据接收方也无法修改数据。这样，才能通过电信网传递商业合同。传统数据加密方法虽然也可以对传递的数据进行加密，但是，由于传统密钥学的加密算法中发送方和接收方共用同一个密钥，则接收方接收后可以更改数据。这样，传统数据加密方法就无法解决电信网环境下数据完整传递的问题。

这种数据完整传递问题，在纸面数据传递中是通过签名保证的。只有签名的纸质合同才是有效的合同。对于电子合同，就需要设计一种电子数据签名的机制，保证通过电信网传递的电子数据是原来发送方发送的、没有被篡改的数据。

由于公钥密码系统采用的是将传统密钥分解为加密密钥 PK 和解密密钥 VK 的做法，任何一种密钥的加密都可以通过另外一种对应的密钥解密，并且只有一方掌握解密密钥 VK。这样，如果发送方 A 通过私钥 VK 加密数据，则任何接收方都可以通过发送方的公钥 PK 解密该数据，并确认该数据是由发送方 A 发送的数据，同时接收方无法修改发送方的数据。这样，通过公钥密码系统就可以解决数据签名的问题。

2.3.2 公钥数据加密方法基本原理

W. Diffie 和 M. Hellman 首先给出了公钥密码系统的定义，但是，表述方式较为复杂。以下基于现代公钥数据加密方法的概念，采用本书的表示方法，给出与 W. Diffie 和 M. Hellman 设计基本一致的公钥密码系统。

一个公钥密码系统由一对加密算法 E 和解密算法 D 构成，该公钥密码系统采用一个密钥对集合 $KS = \{(PK, VK)\}$，对于任何一个集合 KS 中的密钥对(PK, VK)和任何一个明文 P，将具有对称性、可用性、安全性、唯一性这四个特性。以下将基于公钥密码系统的四个特性，分别讨论公钥数据加密方法及其应用的基本原理。

1. 公钥密码对的密钥对称性

公钥密钥对的密钥对称性是指：无论采用密钥对(PK, VK)中的哪一个密钥来对明文 P 执行加密算法 E，都可以采用另外一个密钥来对密文进行解密，即

$$P = D_{VK}(E_{PK}(P))$$

$$P = D_{PK}(E_{VK}(P))$$

公钥密码系统密钥对中的两个密钥在密码计算过程中处于对称的地位，可以通过一对密钥中的任意一个密钥进行加密，然后用另外一个密钥进行解密。而且，这一对密钥在加密和解密处理过程中的计算能力是相同的。

公钥密码系统的对称性为密码学在网络安全领域的应用提供了一片全新的天地。公钥密码系统之所以要采用密钥对(PK, VK)，是因为需要公开其中的一个密钥，假设公开的密钥是 PK，则这个公开的密钥 PK 称为"公钥"。

如果采用公钥 PK 对明文 P 进行加密，获得的密文 C 必须采用密钥对中的另外一个密钥 VK 才能解密。而 VK 是不公开的，所以，采用 PK 进行加密可以保证明文 P 的保密性。这个不公开的密钥 VK 称为"私钥"。

如果采用私钥 VK 对明文 P 进行加密，结果又会如何？采用 VK 对明文 P 进行加密可以获得密文 C，但这个密文 C 可以通过公钥 PK 进行解密。由于公钥 PK 是公开发布的，任何人都可以通过权威渠道获得，这样，采用私钥 VK 对明文 P 加密，并不能保证明文 P 的保密性。但是，采用私钥 VK 对明文 P 加密，却能够保证明文 P 是由私钥 VK 的持有者发布的，并且没有被任何人修改。也就是说，采用私钥 VK 对明文 P 的加密可以保证明文 P 的完整性。这是公钥数据加密方法在网络安全领域特有的应用，也是网络安全领域不可缺少的基本方法。如果没有公钥数据加密方法，就不可能有数字签名，更不可能有现代各类网上购物、在线支付、网络银行等电子商务的应用。

这里需要明确的是：传统数据加密方法中的密钥是加密方和解密方共有的，即加密方的密钥就是解密方的密钥。公钥数据加密方法中的密钥对则只属于持有方，它要么属于加密方，要么属于解密方。所以，采用公钥加密算法，一定要明确是采用哪一方的公钥或者私钥进行加密。采用不同密钥持有方的不同性质的密钥进行加密，会获得不同的网络安全应用的效果。例如，在对数据进行加密时，必须采用数据接收方的公钥对数据进行加密；而在对数据进行签名时，则必须采用数据发送方的私钥对数据进行加密。

2．公钥加密算法的可用性

公钥加密算法的可用性是指：如果掌握了密钥对 (PK, VK)，则加密算法 E 和解密算法 D 都是容易计算的。这是确保公钥密码系统可以实际应用的基本特性。

基于这个特性，在公钥密码系统中，一旦掌握了密钥，加密过程和解密过程就会变得十分容易；而没有掌握密钥，便无法进行解密运算。

3．公钥密码对的安全性

公钥密码对的安全性是指：如果公开密钥对中的一个密钥，例如公开公钥 PK，则无法通过计算推导出另外一个密钥，例如私钥 VK。

这是公钥密码系统安全的基本要求，公钥密码系统一定需要公开发布一个密钥，称为"公钥"，相应的另外一个不公开的密钥称为"私钥"，该密钥必须由密钥对的持有方保存。公钥密码系统应该保证，任何人都无法从公开发布的"公钥"计算推导出"私钥"。

保证公钥密码对的安全性的机制和方法构成了公钥数据加密方法的基本原理。目前，常用的公钥加密算法的基本原理就是选择一个私钥，然后采用单向函数从私钥计算出公钥。由于单向函数难以从计算结果反向推导出函数输出的参数，这样就可以确保无法从公钥推导出私钥，从而保证了公钥密码对的安全性。

📖　公钥数据加密方法中的私钥通常是根据某些安全规则的筛选而获得的，而公钥则是基于已经获得的私钥执行某个单向函数的计算过程而产生的。由于该单向函数的逆过程在现有计算条件下几乎无法完成，即无法从公开发布的公钥推导出对应的私钥，这样才能保证该公钥数据加密方法的安全性。

4．公钥密码对的任一密钥的唯一性

　　公钥密码对的任意密钥的唯一性是指：如果只掌握了密钥对中的一个密钥 PK，并且利用该密钥将明文 P 加密得到密文 C，则无法再利用该密钥将密文 C 进行解密得到明文 P，即如果 $C = E_{PK}(P)$，则 $P \neq D_{PK}(C)$。

　　同样，如果只掌握了密钥对中的一个密钥 PK，并且能够利用该密钥将密文 C 解密为明文 P，则无法再利用该密钥将明文 P 加密为密文 C，即如果 $P = D_{PK}(C)$，则 $C \neq E_{PK}(P)$。

　　公钥密码系统的唯一性在某种程度上反映了公钥密码系统特有的安全特征，即使掌握一个公开的密钥，也只能执行加密或者解密操作中的一种算法，这样就保证了公钥密码系统在进行数据保密传递过程中具有很强的保密性。因为公开的密钥仅仅用于发送方加密数据，只有保存另一个密钥的一方才能解密数据。同样，如果将公钥密码系统运用数字签名，则只有"密钥对"的所有者才能利用私钥对发送的报文进行数字签名，接收方只能通过公钥验证数字签名，不能再利用公钥来仿造发送方的数字签名。

5．公钥密码系统的加密原理

　　对比公钥密码系统和传统密码系统可以发现，公钥密码系统通过一个"密钥对"进行加密和解密操作，加密和解密分别采用该"密钥对"中两个不同的密钥。并且公开"密钥对"中的任意一个密钥，不会泄露该"密钥对"中的另外一个密钥。所以，公钥密码系统使用的加密算法又称为不对称密钥加密算法。

　　公钥数据加密方法也可以直观地表示为图 2-15 的形式：加密方在加密之前首先通过公共通道，从提供公钥的权威方——公钥基础设施中获取解密方的公钥 PK；然后，利用公钥 PK 和加密算法 E 将明文 P 加密成为密文 C，并通过公共通道传送给解密方。这时，并不需要加密方通过秘密通道传递密钥。解密方接收到密文 C 之后，采用公钥基础设施分配的私钥 VK，利用解密算法 D 和私钥 VK 将密文 C 还原成为明文 P。

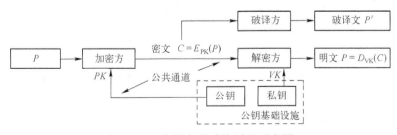

图 2-15　公钥密码系统原理示意图

　　这种公钥密码系统可以广泛应用于电信网环境中，向公众提供保密通信服务。任何

互不相识的通信双方，都可以从服务提供商处获得对方可信的公钥，利用公钥加密算法将明文加密成密文传递给对方，而对方通过自己的私钥就可以解密该密文。这种保密通信方式在现代商业中具有广泛的应用。

6．公钥密码系统的签名原理

实际上公钥密码系统不可替代的应用是"数字签名"，也就是采用加密方的私钥 VK 对明文 P 进行加密，确保明文 P 是由加密方权威发布的并且是没有被修改的。由于公钥加密算法都是计算复杂度很高的算法，实用的数字签名算法由报文摘要算法和公钥加密算法组成。首先采用报文摘要算法对明文 P 进行处理，生成能够反映明文 P 的数据特征的"报文摘要"，然后再对该报文摘要进行以私钥 VK 为密钥的加密。报文摘要算法将在第 3 章详细讨论。

2.3.3 RSA 公钥加密算法

RSA 公钥加密算法是基于数论中的欧拉定理和费马小定理设计的一种加密算法，其安全性主要是基于"大数分解"的不可解特性。

1．RSA 依赖的数论概念和定理

（1）模运算与同余关系

模运算是整数运算中经常使用的运算。令 m 为正整数，a 为非负整数，则"a 模 m"记为 $a \bmod m$，等于 a 除以 m 所得的余数。如果 a 为负整数且其绝对值小于 m，则 a 模 m 等于 $m + a$，如 $(-6) \bmod 13 = 7$。

用模运算可以将欧几里得算法（辗转相除法）表示成一个简单的递归式，用于求解两个非负整数 a 和 b 的最大公因子，记为 $\gcd(a, b)$。假设 $a > b$，有

$$\gcd(a,b) = \begin{cases} \gcd(b, a \bmod b), & b > 0 \\ a, & b = 0 \end{cases}$$

如果 $\gcd(a, b) = 1$，则称 a 与 b 互素（或互质）。

与模运算紧密相关的是同余关系，它是整数间的基本关系。令 a、b、m 为整数且 $m > 0$，如果 $a - b$ 能被 m 整除，则称 a 和 b 在模 m 下同余，记为 $a \equiv b \pmod{m}$。

$a \equiv b \pmod{m}$，当且仅当存在整数 k，使得 $a = b + k \times m$。

例如，$27 \equiv 2 \pmod 5$，$-4 \equiv 3 \pmod 7$。

（2）欧拉定理与费马小定理

欧拉函数 $\varphi(n)$ 的定义：令 n 为正整数，如果 $n=1$，则 $\varphi(n)=1$；如果 $n>1$，则 $\varphi(n)$ 是所有小于 n 的正整数中与 n 互素的数的数目。如 $\varphi(9)=6$，因为 1、2、4、5、7、8 均与 9 互素，而 3 和 6 均与 9 有公因子。

欧拉定理：令 a 和 n 为两个互素的正整数，则 $a^{\varphi(n)} \equiv 1 \pmod n$。

当 n 为素数时有如下推论，称为费马小定理。

费马小定理：令 p 为素数，a 为正整数且不能被 p 整除，则 $a^{p-1} \equiv 1 (\mathrm{mod}\ p)$。

RSA 公钥加密算法可以分成两个部分：RSA 公钥加密算法的加密和解密过程，RSA 公钥加密算法的"密钥对"选择和生成过程。

2．RSA 算法的加密和解密过程

为了利用一个公钥（e, n）对一个报文 M 进行加密，这里 e 和 n 是一对正整数，可以采用以下过程：

1）将报文 M 表示成一个 0 到 $n-1$ 的整数。如果 M 较长，可以采用 2.2.7 节"加密操作模式"中介绍的方法，将 M 分解成多个数据块，分别进行多次加密。

2）将 M 进行 e 次乘法运算，然后对乘积取 n 的模，这样，就得到了 M 的密文 C。这里的密文 C 也就是将 M 进行 e 次乘法运算，然后再用 n 除该乘积得到的余数。假定加密算法为 E，则加密过程可以用公式表示为

$$C = E(M) = M^e\ (\mathrm{mod}\ n)$$

3）如果需要对密文 C 进行解密，则只需要对 C 进行 d 次乘法运算，然后再对乘积取 n 的模，这样，就得到了报文 M。假定解密算法为 D，则解密过程可以用公式表示为

$$M = D(C) = C^d\ (\mathrm{mod}\ n)$$

这里（d, n）就是与公钥（e, n）对应的私钥，也是需要该"密钥对"所有者秘密保存的密钥。

在 RSA 加密算法中，用户 A 的"密钥对"可以表示为（（e_A, n_A），（d_A, n_A））。这里的 e_A、d_A 和 n_A 是需要用户在生成"密钥对"过程中选择的正整数。

3．RSA 算法的密钥选择

RSA 加密算法的密钥选择方法是该算法的核心，RSA 密钥的选择和生成方法保证了 RSA 公钥加密算法的安全性。为了使用 RSA 加密算法，首先需要按照以下方法选择并生成 RSA 公钥加密算法的"密钥对"。

1）选择两个很大的"随机"素数 p 和 q，这两个素数的乘积就是 RSA 密钥中的正整数 n，即

$$n = p \times q$$

如果 p 和 q 足够大，例如都是 300 位的十进制数（相当于长度为 1024bit 的二进制数），即使公开 n，则根据目前的计算能力，也无法分解出 p 和 q。这样，就可以满足公钥密码系统的要求。

2）选择一个很大的随机整数 d，该整数与 $(p-1)(q-1)$ 的最大公因子为 1，即

$$\gcd(d, (p-1)(q-1)) = 1$$

其中，gcd 表示最大公因子。

3）从 p、q 和 d 中计算出 e，e 是以 $(p-1)(q-1)$ 为模的 d 的倒数，即

$$e \times d = 1\ (\mathrm{mod}\ (p-1)(q-1))$$

4．RSA 算法的实现

RSA 算法实际上分成两个部分，第一部分是选择 RSA 的密钥，第二部分是利用 RSA 的密钥进行加密和解密运算。以上主要从理论上说明了 RSA 选择密钥的方法，以及 RSA 加密和解密的运算方法。本节主要讨论如何在计算环境下实现这些方法。

（1）RSA 加密和解密运算

R. L. Rivest 等人提出了一个计算 $M^e \pmod n$ 的算法，它最多执行 $2 \times \log_2(e)$ 次乘法和除法，具体算法如下。

1）设 $e_k\, e_{k-1} \dots e_1\, e_0$ 是 e 的二进制数表示形式。

2）设置变量 C 的初值为 1。

3）对于 $j = k, k-1, \cdots, 0$，重复执行以下①和②：

① $C = (C \times C) \bmod n$；

② 如果 $e_j = 1$，则 $C = (C \times M) \bmod n$。

4）输出的 C 就是 M 的密文。

以上算法中，e、n 和 M 都是 RSA 算法中定义的参数，其中(e, n)就是 RSA 算法中的加密密钥，而 M 就是 RSA 算法中要被加密的报文。

例如，令 e=37，其二进制数为 100101，$M = 7$，n=11。

计算 $7^{37} \bmod 11 = (7^{2^5} \times 7^{2^2} \times 7) \bmod 11$，依照上述算法得：

当 j=5 时，$C = (1 \times 1) \bmod 11 = 1$，因 $e_5 = 1$，$C = 7 \bmod 11 = 7$；

当 j=4 时，$C = (7 \times 7) \bmod 11 = 5$；

当 j=3 时，$C = (5 \times 5) \bmod 11 = 3$；

当 j=2 时，$C = (3 \times 3) \bmod 11 = 9$，因 $e_2 = 1$，$C = (9 \times 7) \bmod 11 = 8$；

当 j=1 时，$C = (8 \times 8) \bmod 11 = 9$；

当 j=0 时，$C = (9 \times 9) \bmod 11 = 4$，因 $e_0 = 1$，$C = (4 \times 7) \bmod 11 = 6$。

因此，$7^{37} \bmod 11 = (7^{2^5} \times 7^{2^2} \times 7) \bmod 11 = 6$。

上述算法是计算指数幂较为优化的快速算法，计算复杂度与最优算法相同，只是最大计算时间比最优算法增加了一倍。

（2）RSA 密钥的选择

对于 p 和 q 选择的要求：其十进制位数应该不小于 100，两个数的长度仅仅相差几个十进制数。另外，$(p-1)$ 和 $(q-1)$ 应该包含很大的素数因子，而$(p-1)$和$(q-1)$之间的公因子应该很小。

选择与 $\varphi(n)$ 互素的私钥 d 的方法比较简单，例如任何大于 $\max(p, q)$ 的素数都可以作为 d。为了防范攻击者猜测到私钥，d 的选择集合应该足够大，不一定只局限于素数。

可以采用欧几里得算法，通过计算 $\varphi(n)$ 与 d 的最大公因子来选择公钥 e。计算 $\varphi(n)$ 和 d 的最大公因子 $\gcd(\varphi(n), d)$ 的欧几里得算法可以表示为如下形式：

1）设 $x_0 = \varphi(n)$，$x_1 = d$，$j = 1$。

2）$x_{j+1} = x_{j-1} \bmod x_j$。

3）如果 $x_{j+1} \neq 0$，则 $j = j + 1$，转 2）；如果 $x_{j+1} = 0$，则输出最大公因子 x_j。

由于 $\varphi(n)$ 与 d 互素，所以，它们的最大公因子是 1。这样，就必定存在某个 j，使得 $x_j = 1$。根据计算公因子算法中产生的中间数，就可以找到参数 e_1 和 e_2，使得 $e_1 \times \varphi(n) + e_2 \times d = 1$。这里的 e_2 满足 $e_2 \times d \equiv 1 \pmod{\varphi(n)}$ 的条件，所以，e_2 可以作为与 d 对应的公钥 e。

如果得出的 e 小于 $\log_2(n)$，则从安全角度考虑，需要重新选择 d，并重新计算 e。

例如，$p = 13$，$q = 19$，选择私钥 $d = 173$，计算公钥 e。

$x_0 = \varphi(n) = (p-1)(q-1) = 12 \times 18 = 216$。

$x_1 = d$。

$x_2 = x_0 \bmod x_1 = 216 \bmod 173 = 43$，即 $43 = 216 - 173$。

$x_3 = x_1 \bmod x_2 = 173 \bmod 43 = 1$，即 $1 = 173 - 4 \times 43$，$1 = 173 - 4 \times (216 - 173) = 5 \times 173 - 4 \times 216$。

从上式可以得出，公钥 $e = 5$。

5．RSA 算法举例

R. L. Rivest 等人列举了一个简单的 RSA 算法的例子。这里选择 $p = 47$，$q = 59$，$n = 47 \times 59 = 2773$，$d = 157$。$\varphi(n) = 46 \times 58 = 2668$，$e$ 的计算方法如下：

$$2668 = 157 \times 16 + 156 = 157 \times 17 - 1$$

由此可知 $e = 17$。

由于 $n = 2773$，所以，每次可以加密包含两个英文字母的数据块。假定所有英文字母都采用大写字母表示，空格编码为十进制数 00，A 为 01，依次编码，Z 为 26。恺撒的一句话 "ITS ALL GREEK TO ME" 可以编码为

0920 1900 0112 1200 0718 0505 1100 2015 0013 0500

以下仅对第一个数据块进行加密，则第一个数据块的加密算式如下：

$$920^{17} = 948 \pmod{2773}$$

以上整个英文句子加密后的密文为

0948 2342 1084 1444 2663 2390 0778 0774 0219 1655

对第一个数据块的解密算式可以按照加密算式进行，其结果为

$$948^{157} = 920 \pmod{2773}$$

具体计算过程读者可以验证。

从以上 RSA 算法的实例可以看出，RSA 算法是计算量较大的算法。以上还只是采用了一种演示的实例，真正实用的 RSA 算法的密钥长度至少应该大于 200 位的十进制数长度。目前认为安全的 RSA 算法的密钥长度应该为 1024bit 的二进制数，相当圩 300 位的十进制数长度。这样，目前实用的 RSA 加密算法的计算开销较大。

6．RSA 算法安全性分析

前面已经讨论过加密算法安全性的概念，目前实用的加密算法都具有相对安全性，

即在现有的计算条件下，无法破译这些加密算法。同样，对于 RSA 加密算法，也无法证明它是绝对安全的，只能论证在密钥足够长的情况下，利用现有的计算条件是无法破译出 RSA 加密算法的密钥的。

R. L. Rivest 等人已经得出结论：攻破 RSA 加密算法的计算复杂度等同于分解大数 n 的计算复杂度。而分解大数 n 的算法是人们研究较多的算法，假定 $n = 2^l$，则当 $l > 336$（相当于 100 位的十进制数）时，已有时间复杂度约为 $O(2^{l/8})$ 的分解大数 n 的算法。

由于攻破密钥为 l bit 的二进制数的 DES 加密算法的计算复杂度为 2^{l-1}，而目前认为，长度大于 80bit 的 DES 密钥是比较安全的。这样，保证目前计算安全的 RSA 密钥的长度至少应该为 640bit。保险的长度应该为 1024bit，相当于长度为 300 多位的十进制数。

2.3.4　Diffie-Hellman 密钥生成算法

这里讨论的 Diffie-Hellman 密钥生成算法，是 W. Diffie 和 M. Hellman 基于公钥数据加密方法的思路提出的一类生成传统数据加密方法中密钥的算法。Diffie-Hellman 算法生成的密钥并不是公钥数据加密方法中使用的不对称密钥，而是在传统数据加密方法中使用的对称密码。

采用 W. Diffie 和 M. Hellman 密钥生成算法可以解决传统数据加密方法在使用过程中密钥协商和更新困难的问题，部分解决了公钥密码体系试图解决的问题，即在公共网络环境下，采用传统数据加密方法进行数据加密时的初始密钥协商和更新的问题。该算法采用了公钥加密算法中的重要设计思想：部分公开密钥的思想。

1. Diffie-Hellman 算法的基本思想

Diffie-Hellman 密钥生成算法是 W. Diffie 和 M. Hellman 提出的一种"公钥分发系统"。这种公钥分发系统与他们提出的公钥密码体系一样，也是为了解决在公共电信网环境下，两个互不相识的人如何通过公共网络相互进行保密通信的问题。但是，这种解决方法不是重新创立一个公钥密码体系，而是提出一种适用于传统密码体系的"密钥生成算法"。

这种"密钥生成算法"采用了公钥密码体系中提出的"单向"计算的思路：任何在公共电信网环境下参与保密通信的用户都可以选择一个自己保密的私钥，然后，利用该私钥对已知的数进行指数运算和取模之后，将得出的数值作为自己的公钥，并通过"电话黄页簿"等形式公布。

如果电信网上的一方 A 试图与电信网上的另外一方 B 进行通信，则 A 首先通过"电话黄页簿"获取 B 公布的公钥；然后，利用自己的私钥对 B 的公钥进行指数运算后再取模，得到密钥 $K_{A,B}$；最后，A 以 $K_{A,B}$ 作为密钥，利用传统加密算法（如 DES 算法）加密数据后传递给 B。

电信网上的另一方 B 在收到了 A 发送来的加密报文之后，也首先通过"电话黄页簿"获得 A 公布的公钥；然后，利用自己的私钥对 A 的公钥进行指数运算后再用共同的数取模，得到密钥 $K_{B,A}$；Diffie-Hellman 算法可以保证 $K_{B,A} = K_{A,B}$。这样，B 就可以利用 $K_{B,A}$ 解密 A 采用传统加密算法生成的密文。

这里可以看出，Diffie-Hellman 算法采用了公钥密码体系中的关键思想：公开部分密钥信息，使得通信双发在没有事先交互的情况下，就可以生成双方公共的密钥，从而进行数据加密。该算法的安全性依赖于离散对数问题，即指数计算的逆过程——对数计算是一类计算复杂度"难"的问题，以此保证私钥的保密性。

2．Diffie-Hellman 算法的基本过程

假设 q 是一个素数，α 是 $(1, q)$ 范围中的一个素数，如果 A 和 B 双方期望采用传统加密算法进行数据加密，则首先需要协商双方采用的密钥。利用 Diffie-Hellman 密钥生成算法可以通过不安全的通信信道中的数据交互，双方独立生成用于传统数据加密方法的同一密钥。具体过程如下：

1）A 从 $\{1, 2, \cdots, q-1\}$ 中生成一个随机整数 X_A 作为自己的私钥保存好，然后通过公式：$Y_A = \alpha^{X_A} \bmod q$ 计算得出 A 的公钥 Y_A，并将公钥 Y_A 连同 A 的名字和地址等特征信息放置在公共文件中。

2）B 从 $\{1, 2, \cdots, q-1\}$ 中生成一个随机整数 X_B 作为自己的私钥保存好，然后通过公式：$Y_B = \alpha^{X_B} \bmod q$ 计算得出 B 的公钥 Y_B，并将公钥 Y_B 连同 B 的名字和地址等特征信息也放置在公共文件中。

3）如果 A 要与 B 进行保密通信，则 A 从公共文件中获取 B 的公钥 Y_B，利用自己保存的私钥 X_A，通过公式：$K_{A,B} = Y_B^{X_A} \bmod q$ 计算得到密钥 $K_{A,B}$。

4）同样，B 也可以从公共文件中获取 A 的公钥 Y_A，利用自己保存的私钥 X_B，通过公式：$K_{B,A} = Y_A^{X_B} \bmod q$ 计算得到密钥 $K_{B,A}$。

由于

$$K_{B,A} = Y_A^{X_B} \bmod q = \alpha^{X_A X_B} \bmod q = \alpha^{X_B X_A} \bmod q = Y_A^{X_A} \bmod q = K_{A,B}$$

所以，A 和 B 通过各自运行 Diffie-Hellman 算法生成了相同的密钥。

5）随后，A 与 B 就可以利用相同的 $K_{A,B}$ 或 $K_{B,A}$，采用传统加密算法进行数据传统加密和解密操作。

该算法的假设前提是，通信双方都已经确定采用相同的 q 和 α 值。这两个值可以连同公钥放置在公共文件中。

📖 Diffie-Hellman 算法中的私钥仅仅表示该算法中保密的数据，通常也可以称为"保密字"，而这里的公钥仅仅表示该算法中通过私钥产生的、可以公开的数据，不是真正意义上用于加密或解密的"密钥"。但这里的公钥和私钥是按照公钥数据加密方法的原理构成的一个安全密钥对，即无法通过公钥导出其对应的私钥。

3．Diffie-Hellman 算法的安全性分析

Diffie-Hellman 算法生成的密钥在选择合适的 q 值的条件下是安全的。因为计算共享密钥 $K_{A,B}$ 最多需要进行 $2\log_2(q)$ 次运算，而攻击者 C 试图利用 Y_A 或者 Y_B 破译 $K_{A,B}$ 则至少需要进行 $q^{1/2}$ 次运算。

例如，假定 q 取值为略小于 2^b 的一个素数，则 A 和 B 计算共享密钥需要进行 $2b$ 次运算，而破译 $K_{A,B}$ 至少需要进行 $2^{b/2}$ 次运算。如果 b 取值为 200（即长度为 200bit），则 A 和 B 计算共享密钥只需要进行 400 次运算，而破译该密钥却需要进行 2^{100} 次运算，相当于 10^{30} 次运算，按照当前所具有的计算能力，这几乎是不可计算的。

2.3.5 椭圆曲线加密算法

公钥数据加密方法的安全性依赖于加密法采用的单向函数的逆向计算复杂度以及选择的密钥长度。而公钥数据加密方法的实现属于一类计算复杂度极高的算法，所以，公钥数据加密方法的实用性也依赖于加密法采用的单向函数的计算复杂度以及选择的密钥长度。

椭圆曲线加密算法采用的单向函数是基于有限域的椭圆曲线标量乘法，其逆向计算是一类椭圆曲线离散对数问题，属于一类公认的计算复杂度"难"问题，并且远大于 RSA 公钥数据加密方法依赖的"大数分解问题"的计算复杂度。椭圆曲线加密算法是基于椭圆曲线离散对数问题的计算复杂度"难"的原理。

虽然椭圆曲线加密算法的单向函数实现的计算复杂度大于 RSA 公钥加密算法的单向函数实现的计算复杂度，但因为椭圆曲线加密算法所依赖的椭圆曲线离散对数问题的计算复杂度远大于 RSA 公钥加密算法的"大数分解问题"的计算复杂度，所以，椭圆曲线加密算法可以选用较短的密钥长度，达到与 RSA 公钥加密算法同样的安全性。通常认为，密钥长度为 160bit 的椭圆曲线加密算法的安全强度相当于密钥长度为 1024bit 的 RSA 公钥加密算法的安全强度。而 160bit 的椭圆曲线加密算法的密钥长度是美国政府相关技术标准机构认可的安全密码长度。

> 📖 百度百科提供了较为通俗的有关椭圆曲线加密法的介绍，虽然表述的条理性不够清晰，但提供了较多的可用信息。具体可见 https://baike.baidu.com/item/椭圆曲线密码学/2249951。

由于椭圆曲线加密算法采用了远小于 RSA 公钥加密算法的密钥长度，使得椭圆曲线加密算法的实际计算性能优于 RSA 公钥加密算法，这就使得椭圆曲线加密算法成为目前主流的公钥数据加密方法，并在互联网、物联网中得到了广泛的应用。例如，比特币的公钥加密算法就采用了椭圆曲线加密算法。

椭圆曲线是一类抽象代数的概念，涉及阿贝尔交换群的概念，这类交换群中的元素可以采用椭圆曲线中的点（x, y）表示，而这些点又是密码椭圆曲线方程的解。由于这里涉及较为复杂的数学原理和较为复杂的数学公式，使得椭圆曲线加密算法比较难以理解。但从使用角度看，椭圆曲线加密算法是一类性能较高的公钥数据加密方法。

2.3.6　公钥密码体系与密钥管理

最初提出公钥密码体系的动因之一就是为了解决公共电信网环境下传统密码体系中的密钥管理问题。因为公共电信网环境下要求进行保密通信的双方可能根本就不认识，只能通过电话号码、网络地址或者电子邮件地址找到对方。而一般传统密码体系要求首先通过秘密通道（如挂号信函）交换双方共同采用的密钥。这样，在电信网环境下就无法假定任何保密通信双方之间都能够事先建立保密通道以协商密钥。

公钥密码体系可以将传统密码体系中的密钥分成两个部分：公钥和私钥，公钥可以公开，私钥则由密钥所有者秘密保存。这样，只要有一方获取到了保密通信另一方的公钥，就可以利用公钥加密传递的数据，从而在公共电信网上与互不相识的另一方进行保密通信。

由于公钥不需要保密，最初大部分学者（包括公钥密码体系的发明者 W. Diffie 和 M. Hellman），都认为公钥密码体系的最大好处在于简化了密钥的管理，只需要在类似于电话黄页簿上公布各个电信网用户的公钥就可以了。如果在网络服务器上公布公钥，只需要设定"只读"访问权限就足够了。

实际上公钥密码体系中的密钥管理并不是这么简单。因为公钥也是公钥密码体系密钥中一个不可缺少的组成部分，虽然按照公钥密码体系的规则，已知公钥并不能破解对应的私钥。但是，网络攻击者可以通过公布某些用户的虚假公钥，假冒这些用户利用公钥密码系统与其他用户进行保密通信，获取通信对方的保密数据。像最初设想的那样，通过电话黄页簿或者公共信息服务器公布的公钥是无法防范网络攻击，设置"只读"权限的公用文件也无法防范网络攻击。公钥管理应该成为整个公钥密码系统安全管理的一个重要环节。

公钥管理实际上是一种与真实性验证机制相关联的信任管理。现在的公钥管理机制是将公钥与公钥所有者、公钥发行者、公钥使用期限等信息封装成为一个"证书"，而证书必须由某个权威机构负责发行，该机构称为"认证授权中心"或者简称为"认证中心"。认证中心发行的证书都必须有该中心的签名，以防范假冒的证书。认证中心除了发行证书之外，还负责证书的更新或撤销等操作。认证中心必须在通过严格的真实性验证机制确认用户身份之后，才会创建或更新该用户的公钥。这一套公钥管理系统现在称为"公钥基础设施"（英文缩写 PKI），它是电子商务必不可少的基础设施之一。有关证书和 PKI 的原理和标准将在第 3 章中介绍。

既然公钥管理需要借助于认证中心才能完成，那么我们同样有理由设想传统密码体系中的密钥也可以借助于认证中心管理，解决传统密码体系的最初密钥协商的问题。但是，借助于认证中心管理传统密码体系中的密码，就无法保证认证中心不会泄露这些密钥，也难以保证认证中心泄露这些密钥后就一定可以被发现。

既然公钥密码体系有一套较为完整的密钥管理基础设施，那么是否可以完全采用公钥密码体系取代传统密码体系，而不再使用传统密码体系呢？通过对比传统加密算法和公钥加密算法就可以发现，公钥加密算法的计算复杂性远大于传统加密算法。实际网络安全技术的应用中，还是采用传统加密算法加密大批量数据，而公钥加密算法则主要用于真实性验证和协商传统加密算法的密钥。

2.4　思考与练习

1．概念题

（1）什么是块加密算法？什么是流加密算法？在实际应用中，是否可以用块加密算法替代流加密算法？试说明理由。

（2）什么是对称密钥加密算法？什么是不对称密钥加密算法？在实际应用中，是否可以采用不对称密钥算法替代对称密钥加密算法？试说明理由。

（3）密码技术主要应该防御哪几类密码破译技术的攻击？这几类密码攻击技术有何特征？什么类型的密码系统算是安全密码系统？

（4）传统加密算法的基本原理是什么？DES 加密算法是如何运用这些基本原理构成一个安全的加密算法的？

（5）什么是三重 DES 算法？从密码学角度分析，为什么三重 DES 算法可以改善DES 加密算法的安全性？

（6）AES 算法在哪几个方面对 DES 算法进行了改进？AES 算法与 DES 算法在哪些方面相同，哪些方面不同？为什么说 AES 算法的安全性优于 DES 算法？

（7）加密操作模式主要解决了数据加密中的哪几类问题？现在常用的加密操作模式有几类？为什么说 ECB 模式不安全？

（8）为什么说 CBC 是一种块加密操作模式？这种块加密操作模式不适合于什么样的网络安全应用环境？如何解决这方面的问题？

（9）为什么说 OFB 模式不如 CFB 模式安全？OFB 模式容易遭受什么样的密码破译的攻击？OFB 的初始向量是否需要保密？为什么？

（10）公钥数据加密方法最初是为了解决什么方面的问题而提出的？公钥数据加密方法的基本原理是什么？公钥数据加密方法相对于传统数据加密方法的最大改进在哪里？

（11）RSA 公钥加密算法包括哪两个主要过程？它是如何保证满足公钥密码系统中的 4 个基本特性？为什么说 RAS 公钥加密算法是安全的？

（12）Diffie-Hellman 密钥生成算法主要可以解决什么问题？为什么通常要在公钥数据加密方法中介绍该算法？如何保证该算法在目前计算条件下是安全的？

（13）公钥密码系统中的公钥是否可以简单地在网络环境下公开发布？为什么？

2．应用题

（1）分别采用恺撒算法和围栏算法加密明文"meet you at six"。是否可以将恺撒算法和围栏算法结合，产生一个新的加密算法？如果可以，请用新算法加密明文"meet you at six"。

（2）采用矩阵加密法加密明文"meet you at six"，请采用 3×4 矩阵，密钥为 3142。

3．计算题

（1）假设选取素数 $p = 47$，$q = 73$，选取私钥 $d = 167$，问题：①计算 RSA 算法对应的公钥。②如果采用 RSA 算法加密"HAPPY WEEK END"，应该如何对该数据进行编码？并且说明这样编码的合理性，给出编码的结果。③采用 RSA 对以上字符串的前 5 个字符进行加密，给出对应的密文。并通过解密，验证使用 RSA 算法的正确性。

（2）对于 Diffie-Hellman 密钥生成算法，假定 $q=79$，$\alpha=67$，$X_A=37$，$X_B=23$，问题：①写出计算 A 的公钥 Y_A 和 B 的公钥 Y_B 的公式，并求出结果。②分别写出 A 计算密钥的公式和 B 计算密钥的公式，并且分别计算其结果。③Diffie-Hellman 密钥生成算法生成的密钥是用于传统加密算法，还是用于公钥加密算法？为什么？

第3章　网络真实性验证

本章将讨论网络真实性验证的基本概念、报文真实性验证、身份真实性验证协议以及公钥基础设施（PKI）。真实性验证的基本概念包括身份真实性验证的分类、内容和方式。报文真实性验证包括基本定义和原理、常用的报文摘要算法和报文验证码算法、数字签名方法。身份真实性验证协议包括基本原理和分类、常用的身份真实性验证协议及其改进。公钥基础设施包括 PKI 的基本结构、证书的定义和相关标准以及 PKI 的实现方法。

本章要求掌握真实性验证的分类、内容和方法；掌握报文真实性验证的定义、原理、常用报文摘要算法以及报文验证码算法、数字签名基本原理；掌握身份真实性验证协议的基本原理和分类、常用的身份真实性验证协议的设计方法及其安全性分析；掌握公钥基础设施的结构、证书定义及其相关标准以及实现的基本架构。

3.1　真实性验证的基本概念

网络环境下的真实性验证过程如图 3-1 所示，人与计算机之间的真实性验证通常称为用户真实性验证，在网络安全中可以称为人机交互类真实性验证；而计算机与计算机之间通过网络进行的真实性验证通常称为报文真实性验证，在网络安全中称为报文交互类真实性验证。

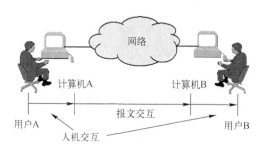

图 3-1　网络环境下的真实性验证过程

真实性验证是网络安全中的一个基本环节。在没有计算机的时代，真实性验证常常通过眼睛的识别、接头暗号或者双方约定的方法进行。而在计算机时代，特别是计算机网络时代，人与人之间的很多交互都是通过计算机联网进行的。这时，传统的人与人的交互分成了三个阶段：人与计算机交互、计算机与计算机交互以及计算机与人交互。在这些交互环节中的任何一个环节出现问题，就会破坏人与人之间通过计算机网络的真实性验证。

真实性验证对应于英文 Authentication，本意是"证明为真"，可以理解为"证实"或"鉴真"；但没有任何"认证"的含义。"认证"是表示经过权威机构的审核并认定某项产品的功能或性能、某个机构的资质、某个人的能力符合某项标准。有些专业人员将"Authentication"翻译为"身份认证"，这在概念上将造成很大的歧义，曲解了这个专业术语的真实含义，有可能会阻碍初学者对于"真实性验证"技术的学习和理解。

真实性验证是网络安全防御系统中的第一个环节，也是最基本的一个环节。没有真实性验证或者真实性验证失效，就无法在网络安全系统中进行访问控制和攻击检测。

在网络安全环境下，"真实性验证"是指对所有网络实体的标识和验证功能。而现在基于 IP 协议簇的互联网仅仅定义了网络实体的标识功能，并没有定义网络实体的真实性验证功能。

目前的网络系统都是采用分层体系结构，常用的网络系统至少可以分成物理层、数据链路层、网络层、传送层和应用层。这五个层次的网络实体可以采用以下三类地址标识：

- 媒体访问控制（MAC）地址，它是网络接口卡地址，标识物理层和数据链路层实体，目前每个数据链路层实体都对应　个媒体访问控制子层实体，每个媒体访问控制子层实体只对应一个物理层实体。
- 网络层地址，在互联网中就是 IP 地址，标识了网络层实体。是互联网进行路由选择和报文转发的标识。
- 传送层和应用层地址，在互联网环境下可以定义为：IP 地址+传送层端口号，标识传送层实体。因为每个传送层实体唯一对应一个应用层实体，所以，该标识也唯一标识了一个应用层实体。

目前，互联网中的这些网络实体的标识都是在一定范围内可以随意设置的标识。例如，可以通过网络接口卡中相应的软件重新设置 MAC 地址；可以在同一个子网范围内，重新设置 IP 地址；同样，通过重新设置 IP 地址，也能够在不改变传送层端口号的情况下，重新设置传送层地址。之所以能够重新设置这些网络实体的标识，是因为这些网络实体标识都没有真实性验证的能力，没有一种将每个网络实体的标识与该网络实体特征绑定的真实性验证机制。这种简化的网络实体标识方法，虽然可以十分容易地实现网络互连、互通和互操作，但却导致在现有的 IP 互联网环境下无法有效地实施真实性验证，也就无法实施网络安全控制。这是导致无法根除互联网安全隐患的根源。

本章主要介绍网络环境下进行真实性验证的原理和方法，在后面第 6 章"网络安全加固"中，将会详细讨论现有互联网环境下扩展的安全加固的网络真实性验证机制。

3.1.1　真实性验证的发展历史

网络安全中采用的真实性验证原理和方法来源于通信安全系统和计算机安全系统的真实性验证技术。通信安全系统中的真实性验证技术主要是采用"安全真实性验证协议"实现的一种技术。这是通过"质问—应答"交互过程实现真实性验证的技术，类似于黑夜里的哨兵在看不清楚来人的情况下，通过"询问口令"识别来人的身份。

在第二次世界大战中，盟军的防空系统就是通过无线电波向远处的飞机发送"质问"信号，然后接收飞机返回的"应答"信号，判断是友军的飞机，还是敌军的飞机。为了防范敌军飞机假冒友军飞机参与"质问—应答"的交互，在安全真实性验证协议中引入了密码机制。所以，这种真实性验证协议也称为"密码协议"。

传统计算机安全中的真实性验证技术主要是指多用户计算机系统中的用户登录的口令系统。在多用户计算机系统中，每个用户都设置了一个账户，每个用户用自己的账户登录到计算机系统时，必须输入与该账户匹配的口令。这里的账户就是用户的标识，而与用户账户匹配的口令，就是一种对用户身份的验证机制。

传统多用户计算机系统，曾经将用户的口令直接保存到计算机系统中，每次用户登录时，验证用户输入的口令是否与该用户账户存储的口令匹配。这种用户口令系统实际上是不安全的，一旦攻击者获得存放用户口令的文件，就可以攻破整个系统。另外，系统管理员也可以访问用户口令文件，使得这种真实性验证成为不可信的真实性验证。

现在的多用户计算机系统都不再直接存放用户口令，而是存放通过某个单向函数 f 对用户口令 PW 的计算值 f(PW)。这里的"单向函数"表示在现有的计算条件下，无法从 f(PW) 反推得出 PW 的函数。这样，即使网络攻击者获得用户口令文件或者系统管理员访问用户口令文件，也无法获取用户的口令。

用户登录多用户计算机系统时，计算机系统不再直接比较口令，而是先将用户口令经过单向函数 f 计算后，再将计算结果与在用户账户存放的口令函数值比较，如果匹配，则用户通过真实性验证，登录到计算机系统中。这样就可以防范用户口令在多用户计算机（注：相当于网络服务器）上的泄露。

3.1.2　真实性验证的分类

计算机网络技术是通信技术与计算机技术结合的技术，同样，网络安全系统中的真实性验证技术也是通信系统真实性验证技术与计算机系统真实性验证技术结合的技术。

在网络环境下，人们都需要通过某个计算机（即客户机 A）连接上网，然后通过网络与远地一台提供网络服务的计算机（即服务器 B）交互，远地提供网络服务的计算机就是一台网络服务器，它可以同时支持多个用户的访问。此时，网络服务器相当于传统的多用户计算机系统。对于配置了安全控制功能的网络服务器，每个网络用户都需要在该服务器上设置账户和口令，登录到网络服务器中才能使用网络服务。

为了保证在客户机 A 和服务器 B 之间传递的报文不会被第三方攻击，A 和 B 之间需要进行真实性验证，A 需要确定 B 是真实的服务器，而 B 也需要确定 A 是真实的客户机。这样，就需要在网络系统中定义安全的真实性验证协议。

基于以上网络环境中真实性验证的特征，网络安全中的真实性验证技术可以分为身份真实性验证技术和报文真实性验证技术。

（1）身份真实性验证

身份真实性验证是一种验证网络服务参与方或某个网络实体身份真实性的方法，它是计算机安全系统的真实性验证技术在网络环境下的具体应用。这类真实性验证技术主要用于网络服务的客户端或服务器端的身份真实性。例如，验证电子邮件服务、文件传递服务以及万维网访问服务等的客户端或服务器端的身份真实性。

身份真实性验证也是一种标识和验证网络服务使用者身份的技术，这类真实性验证技术主要用于人可以直接参与的网络服务，例如，电子邮件服务、文件传递服务以及WWW信息访问服务等。

（2）报文真实性验证

报文真实性验证是一种验证网络中传递的报文以及报文中数据真实性的方法，它是通信安全系统的真实性验证技术在网络环境下的具体应用。这类真实性验证方法主要用于网络环境下传递或存放的数据、封装数据的报文、存储数据的文件的真实性验证。由于是针对网络环境下接收到的报文的真实性验证，不一定具有与报文发送方即时交互功能或服务，所以这类真实性验证方法主要是通过报文收发双方约定或者通过第三方约定的保密数据，以及相应的报文真实性验证算法实现。这类报文真实性验证算法可以是基于加密算法，也可以是非加密算法。数字签名就是一类基于公钥加密算法的报文真实性验证方法。

3.1.3 真实性验证的内容

与通信安全和计算机安全系统一样，在网络安全系统中，可以根据真实性验证内容的不同，把真实性验证技术分为：基于知识的真实性验证、基于标志的真实性验证以及基于特征的真实性验证。真实性验证的内容可以包括：被验证者掌握的"知识"、被验证者拥有的"标志"以及被验证者具有的"特征"。

（1）基于知识的真实性验证

基于知识的真实性验证，是根据被验证者"知道什么"来确定其身份。例如，计算机安全系统中的口令系统就是一种基于知识的真实性验证技术。这种真实性验证最容易掌握，也最容易被假冒。当口令较多时，要么容易被遗忘，要么由于丢失了口令的记录而泄露口令。

在人机交互类真实性验证技术中，基于知识的真实性验证机制主要是指用户登录口令系统；在报文交互类真实性验证技术中，基于知识的真实性验证机制主要是指基于"保密字"的报文验证码技术。有关报文验证码的原理将在后面章节介绍。

（2）基于标志的真实性验证

基于标志的真实性验证，是根据被验证者"拥有什么"来确定其身份。只要是被验证者拥有"标志"意义的物品（如银行发行的信用卡或者登录计算机系统的智能卡等），就可以验证用户身份的真伪。如果通过了真实性验证，就可以利用信用卡账号进行消费或者登录到智能卡指定的用户账户进行网络访问。这种真实性验证不需要用户记忆过多的数据，但是一旦这种"标志"物丢失，就很容易被他人假冒。例如，一旦信用卡丢失，如果不及时挂失，信用卡账户中的钱就会存在被他人窃取的风险。

在人机交互类真实性验证技术中，基于标志的真实性验证机制主要指采用身份识别卡的计算机或者网络登录系统。这种身份识别卡实际上就是存放了个人特有标志信息（如个人特有的证书）的一种存储介质，这种介质可以是一张智能卡，也可以是直接接入 USB 端口的 U 盘。

在报文交互类真实性验证技术中，基于标志的真实性验证机制主要指采用密钥的报文验证码技术。有关报文验证码的原理将在后面章节介绍。

（3）基于特征的真实性验证

基于特征的真实性验证，是根据被验证者"是什么"来确定其身份。这种被验证者的"特征"通常是指不可假冒的、可以唯一标识被验证者的特征。在计算机安全中，通常采用人体中不可假冒的、具有唯一性的生物特征（如指纹和虹膜），进行基于特征的真实性验证。这种真实性验证不需要用户记忆数据，也不会丢失，是现有真实性验证技术中最为安全的一种真实性验证技术。值得注意的是，像指纹和虹膜这类人体生物特征，利用高技术也存在假冒的可能。

在人机交互类真实性验证技术中，基于特征的真实性验证机制包括人体虹膜验证系统以及指纹验证系统。在报文交互类真实性验证技术中，基于特征的真实性验证机制主要是指基于"报文摘要"的报文验证码技术。"报文摘要"相当于一个报文的"指纹"，可以唯一地标识一个报文的特征。有关报文摘要和报文验证码的原理将在后面章节介绍。

以上介绍了三种真实性验证的内容，也可以概括为"所知（对应英文 What you know）""所有（What you have）"和"所是（What you are）"。由于真实性验证的单项内容难以保证真实性验证的安全性，通常采用多项内容组合的方法来进行真实性验证。例如，采用"所知"＋"所有"进行真实性验证，持有身份标识卡的用户不仅需要插入标识卡，还需要输入口令，才能登录到计算机系统。例如，采用"所知"＋"所是"进行真实性验证，用户不仅需要识别指纹，还需要输入口令，才能登录到计算机系统。在报文交互类真实性验证中也应用了这种多项内容组合的方法。例如，生成带有"保密字"的报文摘要作为报文验证码，这就是采用了"所知"＋"所是"的真实性验证方法。

3.1.4　真实性验证的方式

在网络安全中，根据真实性验证参与方的数目，真实性验证可以分为双方真实性验证方式和三方真实性验证方式。

双方真实性验证方式是指在真实性验证过程中，只需要涉及两个网络实体：真实性验证方和被验证方，双方通过交互真实性验证协议，单向或者双向验证身份。单向真实性验证指只有真实性验证方验证对方的身份；双向真实性验证指真实性验证方和被验证方相互进行真实性验证，如图 3-2 所示。

图 3-2　双方真实性验证方式

在人机交互类真实性验证技术中，如果用户客户端软件只需要与服务器端软件进行交互就可以完成真实性验证的过程，则是双方真实性验证方式。如果用户客户端软件为了登录到服务器 B 中，还需要与另外一个真实性验证服务器 C 交互，则不是双方真实性验证方式。

双方真实性验证方式适用于真实性验证双方处于同一个信任域的应用环境，即真实性验证双方彼此信任，其真实性验证行为不需要提交给第三方进行验证，不需要相互防范。这种双方真实性验证方式实际上不适用于电子商务环境，因为在这种真实性验证方式下完成的真实性验证，一旦出现商业交易纠纷，将无法提交给第三方进行仲裁。

三方真实性验证方式是指在真实性验证过程中，需要涉及三个网络实体，其中包括真实性验证的双方，以及参与真实性验证的双方都信任的第三方，如图 3-3 所示。在三方真实性验证方式中，真实性验证的双方需要通过作为公证方的第三方，才能相互验证身份。

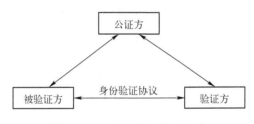

图 3-3　三方真实性验证方式

在报文交互类真实性验证技术中，数字签名技术就是采用三方真实性验证方式的报文验证技术。报文发送方采用第三方发布的私钥加密报文摘要，而报文接收方采用第三方发布的公钥解密报文摘要。一旦双方出现争执，接收方可以将接收的报文提交给第三方进行验证，确定是否是发送方发送的报文。

"数字签名"这类三方真实性验证方式已经广泛应用于电子商务领域，这种真实性验证方式不需要双方彼此信任，只需要双方具有共同信任的第三方。

3.2　报文真实性验证

报文是数据在网络环境下传递的基本单元。报文在公共网络环境下的安全传递主要试图解决以下三类问题。

1）发送方是否会被"特洛伊木马"这类恶意代码操纵而失控地发送报文？发送方是否能够检测到正确的接收方回复的应答报文？

2）接收方是否能够检验出收到的报文内容被修改？是否能够检验出收到的报文序

列被更改？是否能够检验出收到的报文源标识和目的标识是真实的？是否能够检验出收到的报文是正常传递的报文，而不是被截获后重发的报文？

3）是否能够在没有对报文加密的情况下检测报文内容、序列和应答被篡改？是否能够在多方通信的环境下进行以上报文完整性的检查？发送方和接收方对报文的完整性验证过程是否能够由第三方进行？

以上第 2）类和第 3）类问题中，除了验证报文收到的序列是否被篡改以及报文是否是重发报文之外，都属于报文真实性验证需要解决的问题。第 3）类问题则属于具体使用报文真实性验证方法相关的问题。报文的完整性验证本质上等同于报文的真实性验证。

如果某种报文真实性验证方法适用于三方真实性验证方式，则这种报文真实性验证方法就是一种"数字签名"方法。报文真实性验证是由报文接收方单独完成的操作，而网络实体的身份真实性验证至少需要两个网络实体通过网络交互才能完成。

3.2.1　报文真实性验证基本概念

报文真实性验证简称为"报文验证"，它的目标是验证报文发送方的真实性，以及报文在传递过程中的完整性。报文的完整性是指报文在传递过程中，除了因正常协议处理而在报文中产生的改动外，报文的任何部分都没有被随意修改。特别是报文携带的源标识、目的标识和内容没有被修改。

报文验证并不能验证报文到达的及时性以及报文到达的有序性。这些特性需要利用真实性验证协议进行验证。

1．采用加密的报文验证方法

报文验证的最简单方法就是采用加密方法：可以直接对整个报文进行加密后再发送，接收方接收到报文之后首先解密，然后再接收报文。如图 3-4 所示。但是，这种方法的处理效率较低，因为加密和解密过程都是消耗计算资源较多的操作。

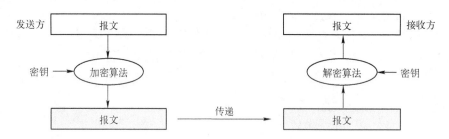

图 3-4　加密整个报文的报文验证方法

另外，这种方法只能对报文内容进行加密，而不能对整个报文进行加密。如果需要对整个报文进行加密，就必须把传递的报文封装在其他报文的报体中，例如可以把某个 IP 报文封装在安全 IP 报文的报体中，再把整个报文作为一个加密的报体传递。否则，报文的转发结点和接收方就无法识别这个整体加密的报文。

报文验证也可以仅仅加密报文的校验和，而不加密整个报文，如图 3-5 所示。一般报文都具有校验和，用于检测在报文传递过程中是否出现差错。为了防止报文在传递过程中被修改后，再计算修改报文的校验和，报文发送方必须对校验和进行加密。

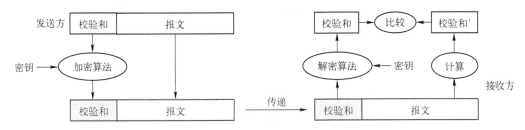

图 3-5　加密报文校验和的报文验证方法

接收方接收到报文之后，重新计算该报文的校验和，同时也解密接收到的校验和。如果接收方计算的校验和与接收到的解密后的校验和相等，则说明报文发送方是真实的并且报文在传递过程中没有被修改。

我们知道，一般报文中的校验和都是采用奇偶校验方法生成的，它只能检测出在校验和对应的同一个二进制位置上出现的奇数个改动。这个校验和对于误码率较低的通信链路可以产生较好的纠错效果。但是，这种校验和并不能防范网络攻击。网络攻击者可以同时修改偶数个比特，使得修改后报文的校验和与修改前报文的校验和相同，这样，加密报文校验和的方法就无法保证报文的完整性。

采用加密方法进行报文验证的另一种方法是：采用传统的加密方法，例如 DES 加密算法加密报文后，取密文的最后一个密文块，附加在报文后面传递给接收方。接收方收到报文后，同样对接收到的报文进行加密，得到最后一个密文块。然后，比较接收到的密文块与计算得到的密文块是否相同。如果相同，则报文是真实发送方发送的，并且在传递过程中没有被修改。否则，报文发送方不真实或者报文在传递过程中被修改。这种报文验证方法如图 3-6 所示。

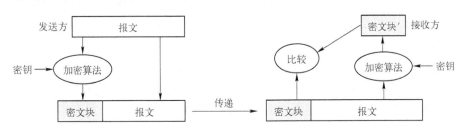

图 3-6　附加密文块的报文验证方法

这种报文验证方法对发送方和接收方而言都需要对整个报文执行加密算法，而加密算法是一种计算开销较大的操作，所以，这种报文验证方法会在很大程度上降低网络报文的处理性能。

2．报文摘要与密码哈希函数

加密校验和的报文验证方法以及附加密文块的报文验证方法揭示了报文验证的一个关键思路：可以采用较为简便的算法，计算出一个固定长度的、能够反映报文特征的数据块，实现报文验证。这个数据块通常称为报文摘要，下面将讨论报文摘要的生成方法。

"数据结构"课程中介绍过"哈希函数"，也称为"散列函数"，它可以将较长的关键词映射为一个较短的表索引。这种"哈希函数"启发研究者寻找一种可以生成报文摘要的哈希函数。

为了提高报文验证方法的安全性，防范网络攻击者对报文验证方法的攻击，这种哈希函数应该不同于"数据结构"中定义的哈希函数。假定这种哈希函数为 H，报文为 m，哈希值为 h，则 $h = H(m)$。这个哈希函数必须具备以下几个特征。

- 不可逆性：如果 $h = H(m)$，并且已知 h，则在现有的计算条件下无法推导出 m。即无法从哈希值中推导出报文内容。这样，网络攻击者就无法获得混杂在报文中的发送方保密字，也就无法伪造报文验证码。报文验证码将在本节后面介绍。

- 不可替代性：如果 $h = H(m)$，并且已知 h，则在现有的计算条件下无法找到 m'，使得 $h = H(m')$。即无法找到另外一个不同的报文，使得该报文的哈希值与已知报文的哈希值相同。这样，网络攻击者在修改报文之后，就无法保证不改变原来的哈希值。

- 无冲突性：如果 $m_1 \neq m_2$，则 $H(m_1) \neq H(m_2)$。即不同的报文通过哈希运算，必须对应不同的哈希值。这样，才能保证一个报文经过哈希函数计算得出的哈希值能够唯一表示该报文特征，这种哈希值就可以称为是报文的"指纹"。

满足以上三个特性的哈希函数就称为"密码哈希函数"。由于密码哈希函数的研究与加密算法的研究一样，也需要考虑其安全性，所以，这种哈希函数也作为现代密码学中研究的一项重要内容。

原来互联网中常用的密码哈希函数是报文摘要算法 MD5，而原来公认较为安全的密码哈希函数是安全哈希算法 SHA-1。但是随着近几年对安全哈希算法研究的深入，人们发现 MD5 存在较大的安全隐患，基于 MD5 算法思路的 SHA-1 的安全性面临较大的挑战。目前，较为安全的密码哈希函数是第二代安全哈希算法 SHA-2；同时，为了应对未来可能的网络安全威胁，第三代安全哈希算法 SHA-3 也应运而生。本书将在后面章节详细介绍 MD5 和 SHA-1 报文摘要算法，以及 SHA-2 算法和作为 SHA-3 建议的 MD6 报文摘要算法。

3．报文验证码

加密报文摘要算法产生的报文摘要，可以得到用于报文真实性验证的代码，我们称之为报文验证码（MAC）。这种报文验证码可以验证该报文是真实的发送方发出的报文，因为只有真实的发送方才能持有加密的密钥；这种报文验证码也可以验证报文在传递过程中没有被修改，因为接收方可以采用报文摘要算法重新计算接收到报文的摘要，然后，再与接收到的报文摘要比较，如果相同，则说明报文没有被更改；否则，报文就已经被修改了。

也可以不使用加密算法，直接利用报文摘要算法生成报文验证码。即不使用加密算法，也可以进行报文验证。这种报文验证的方法是：假定通信双方都持有对方发送报文的保密字，则发送方在生成报文摘要之前，先在报文头附加自己的保密字，然后计算附加了保密字的报文的摘要；接收方接收到报文之后，先在收到的报文前附加发送方的保密字，然后再计算该报文的摘要。如果计算出的报文摘要与收到的报文摘要相同，则说明这是来自自己信任的发送方的、没有被修改的报文。这种报文验证方法如图 3-7 所示。

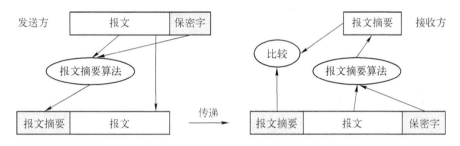

图 3-7　无加密报文验证方法

这种无加密报文验证方法可以提高报文验证的效率，使得报文验证不会对网络性能造成较大的影响。另外，这种无加密的报文验证方法也不受加密算法专利保护的限制。

哈希报文验证码（HMAC）算法是现在互联网中常用的一种无加密报文验证方法，后面章节将详细讨论 HMAC 算法。

3.2.2　报文摘要算法 MD5

MD5 是麻省理工学院（MIT）的 Ronald L. Rivest 教授提出的一种报文摘要算法。该算法可以用于任何长度的报文 M，生成长度为 128it 的、可以唯一标识报文 M 的"指纹"，即报文摘要。

报文摘要算法可以应用于报文真实性验证，也可以应用于报文的数字签名。实际上数字签名也是一种报文真实性验证，只是这种报文真实性验证是可以提供给第三方进行验证的报文验证方式，它是通过发送方唯一拥有的保密信息（如发送方的私钥）处理的报文。由于 Rivest 教授是 RSA 公钥加密算法的发明人之一，所以，他设计的 MD5 算法主要是用于生成报文摘要，然后，用 RSA 公钥加密算法中的私钥对报文摘要进行加密，达到高效数字签名的效果。

当然，也可以利用 RSA 算法的私钥对整个报文进行加密，实现数字签名。但是，RSA 加密算法是计算复杂度较高的一类算法，对整个报文采用 RSA 算法进行加密，不但没有提高数字签名的安全性，反而会很大程度上降低报文在网络环境下传递的效率。所以，现有的数字签名都是采用公钥加密算法对报文摘要进行加密。

1．MD5 算法的数据表示约定

MD5 算法是以 32bit 的字为单位进行数据处理的，这是传统的互联网协议中报文格式的处理模式。MD5 中的字由 4 个字节组成，每个字节的长度是 8bit（即二进制位），可以表示小于 256 的正整数。每个字节采用最高位在最左边的格式，例如，$135 = 128 + 4 + 2 + 1 = 2^7 + 2^2 + 2^1 + 2^0$，这样，十进制数 135 可以表示成 MD5 中的字节：

$$1000\ 0111\ (二进制) = 87\ (十六进制)$$

在 MD5 中，对于 4 个字节构成的字而言，低位字节排列在前面（左边）。例如，$291 = 256 + 32 + 2 + 1 = 2^8 + 2^5 + 2^1 + 2^0$，故 291 可以表示成二进制数和十六进制数如下：

$$0001\ 0010\ 0011\ (二进制) = 123\ (十六进制)$$

按照 MD5 中采用的格式，十进制数 291 可以表示为十六进制的 4 个字节的字如下：

$$23010000\ (十六进制)$$

假定输入的报文长度是 l bit，MD5 算法设置了 4 个字寄存器，最终存在这 4 个字寄存器中的 128bit 的数就是报文摘要。MD5 算法需要经过以下处理步骤：报文填充、填写报文长度以及初始化寄存器，对每个 512bit 的报文块循环执行 MD5 算法，输出报文摘要。

2．MD5 算法的报文填充

MD5 算法与块加密算法一样，每次只能处理一个长度为 512bit（即 16 个字，或者 64 个字节）的数据块。所以，在运用 MD5 计算报文摘要之前，首先需要将报文的长度填充到 512bit 的倍数。考虑到最后需要预留一个长度为 64bit 的字段，用于存放实际报文长度值 l，假定填充 k bit，则应该满足以下等式：

$$l + k + 64 = 512 * n$$

其中，n 表示一个正整数。以上等式可以表示为如下等式：

$$l + k = 512 * (n - 1) + 448 \Leftrightarrow l + k \ (\mathrm{mod}\ 512) = 448$$

即填充的长度与报文原来长度之和，在对 512 取模之后，应该是 448。

MD5 填充的格式是：第一个填充的位是"1"，随后的位都是"0"。

3．MD5 算法填写报文长度

在报文填充之后，再附加长度为 64bit 的字段，用于标记原来报文的长度 l。这样，经过处理的报文长度就是 512bit（即 16 个字）的倍数，假设此时报文的长度是

512*n。这样，MD5 算法依次分别对 n 个长度为 512bit 的数据块进行报文摘要运算。

MD5 附加在报文最后的长度采用最小字排列在最左边的模式，按照前面介绍的 MD5 算法中 4 个字节组成字的规则，报文长度字段中最左边的字节是原来报文长度的最低位字节。例如，假定原来报文长度为 291bit，采用前面的表示实例，则附加的长度为 64bit 的报文长度字段中数据表示为

2301 0000 0000 0000（十六进制）

4．初始化 MD5 寄存器

MD5 算法定义了 4 个 32bit 寄存器 A、B、C 和 D，用于存放生成报文摘要的中间结果。假设报文 m 经过填充和附加报文长度之后的报文长度为 512*nbit，当 MD5 算法处理完最后一个 512bit 的报文块之后，寄存器 A、B、C 和 D 中存放的数据合并就是报文 m 的摘要。这 4 个寄存器的初始值如下。

A：01 23 45 67

B：89 ab cd ef

C：fe dc ba 98

D：76 54 32 10

注意，以上寄存器数值存放格式按照 MD5 算法的规则，最小的字节排列在最左边。对于寄存器 A，"01"表示最低位的字节。按照高位在左边的表示方法，寄存器 A 中的数值实际为"67 45 23 01"（十六进制）。

5．MD5 算法处理 512bit 报文块

以下按照长度为 32bit 的字为单位处理数据，512bit 的报文块也就是 16 个字。MD5 算法首先定义了 4 个处理字的函数，在这些函数中 X、Y 和 Z 分别表示 1 个字：

$F(X, Y, Z) = (X \wedge Y) \vee ((\neg X) \wedge Z)$

$G(X, Y, Z) = (X \wedge Z) \vee (Y \wedge (\neg Z))$

$H(X, Y, Z) = X \oplus Y \oplus Z$

$I(X, Y, Z) = Y \oplus (X \vee (\neg Z))$

在以上函数中"∧"表示二进制的"与（AND）"操作，"∨"表示二进制的"或（OR）"操作，"⊕"表示二进制的"异或（XOR）"操作，"¬"表示二进制的"补（NOT）"操作。在函数 F 和 G 中，这种"补"操作实际上是一种逻辑"非"的操作。对于函数 F 而言，这种逻辑"非"操作起到了条件判断的作用：如果 X 中某个二进制位是"1"，则 F 函数取 Y 中相应二进制位的值；如果 X 中某个二进制位是"0"，则 F 函数取 Z 中相应二进制位的值。

以上 4 个辅助函数设计得十分巧妙，如果 X、Y 和 Z 包含的位都是相互独立的，则该辅助函数产生的位也是相互独立的。其中函数 H 就是一种奇偶校验函数，如果修改了其中任意一个位，则该函数值就会发生变化。所以，这种函数很好地刻画了报文的特

征，即报文的"指纹"。

在计算报文摘要的过程中，MD5 算法还定义了 64 个常数表元素 T[1, …, 64]，每个表元素 T[j]是一个 32bit 的常数，该常数值是 4294967296 * abs（sin（j））的整数部分，这里 j 表示弧度。

MD5 算法在处理每个 16 字的报文块时，首先将对前一个报文块处理的存放在寄存器 A、B、C 和 D 中的结果，分别保存到变量 AA、BB、CC 和 DD 中。然后再分成 4 轮计算，每轮都在一个辅助函数的基础上，设计一种轮回函数，分别对 16 字的报文块按照不同的顺序进行 16 次的轮回处理。

6. MD5 算法输出报文摘要

如果本次是报文 m 的最后一个 512bit 的报文块，则此时在寄存器 A、B、C 和 D 中的值就是报文 m 经过 MD5 算法处理的报文摘要，总共 4 个 32bit，即 128bit。

MD5 报文摘要算法是在互联网上使用较为广泛的一种报文摘要算法，它的计算过程简洁明了，而且在 IETF 发布的 MD5 算法中还包括了较为完整的 C 语言的实现程序。这样，虽然 MD5 算法并不是 IETF 的标准，但是，由于很容易获取 MD5 算法及其实现，所以 MD5 在互联网中得到了较为广泛的应用。

从 1992 年 R. L. Rivest 教授公布 MD5 算法至今，有许多针对 MD5 算法的攻击试验，近几年的攻击试验已经证明 MD5 算法存在一定的安全隐患。在安全级别要求较高的环境下，最好采用报文摘要长度为 160bit 的安全哈希算法 SHA-1，或者采用报文摘要长度为 256bit、384bit 或 512bit 的第二代安全哈希算法 SHA-2。

3.2.3 安全哈希算法 SHA-1

安全哈希算法（SHA-1）是一种类似于 MD5 算法的报文摘要算法，也可以看作是 MD4 算法的一种改进算法。SHA-1 算法首先扩展了报文摘要的长度，输入任何一个长度小于 2^{64}bit 的报文，则该算法可以输出长度为 160bit 的报文摘要。这样，SHA-1 算法比 MD4 算法和 MD5 算法具有更长的报文摘要，使得该算法比 MD5 算法更加安全。

SHA-1 算法生成的报文摘要可以作为数字签名算法的输入，对报文进行数字签名。对报文摘要进行数字签名比对整个报文进行数字签名效率高，而两者的安全性相同。

该算法之所以称为安全哈希算法，是因为无法从该算法生成的报文摘要计算出输入的报文，也无法找到两个不同的可以生成相同报文摘要的报文。另外，在报文传递过程中，对报文的任何改变都会导致报文摘要与报文的不一致，从而使报文在接收方无法通过"报文完整性"的检查。

1. SHA-1 算法的约定

SHA-1 算法不仅在输出的报文摘要长度上与 MD5 算法不同，而且在字的表示方法上也与 MD5 算法不同。SHA-1 算法与 MD5 算法一样，每次处理的报文块为 512bit，分成 16 个 32bit 的"字"进行处理。

在 SHA-1 算法中，长度为 32bit 的字的最低 4bit 排列在字的最右边，例如 291 = $256 + 32 + 2 + 1 = 2^8 + 2^5 + 2^1 + 2^0$，故 291 可以表示成二进制数和十六进制数如下：

0001 0010 0011（二进制）= 123（十六进制）

SHA-1 算法规范通常用 8 个十六进制数表示一个字，这样，十进制数"291"可以表示成 32bit 的字如下：

0000 0123（十六进制）

对照 MD5 算法和 SHA-1 算法的表示方法可知，MD5 算法采用字节方式表示 32bit 的字，而 SHA-1 算法采用十六进制数的方式表示 32bit 的字；MD5 算法采用最小字节排列在最左边的方式表示 32bit 的字，而 SHA-1 算法采用最小十六进制位（即最小的 4 个二进制位）排列在最右边的方式表示 32bit 的字。例如，在 MD5 算法中，十进制数"291"表示为十六进制字的格式为"2301 0000"。

SHA-1 算法中使用了循环左移位操作，即从左侧移出寄存器的最左位不是被丢弃，而是移入寄存器的最右位。这种循环左移位操作可以表示如下：

$$S(n, X) = (X << n) \vee (X >> 32 - n)$$

这里 $S(n, X)$ 表示对长度为 32bit 的寄存器 X 进行 $n$bit 的循环左移位操作；"$X << n$"表示对寄存器 X 进行 $n$bit 的左移位操作，移位后寄存器最右侧填补 n 个"0"位；"$X >> 32 - n$"表示对寄存器 X 进行 $(32 - n)$ bit 的右移位操作，移位后寄存器最左侧填补 $(32 - n)$ 个"0"位；"$\vee$"表示比特位的"或（OR）"操作。

2．SHA-1 算法的轮回函数和常数

MD5 算法每次对 16 个输入字执行 4 个轮回的计算，而 SHA-1 算法每次对 16 个字的输入报文块进行 5 个轮回的计算，这样，SHA-1 算法需要对每个字进行 80 次计算。SHA-1 算法将这 80 次计算平均分成 4 个区间，定义了 3 个轮回函数和 4 个常数。

3．SHA-1 算法的执行过程

SHA-1 算法执行的主要步骤与 MD5 算法的执行步骤基本相同，也包括以下步骤：填充报文、填写报文长度、初始化寄存器、循环计算报文块，以及输出报文摘要。SHA-1 算法的具体执行过程如下。

（1）填充报文

SHA-1 算法填充报文的处理与 MD5 算法完全一致，在原始报文末尾填充一个"1"位和多个"0"位，使得原始报文的长度 l，加上填充位的长度 k，再加上长度为 64bit 的字段，最后的报文长度为 512bit 的倍数，即

$$l + k + 64 = 512 * n$$

这里 n 表示正整数。经过填充后的报文，就可以按照 n 个 512bit 的报文块输入到

SHA-1 算法中，经过 n 次调用 SHA-1 算法，就可以得到该报文的摘要。

（2）填写报文长度

SHA-1 算法填写原始报文长度的处理与 MD5 算法基本一致，只是因为 SHA-1 算法的数据表示与 MD5 算法不同，所以，填写原始报文长度的格式也不同。SHA-1 算法采用高位字在左的表示方法，这样，对于长度为 40（十进制数）bit 的原始报文，其长度为 64bit 的报文字段中存放的数据为

00000000 00000028（十六进制数）

即在填充位之后，先填写报文长度字段的"00000000"字，然后再填写"00000028"字。这种填写报文长度字段的方法与 MD5 算法完全不同。

（3）初始化寄存器

在 SHA-1 算法中定义了两组寄存器，每组包括 5 个长度为 32bit 的字寄存器。第一组称为结果寄存器，用于存放每个报文块的报文摘要，表示为 H0、H1、H2、H3 和 H4；第二组称为中间寄存器，用于存放每个报文块的中间计算数据，表示为 A、B、C、D 和 E。在执行 SHA-1 算法之前，首先需要初始化 5 个结果寄存器。

$$H0 = 67452301$$

$$H1 = EFCDAB89$$

$$H2 = 98BADCFE$$

$$H3 = 10325476$$

$$H4 = C3D2E1F0$$

这里寄存器 H0～H3 的初始值与 MD5 算法中的寄存器 A～D 的初始值完全相同，只是因为 SHA-1 算法的数据表示方法与 MD5 算法不同，故在寄存器中存放的形式不同。

（4）循环计算报文块

假定报文 M 分解成为 n 个 512bit 的报文块，每个报文块表示为 $m(j)$，$1 \leq j \leq n$。SHA-1 算法在对每个 512bit 的报文块处理过程中，定义了 80 个 32bit 的字缓存变量，记为 $w(t)$，$0 \leq t \leq 79$。SHA-1 算法将依次处理 $m(1)$，$m(2)$，…，$m(n)$，其中对 $m(j)$ 的处理过程如下。

1）将 $m(j)$ 分解成 16 个 32bit 的字，分别存放到 $w(0)$，$w(1)$，…，$w(15)$ 中，其中 $w(0)$ 中存放 $m(j)$ 中的最左侧字，也就是最高位字。

2）对于 $t = 16 \sim 79$ 的情况，执行以下算式：

$$w(t) = S(1, w(t-3) \oplus w(t-8) \oplus w(t-14) \oplus w(t-16))$$

在以上算式中，"$\oplus$"表示位的"异或"操作，"$S(1, X)$"表示对"X"中的值进行 1bit 的左循环移位操作。

3）设置 A = H0，B = H1，C = H2，D = H3，E = H4，即用上次报文块的计算结果初始化中间寄存器 A、B、C、D 和 E。

4）对于 $t = 0 \sim 79$ 的情况，执行以下一组算式：

$$TEMP = S(5, A) + F(t, B, C, D) + E + w(t) + K(t);$$

$$E = D; \quad D = C; \quad C = S(30, B); \quad B = A; \quad A = TEMP$$

在以上算式中，TEMP 是 32bit 的临时变量，"+"表示长度为 32bit 的字加法，"$S(5, A)$"表示对寄存器 A 进行 5bit 的左循环移位操作。

5）执行以下算式，生成第 j 次报文块的结果：

$$H0 = H0 + A; \; H1 = H1 + B; \; H2 = H2 + C; \; H3 = H3 + D; \; H4 = H4 + E$$

即将第 j 次报文块计算的存放在中间寄存器 A、B、C、D 和 E 中的结果，分别与结果寄存器对应的值相加，并存放在结果寄存器中。

（5）输出报文摘要

计算完 n 个报文块之后，最后保留在结果寄存器组 H0、H1、H2、H3 和 H4 中的数值就是 SHA-1 算法生成的报文 M 的摘要，其中 H0 表示报文摘要的高位字。

3.2.4 哈希报文验证码算法 HMAC

哈希报文验证码（HMAC）提供了一种利用密钥构造报文验证码的标准方法，它利用已有的密码哈希函数，例如 MD5 和 SHA-1，在原来报文之前附加密钥构成"扩展报文"，再通过密码哈希函数生成这种"扩展报文"的摘要，构造一种可以用于报文真实性验证的 MAC。

HMAC 中使用的密钥不是密码学中通常意义的密钥，这种密钥并不能用于加密和解密，只能用于生成报文摘要的过程中，并附加在报文之前，以便标识和验证该报文是密钥持有者发送的报文。发送方利用 HMAC 算法生成报文验证码，用于标识该报文是发送方发出的报文；而接收方利用 HMAC 算法生成报文验证码，用于验证所接收的报文确实是发送方发出的报文。

1. HMAC 算法

假设待生成 HMAC 报文验证码的报文为 M，HMAC 算法使用的密码哈希函数为 H，并且假定 H 每次处理的数据块长度为 B 个字节（对于 MD5 算法和 SHA-1 算法，$B = 64$），生成的哈希值为 L 个字节（对于 MD5 算法，$L = 16$；对于 SHA-1 算法，$L = 20$）。假定真实性验证密钥 K 的长度不大于 B 个字节，也不小于 L 个字节。如果 K 的长度大于 B 个字节，则首先利用 H 生成长度为 L 个字节的 K 的哈希值，再用 K 的哈希值作为真实性验证的密钥 K'。

定义两个固定的比特串：内填充值 $IPAD$ 和外填充值 $OPAD$，如下所示。

$IPAD$: 0011 0110 （十六进制：0x36）重复 B 次，对于 MD5 算法和 SHA-1 算法，$IPAD$ 是由 64 个"0011 0110"组成的比特串。

$OPAD$: 0101 1100 （十六进制：0x5C）重复 B 次，对于 MD5 算法和 SHA-1 算法，$OPAD$ 是由 64 个"0101 1100"组成的比特串。

HMAC 算法公式表示如下：

$$\mathrm{HMAC} = H((K \oplus OPAD) \,\|\, H((K \oplus IPAD) \,\|\, M))$$

这里"$\oplus$"表示"异或"操作,"$\|$"表示比特串合并操作,例如"0011 $\|$ 0110"等于"00110110","0011 $\oplus$ 0110"等于"0101"。

以上 HMAC 算法公式可以具体用以下 5 个步骤实现:

1)假定 K 的长度为 J 个字节,则需要在 K 的后面附加(B-J)个"0x00"字节,构成"扩展的 K"。例如,如果 K 的长度是 22 个字节,采用 MD5 算法,则 K 后面需要附加 42 个"0x00"字节。

2)将"扩展的 K"与 $IPAD$ 进行"异或"运算后,再附加到报文 M 的前面,构成"扩展的 M"。

3)对"扩展的 M"进行哈希函数 H 的运算,得到"内哈希值"。

4)将"扩展的 K"与 $OPAD$ 进行"异或"运算后,再附加到"内哈希值"前面,构成"扩展的内哈希值"。

5)对"扩展的内哈希值"进行哈希函数 H 的运算,得到 HMAC 验证码。

2.HMAC 算法的实现和运行

HMAC 算法在实现过程中可以不加修改地使用哈希函数 H 来实现。如果需要提高 HMAC 算法的运行性能,也可以稍微改动原来哈希函数 H 的实现。其基本思路是:在每次生成或者更新密钥 K 时,就计算($K \oplus IPAD$)和($K \oplus OPAD$),并且利用哈希函数 H 先对这两个报文块进行报文摘要计算,得到的哈希值分别作为计算"内哈希值"和"HMAC 验证码"时 H 函数的初始向量,并且 HMAC 只需要对报文 M 进行 H 运算,而不需要对"扩展的 M"进行 H 运算。这里 H 的初始向量就是指 MD5 算法和 SHA-1 算法中的寄存器初始值。

如果不是在每次生成 HMAC 验证码时都需要更改密钥 K,则以上对 HMAC 算法实现的优化,可以减少 H 函数对报文块的计算次数。在以上优化的 HMAC 算法中,H 的初始向量就称为保密数据。

HMAC 运行时的关键问题在于 K 的选择。K 应该是一个随机的比特串,其长度最好不大于 H 处理的报文块的长度 B,也不小于 H 生成的哈希值的长度 L。如果 K 小于 L,则 HMAC 算法的安全性将被减弱;而如果 K 大于 B,则首先要对 K 进行 H 运算,从而降低了 HMAC 算法的处理性能。如果 K 的随机性很好,则 K 的长度为 L 就足够了。长度大于 L 的 K 并不能提高 HMAC 算法的安全性;如果 K 的随机性不太好,则可以适当增加 K 的长度,使得 K 的长度大于 L,但是不超过 B。

3.HMAC 算法的报文验证过程

报文接收方 B 采用 HMAC 算法验证从发送方 A 发送来的报文身份,其过程如下:①接收方收到报文后,按照报文传递协议的约定分离出报文部分 M 和报文验证码 MAC_S 部分;②利用 B 方与 A 方约定的密钥 K 和报文摘要算法(如 MD5 或者 SHA-1)采用 HMAC 算法重新计算接收报文的报文验证码 MAC_R;③如果 $MAC_S = MAC_R$,则 B

方可以确信所接收的报文确实是从 A 方发送来的，而且报文内容中途没有被篡改。

3.2.5　生日现象与生日攻击

生日现象就是指在同一个房间内，存在 2 个人具有同一天生日的现象。生日现象可以具体表示为如下生日问题：在一个房间内，至少需要有多少人，才能保证有 2 个人具有同一天生日的概率大于或者等于 50%。

生日问题等价于摸球问题：在一个盒子内有 n 个不同标记的球，在看不到盒子内球的情况下，至少随意摸几次，才能使摸到相同标记的球的概率不小于 50%。这里要求每次摸到的球还要放回盒子内。

我们假设摸了 k 次，则没有摸到重复标记的球的可能性为

$$N = n \times (n-1) \times \cdots \times (n-k+1) = n! / (n-k)!$$

而摸了 k 次的所有可能性为 n^k，假设摸了 k 次球，没有摸到重复标记的球的概率为 $P_0(n, k)$，摸到至少有一个重复标记球的概率为 $P_1(n, k)$，则

$$P_0(n, k) = N / n^k = n! / [(n-k)! \times n^k] = [n \times (n-1) \times \cdots \times (n-k+1)] / n^k$$

$$P_1(n, k) = 1 - P_0(n, k) = 1 - N / n^k$$

$$= 1 - n! / [(n-k)! \times n^k] = 1 - [n \times (n-1) \times \cdots \times (n-k+1)] / n^k$$

$$= 1 - [(1 - 1/n) \times (1 - 2/n) \times \cdots \times (1 - (k-1)/n)]$$

由于对于所有 $x \geq 0$，存在不等式：$(1-x) \leq e^{-x}$，这样，可以得到以下不等式：

$$P_1(n, k) > 1 - [(e^{-1/n}) \times (e^{-2/n}) \times \cdots \times (e^{-(k-1)/n})]$$

$$= 1 - e^{-[1/n + 2/n + \cdots + (k-1)/n]} = 1 - e^{-k(k-1)/(2n)}$$

将 $P_1(n, k)$ 取值为 1/2（即 50%）可以得到如下方程式：

$$1/2 = 1 - e^{-k(k-1)/(2n)}$$

即

$$e^{k(k-1)/(2n)} = 2$$

对以上方程式求解，可以得出：

$$k^2 \approx 2 \times \ln 2 \times n$$

这样，可以得出：

$$k \approx (2 \times \ln 2 \times n)^{1/2} \approx 1.18 \times n^{1/2}$$

对于前面讨论的生日问题，就可以利用以上得到的解进行计算。对于正常年份，一年为 365 天，故 $n = 365$，可以得出 $k \approx 22.5$。这样可以得出，在一个房间至少有 23 个人时，该房间内有 2 个人具有相同生日的概率不小于 50%。

这种生日现象等价于密码哈希函数的冲突现象。如果某个密码哈希函数值的长度为 n 个二进制位，则该密码哈希函数共有 2^n 个可能值。按照生日现象，攻击者只需要尝试 $2^{n/2}$ 个不同的报文，就可以有 50% 以上的可能性找到两个不同的报文 m_1 和 m_2，

使得这两个报文具有相同的哈希值。而不是通常认为的需要尝试 2^{n-1} 个不同的报文。

这种利用生日现象，找到冲突的密码哈希函数值，伪造报文，攻击报文真实性验证算法的模式，通常在网络安全中被称为"生日攻击"。

为了防范"生日攻击"，目前的密码哈希函数值长度通常选择为 160 个二进制位。这样，攻击者需要花费 2^{80} 次的计算才能进行"生日攻击"，而 2^{80} 次计算在目前的计算条件下被认为是不可能的。

由于 SHA-1 算法输出的哈希值长度为 160bit，所以，SHA-1 报文摘要可以防范"生日攻击"，而 MD5 算法输出的哈希值长度为 128bit，所以，MD5 报文摘要算法不能防范"生日攻击"。但是，MD5 算法在实际应用中被证明是比较安全的。

3.2.6 数字签名

数字签名是公钥加密算法在报文验证技术中的具体应用。公钥加密算法最为成功的应用就是数字签名。Ron Rivest、Adi Shamir 和 Len Adleman 三位学者就是因为发明了公钥加密算法：RSA 算法，并且因为 RSA 算法在当今电子商务中得到了广泛应用，而于 2003 年获得国际计算机界的诺贝尔奖：2002 年度图灵奖。这里提到的"RSA 算法在电子商务中得到了广泛应用"主要是指 RSA 算法在数字签名中的广泛应用。就像现代商业交易的合同必须要有法人签字才能生效一样，现代电子商务的任何交易也必须由法人数字签名才能生效。而公钥加密算法是目前进行合法数字签名的唯一有效方法，所以，有些研究者甚至感叹：如果没有公钥加密算法，真不知道应该如何实现电子商务。

采用传统加密算法的报文验证技术不能进行数字签名，这是因为传统加密算法的密钥是报文发送方 A 和接收方 B 共有的。例如，A 利用与 B 共有的传统加密算法的密钥 $K_{A,B}$ 向 B 发送一个报文 M，该报文采用哈希函数 H 生成了一个报文摘要 $H(M)$，然后再用密钥 $K_{A,B}$ 加密该报文摘要，并附加在原来的报文 M 之后，发送给 B。这种报文传递的表达式如下。

$$M1: A \rightarrow B: M \parallel K_{A,B}\{H(M)\}$$

B 接收到 A 发送过来的报文 M' 之后，通过重新计算 $H'(M')$，然后采用密钥 $K_{A,B}$ 重新加密 $H'(M)$，比较 $K_{A,B}\{H'(M')\}$ 是否与随报文传递过来的 $K_{A,B}\{H(M)\}$ 是否相等。如果相等，则说明收到的报文 M' 确实是从 A 传递过来的、中途没有被修改的报文 M。这个结论是基于双方信任、双方诚实的基础上而产生的。

如果 A 和 B 双方没有任何信任，或者任何一方不诚实，则无法利用上述方法进行报文验证。例如，B 方不诚实，他在收到报文 M 之后，故意将报文 M 更改为报文 M'，同时又重新生成了 $K_{A,B}\{H(M')\}$。这样，虽然 A 方可以否认发送过 M' 报文，但是，第三方无法判断报文 M' 是 B 更改后的报文，还是 A 原来发送的报文。同样，如果 A 方不诚实，他可以否认任何确实由他发送给 B 方的报文，认为是 B 更改后的报文。对于 A 方的抵赖，第三方也无法判断真伪。

这种交互双方彼此不信任的情况在电子商务中是普遍存在的一种情况。例如，在股票交易中，股票持有者通常委托股票交易员代理其交易，持有者可以通过网络传递一个委托书，请求交易员代理他进行交易。如果这种电子委托书是通过传统加密算法进行报文验证的，则持有者在委托交易员进行交易之后一旦有所反悔，他可以不承认委托交易员进行的交易。同样，交易员在接收到持有者的委托书之后，可以为了某种目的更改委托交易的数额。对于这些"抵赖"和"篡改"行为，利用传统加密算法都是无法防范的。

公钥密码体系有两种特性，使得它可以应用于这类彼此不信任的报文验证环境：其一：公钥密码体系将密钥分解成公钥和私钥两个部分，只有密钥所有者才持有私钥，其他人都可以获得公钥。其二：只要用公钥和私钥中的任意一种密钥加密，就可以用另外一种密钥解密。这样，如果报文发送方 A 采用其私钥 VK_A 加密报文的摘要，则无论是接收方 B，还是任何一个第三方都可以用 A 的公钥 PK_A 来验证该报文是否是 A 签名的报文。这样，以上的报文传递过程可以采用如下表达式表示。

$$M1': A \rightarrow B: M \parallel VK_A\{H(M)\}$$

B 收到报文 M'后，只能用 A 的公钥 PK_A 解密 $VK_A\{H(M)\}$，通过判断 $H(M')$是否等于 $H(M)$，确定接收到的报文 M'是否就是 A 发送的报文 M。此时的 B 已经无法在更改报文 M 为 M'之后，再生成 $VK_A\{H(M')\}$，因为 B 无法获得 A 的私钥 VK_A。同样，A 也无法否认通过加密报文摘要 $VK_A\{H(M)\}$ 验证的报文 M 是自己发送的。这里利用私钥加密的报文摘要 $VK_A\{H(M)\}$ 就是 A 对报文 M 的数字签名。

M. Hellman 在介绍数字签名时，比较了数字签名和手工签名的优劣。Hellman 认为：与手工签名相比，数字签名的优点在于签名与文件的内容相关。这是因为数字签名是一种对整个报文或者报文摘要采用私钥进行加密的过程，它必须与具体的报文内容相关。手工签名的文件内容被篡改后，并不一定会被发现。而数字签名的缺点在于：一旦私钥丢失或者泄露，可能会因为被他人冒用而造成很大的损失。

3.3 真实性验证协议

在前面章节已经将网络环境下的真实性验证技术分解成两种类型：人机交互类真实性验证和报文交互类真实性验证。人机交互类真实性验证是需要人工参与的真实性验证，而报文交互类真实性验证是不需要人工参与的真实性验证。当访问电子邮件时，需要我们输入电子邮件账户和对应的口令，这就属于人机交互类真实性验证。而当一台计算机通过自举协议安全登录到一个内部网时，该计算机系统的身份需要通过内部网的真实性验证，这种真实性验证属于报文交互类真实性验证。

从图 3-1 中可以看出，在网络环境下的网络用户与远地网络用户的真实性验证实际上是通过报文交互实现的，这样，网络环境下的人机交互类的真实性验证就需要利用报文交互类真实性验证技术。报文交互类真实性验证技术包括报文真实性验证和真实性验证协议。

在前面的报文真实性验证的章节中已经介绍过，如果报文收发双方共有一个只有双方知道的保密字或者密钥，则可以通过报文验证算法验证报文源是真实的，而且报文在传递过程中是完整的。但是，对于两个素不相识的网络上的用户，如何才能协商只有通信双方才拥有的保密字或者密钥，就需要利用真实性验证协议首先在网络环境下相互验证对方的身份，并协商双方共有的保密字或者密钥。从这个意义上讲，真实性验证协议也可以看作是一种密钥分发协议。

3.3.1 真实性验证协议基本概念

真实性验证协议是一种通过报文交互来验证交互的某一方或者交互双方身份的协议。只能验证报文交互某一方身份的协议称为单向真实性验证协议，能够验证报文交互双方身份的协议称为双向真实性验证协议。

真实性验证协议不仅可以分发通过真实性验证的交互一方或者双方使用的密钥，还可以验证接收方收到的报文是否是正常传递的、而不是被截获后重发的报文，以防范网络攻击者对真实性验证协议自身的攻击。

真实性验证协议最早是由 Roger M. Needham 和 Michael D. Schroeder 提出的，其基本思想是利用加密方法在大型网络环境中进行真实性验证。目前，真实性验证协议基本上沿用了这种交互加密报文的思路，实现网络环境下的真实性验证。这样，真实性验证协议可以按照采用的密码体系不同，分成基于传统密码体系的真实性验证协议和基于公钥密码体系的真实性验证协议。

以下介绍的真实性验证协议采用网络安全中较为通用的表示方式。例如，在网络安全中通常设置两个交互方为 Alice（爱丽丝，简记为 A）和 Bob（鲍伯，简记为 B），本书中称为 A 方和 B 方。A 方向 B 方发送第一个报文，其中包括 A 的标识，以及采用密钥 K 加密的 A 的标识和一次性数 N，具体表示如下。

$$M1: A \rightarrow B: A, K\{A, N\}$$

其中，"$K\{A, N\}$"表示采用密钥 K 对 A 和 N 加密后的密文。在现在大部分网络安全的文献中，一般表示为"$\{A, N\}^K$"或者"$\{A, N\}_K$"的形式，这里为了方便书写，没有采用上标或者下标的方式表示密文。对于报文 $M1$ 中的携带的标识 A，可以用"$M1.A$"的形式表示。

被真实性验证的一方首先需要有身份标识，在网络安全中，这种具有身份标识的、可以具有独立行为的实体通常被称为"当事方"；验证当事方身份的实体通常被称为"验证方"。

1．基于传统加密算法的真实性验证协议

T. Woo 等人较为完整地分析了基于传统加密算法的真实性验证协议，其原理是：如果一个当事方能够正确地利用某个密钥加密数据，并且验证方相信只有身份标识对应的当事方才知道这个密钥时，验证方就可以确信真实性验证协议的交互方是具有该

身份标识的当事方。

例如，假定 A 试图向 B 验证身份，A 的标识就表示为"A"，而且 $K_{A,B}$ 是 B 和 A 公共拥有的密钥，一个简单的真实性验证协议如下。

$$M1: A \rightarrow B: A, K_{A,B}\{A\}$$

B 方接收到报文 $M1$ 之后，首先从 $M1.A$ 的报文项中得知这是从身份标识为 A 的对方发出的报文。这样，B 方就可以选择 $K_{A,B}$ 来解密 $M1.K_{A,B}\{A\}$ 报文项，如果解密出来的明文是标识 A，则 B 方确信交互的对方是 A，否则，真实性验证失败。

在以上真实性验证协议中存在一个致命的弱点，就是无法防范网络攻击者的重播攻击。即网络攻击者 C 可以截获报文 $M1$，然后，等到 A 方离开网络后，再重发报文 $M1$，假冒 A 与 B 进行交互，这样，B 会误认为 C 就是 A。

为了防范重播攻击，需要对以上真实性验证协议进行改进，引入可以表示报文已经使用过的标志，这种标志在真实性验证协议中称为一次性数，表示为 N。一次性数是一种在报文中仅仅使用一次的随机数，为了方便对一次性数的验证，通常由验证方产生一次性数。引入一次性数的真实性验证协议如下。

$$M1: A \rightarrow B: A$$

$$M2: B \rightarrow A: N$$

$$M3: A \rightarrow B: K_{A,B}\{N\}$$

首先，A 通过报文 $M1$ 向 B 发起真实性验证的请求；然后，B 向 A 返回包含一次性数 N 的响应报文；A 在收到 B 的响应报文中的一次性数之后，采用与 B 共享的密钥 $K_{A,B}$ 加密该一次性数 N，再返回给 B；如果 B 能够采用密钥 $K_{A,B}$ 解密 $M3$ 报文中的 N，并判定 B 发送给 A 的一次性数 N 未被使用过，则 B 就可以确信交互的对方就是真实的 A。

以上基于传统加密算法的采用一次性数的真实性验证协议是一个经典的真实性验证协议，但是这并不是一个在大规模网络环境下实用的真实性验证协议。因为验证方在网络中一般对应某个网络服务器，而当事方则对应某个客户机。在大规模网络环境下，不同的应用系统可能有不同的服务器，作为验证方，任意一个服务器不可能与所有可能的客户机都事先协商好密钥。为了解决真实性验证协议的可缩放性问题，就需要在真实性验证协议中引入第三方：真实性验证服务器（英文缩写 AS）。真实性验证服务器中存放了它与所有当事方之间的密钥（如 $K_{AS,A}$ 表示 AS 与 A 之间的密钥，而 $K_{AS,B}$ 则表示 AS 与 B 之间的密钥）。引入真实性验证服务器和一次性数的真实性验证协议如下。

$$M1: A \rightarrow B: A$$

$$M2: B \rightarrow A: N$$

$$M3: A \rightarrow B: K_{AS,A}\{N\}$$

$$M4: B \rightarrow AS: A, K_{AS,A}\{N\}$$

$$M5: AS \rightarrow B: K_{AS,B}\{N\}$$

这样真实性验证协议的前 3 次交互的报文与引入一次性数的真实性验证协议基本相同，只是在报文 $M3$ 中，A 返回的是采用 $K_{AS,A}$ 密钥加密的一次性数 N。这样，B 收到 A 返回的 $M3$ 报文之后无法验证 A 的身份，B 需要将 A 的标识和 $M3$ 报文的内容发送给 AS；AS 收到 $M4$ 报文之后，利用 $K_{AS,A}$ 密钥解密 $K_{AS,A}\{N\}$ 中的一次性数之后，再采用密钥 $K_{AS,B}$ 加密该一次性数，利用报文 $M5$ 返回给 B；B 接收到 $M5$ 之后，利用密钥 $K_{AS,B}$ 解密 $M5.K_{AS,B}\{N\}$ 中的数据；如果解密出来的数据与 B 发送给 A 的一次性数 N 相等，并且判定 N 没有使用过，则可以确信 A 的身份真实性。

采用基于传统加密算法的、引入真实性验证服务器和一次性数的真实性验证协议，当事方和验证方不必记住所有要交互的当事方或验证方的密钥，但是，却需要当事方与验证方有共同信任的真实性验证服务器。这样，真实性验证服务器成为保证真实性验证协议安全性的一个重要环节。如果真实性验证服务器出现问题，则可以假冒 A 与 B 的交互。为了解决这方面的问题，必须采用基于公钥密码体系的真实性验证协议。

2. 基于公钥密码体系的真实性验证协议

T. Woo 和 S. Lam 也较为完整地分析了基于公钥密码体系的真实性验证协议，其原理是：如果一个当事方能够正确地利用某个身份标识对应的私钥进行数字签名，则验证方就可以确信真实性验证协议的交互方是具有该身份标识的当事方。这里的"数字签名"表示采用公钥密码体系中的私钥对某个特征数所进行的加密运算。

假定当事方 A 需要向验证方 B 验证自己的身份，A 的私钥为 VK_A，并且验证方 B 已经获得了与 VK_A 对应的公钥 PK_A，则基于公钥密码体系的、采用一次性数的真实性验证协议如下。

$$M1: A \rightarrow B: A$$

$$M2: B \rightarrow A: N$$

$$M3: A \rightarrow B: VK_A\{N\}$$

A 首先向 B 发出具有自己标识 A 的报文 $M1$；B 接收到 $M1$ 之后，向 A 返回包含一次性数 N 的报文 $M2$；A 接收到 $M2$ 报文之后，采用自己的私钥 VK_A 对 N 进行加密，生成自己的签名，发送给 B；B 收到 $M3$ 之后，可以利用 A 的公钥 PK_A 解密 $M3$ 中 A 的签名项，如果其中数据等于 B 发送给 A 的一次性数 N，并且判定 N 没有使用过，则 B 可以确信 A 的身份真实性。

在以上真实性验证协议中，B 可以从权威的证书授权中心获得 A 的公钥。有关"证书授权中心"的介绍可以参见 3.4 节"公钥基础设施"中的内容。

B 也可以在真实性验证协议中，通过与真实性验证服务器 AS 的交互，获得 A 的公钥。AS 在这里起到了证书授权中心的作用。

在公钥密码体系中，B 与真实性验证服务器之间利用对方的公钥来加密报文，进行保密通信。假定 B 已经知道 AS 的公钥 PK_{AS}，该公钥对应的私钥是 VK_{AS}。这样，基于公钥密码体系的、采用真实性验证服务器和一次性数的真实性验证协议表示如下。

$$M1: A \rightarrow B: A$$

$$M2: B \rightarrow A: N$$

$$M3: A \rightarrow B: VK_A\{N\}$$

$$M4: B \rightarrow AS: PK_{AS}\{A\}$$

$$M5: AS \rightarrow B: VK_{AS}\{A, PK_A\}$$

这里前 3 步交互与基于公钥密码体系的以及采用一次性数真实性验证协议的交互完全一致。但是，由于 B 没有 A 对应的公钥，所以，B 收到 $M3$ 之后还无法验证 A 的身份。B 将 A 的标识采用 AS 的公钥加密后发送给 AS（注：这里也可以不用加密，直接传递 A 的标识）；AS 采用自己的私钥 VK_{AS} 对 A 的标识和 A 对应的公钥进行加密，形成报文 $M5$，发送给 B；B 收到 $M5$ 之后，利用 AS 的公钥 PK_{AS} 解密 $M5$，获取其中 A 方的公钥 PK_A。这样，B 就可以利用 PK_A 解密 $M3$，验证 A 在 $M3$ 中签名的数据是否等于自己发送给 A 的一次性数 N。如果相等，并且判定 N 没有使用过，则 B 可以确信 A 的身份真实性。

这里需要说明的是，在以上协议中 $M5$ 一定要采用 AS 的私钥进行加密，否则，就无法保证 A 的公钥的权威性，这样，也就无法保证对 A 真实性验证的权威性。另外，在以上协议中，AS 并不能假冒 A 与 B 进行交互，因为 AS 只有 A 的公钥，而没有 A 的私钥，所以，AS 无法假冒 A 对 B 发出的一次性数 N 进行签名。

3.3.2　Needham-Schroeder 真实性验证协议

Needham-Schroeder 真实性验证协议假定，在一个不安全的网络环境下，攻击者可以通过网络来截获、篡改、重发网络上传递的报文。该真实性验证协议假定，真实性验证的双方 A 和 B 之间存在一个双方都信任的真实性验证服务器 AS，并且 A 和 B 分别与 AS 已经约定了密钥 $K_{AS,A}$ 和 $K_{AS,B}$，A 和 B 试图通过真实性验证协议，相互确认对方身份，并建立双方共有的密钥 $K_{A,B}$，使得双方可以利用该密钥采用传统密码学算法加密传递数据。这里密钥 $K_{A,B}$ 通常也称为传递数据的会话密钥。

1. Needham-Schroeder 真实性验证协议

与传统设计计算机网络协议的规则一样，Needham-Schroeder 真实性验证协议也假定不依赖任何精确的全球时钟系统，而是通过报文的异步交互实现双方的真实性验证。该真实性验证协议的交互涉及 5 个报文（$M1$~$M5$），具体交互过程（见图 3-8）如下所示。

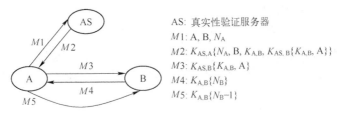

图 3-8　Needham-Schroeder 真实性验证协议

$$M1: \text{A} \rightarrow \text{AS}: \text{A, B, } N_\text{A}$$

其中，A 和 B 分别表示 A 和 B 的标识符，N_A 表示 A 生成的随机一次性数，只用于这次真实性验证的交互。

$$M2: \text{AS} \rightarrow \text{A}: K_{\text{AS,A}}\{N_\text{A}, \text{B}, K_{\text{A,B}}, K_{\text{AS,B}}\{K_{\text{A,B}}, \text{A}\}\}$$

其中，$K_{\text{AS,A}}\{\}$ 表示用密钥 $K_{\text{AS,A}}$ 加密花括号中内容；同理，$K_{\text{AS,B}}\{\}$ 表示用密钥 $K_{\text{AS,B}}$ 加密花括号中的内容。该报文表示从真实性验证服务器 AS 返回给 A 的报文是采用 AS 与 A 共有的密钥加密的，加密报文中包括了 A 的一次性数标识、B 的标识、分配给 A 和 B 共有的密钥 $K_{\text{A,B}}$，以及用 AS 与 B 共有的密钥 $K_{\text{AS,B}}$ 加密 $K_{\text{A,B}}$ 和 A 的标识。

在报文 $M1$ 中，B 和 N_A 都不能缺少，否则，该真实性验证协议就会受到攻击。例如，如果缺少了 B 的标识，则 AS 无法确定 A 试图进行真实性验证的另一方，也就无法生成报文 $M2$。如果缺少了 N_A，则第三方攻击者会截获 AS 发送给 A 的报文 $M2$，替换为原来 A 和 B 已经使用过的、已经被 C 破译的过时会话密钥 $K'_{\text{A,B}}$。

A 接收到 AS 响应的报文，解密后通过识别 B 的标识和本次交互的一次性数标识 N_A 确定这是对本次真实性验证的请求，则 A 存储 AS 发送来的 A 和 B 之间的会话密钥 $K_{\text{A,B}}$，并将 AS 发送来的采用 $K_{\text{AS,B}}$ 加密的部分转发给 B。

$$M3: \text{A} \rightarrow \text{B}: K_{\text{AS,B}}\{K_{\text{A,B}}, \text{A}\}$$

只有 B 才能解密 $M3$，获得与 A 交互的最新会话密钥 $K_{\text{A,B}}$。但是，这时 B 尚无法确定这是 A 发送的最新的密钥，还是第三方攻击者 C 重发的 A 的报文。所以，B 必须采用自身的一次性数标识 N_B 来进一步验证 $K_{\text{A,B}}$ 和 A 的身份的真实性。

$$M4: \text{B} \rightarrow \text{A}: K_{\text{A,B}}\{N_\text{B}\}$$

并且期望从 A 收到还是采用相同密钥加密的，对 B 产生的一次性数标识减 1 的返回报文 $M5$。

$$M5: \text{A} \rightarrow \text{B}: K_{\text{A,B}}\{N_\text{B} - 1\}$$

如果 B 能够收到 A 返回的报文 $M5$，则说明确实是 A 发起的真实性验证交互，而且是有效的 $K_{\text{A,B}}$。这样，真实性验证交互协议就可以实现 A 和 B 双方的身份真实性验证，并且确定双方共同拥有的传统加密算法的密钥 $K_{\text{A,B}}$。

2. Needham-Schroeder 真实性验证简化协议

Needham 和 Schroeder 进一步考虑了对以上三方交互的真实性验证协议进行简化。考虑到交互的双方 A 和 B 不需要每次都更新双方的会话密钥 $K_{\text{A,B}}$，这样，A 和 B 的真实性验证协议可以简化为以下 $M3'$、$M4'$ 和 $M5$ 三个报文的交互。

$$M3': \text{A} \rightarrow \text{B}: K_{\text{AS,B}}\{K_{\text{A,B}}, \text{A}\}, K_{\text{A,B}}\{N'_\text{A}\}$$

这里对原来报文 $M3$ 的更改是增加了采用 A 和 B 的会话密钥 $K_{\text{A,B}}$ 加密的 A 新产生的一次性数标识 N'_A。注意，这里的一次性数标识不同于在报文 $M1$ 中的 A 产生的一次性数标识 N_A。如果多次使用简化的 Needham-Schroeder 协议，则每次都必须更新 N'_A。

$$M4': \text{B} \rightarrow \text{A}: K_{A,B}\{N'_A - 1, N_B\}$$

这里对原来报文 $M4$ 的更改是增加了对 A 的一次性数标识减 1 的返回项，这样，A 可以确定 B 是处于可连接状态，并且还是与 B 进行交互，而不是第三方攻击者 C 利用重发的报文与 A 进行交互。

如果 B 正确地收到报文 $M5$，则 B 可以确定是与真实的 A 进行交互。以上这种简化的双方真实性验证协议的交互过程如图 3-9 所示。

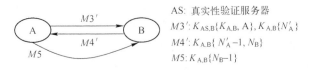

AS: 真实性验证服务器
$M3'$: $K_{AS,B}\{K_{A,B}, \text{A}\}$, $K_{A,B}\{N'_A\}$
$M4'$: $K_{A,B}\{N'_A - 1, N_B\}$
$M5$: $K_{A,B}\{N_B - 1\}$

图 3-9　Needham-Schroeder 真实性验证简化协议

这种简化的 Needham-Schroeder 真实性验证协议似乎不如原来的安全。因为从理论上分析，"一次一密"（一次交互选择一个密钥）机制最为安全。但是，在实际应用中，由于交互的成本和效率等方面的限制，通常都不采用"一次一密"机制，而是采用"多次一密"的机制，即在多次会话中采用同一个密钥。经过实践证明，这种"多次一密"的机制在通常情况下是安全的。这里主要是由于目前的传统加密算法都是采用足够长度的密钥，而这类密钥在短时间内无法被破译。所以，如果合理地限定"多次"，则"多次一密"机制是足够安全的，这样，简化的 Needham-Schroeder 真实性验证算法具有一定的应用价值。

3．Needham-Schroeder 真实性验证协议的讨论

Needham-Schroeder 真实性验证协议主要是基于加密算法的真实性验证协议。如果加密算法被攻破，或者公开的加密算法中采用的密钥被破译，则该真实性验证协议自然也会被攻破。Denning 和 Sacco 在 1981 年撰文论述了当 $K_{A,B}$ 被破译后，第三方攻击者 C 就可以利用截获的报文 $M3$ 不断假冒 A 与 B 进行交互。这里的关键问题是：如何识别已经使用过的报文 $M3$，防范利用报文 $M3$ 的重播攻击。

3.3.3　Needham-Schroeder 协议的改进

Denning 和 Sacco 于 1981 年指出了 Needham-Schroeder 协议的缺陷，提出了采用时间戳的方法加固 Needham-Schroeder 协议的方案。但是，Needham 和 Schroeder 并不赞同 Denning 和 Sacco 的这种改进，认为这种增加时间戳的改进方案违背了他们当时设计真实性验证协议的基本假设前提，即真实性验证协议不需要有全球统一时间。他们在 1987 年也发表了自己设计的、基于一次性数的改进方案。

1．基于时间戳的改进方案

我们知道，Needham-Schroeder 协议可以表示为如下形式。

$M1: A \rightarrow AS: A, B, N_A$

$M2: AS \rightarrow A: K_{AS,A}\{N_A, B, K_{A,B}, K_{AS,B}\{K_{A,B}, A\}\}$

$M3: A \rightarrow B: K_{AS,B}\{K_{A,B}, A\}$

$M4: B \rightarrow A: K_{A,B}\{N_B\}$

$M5: A \rightarrow B: K_{A,B}\{N_B - 1\}$

问题主要是出在报文 $M3$ 上，这里没有任何与报文 $M3$ 有关的一次性使用的特征。这样，网络攻击者 C 就可以截获 $M3$，重新向 B 发送报文 $M3$。如果 C 通过其他方式已经破译了密钥 $K_{A,B}$，例如，窃取了 AS 服务器中存放密钥的数据文件，C 就可以假冒 A 通过 B 的真实性验证，并且进一步假冒 A 与 B 交互报文。

为了解决这个问题，Denning 和 Sacco 提出了在 Needham-Schroeder 协议中增加时间戳的方案，主要修改了以上协议报文 $M1$、$M2$ 和 $M3$。

$M1': A \rightarrow AS: A, B$

$M2': AS \rightarrow A: K_{AS,A}\{T, B, K_{A,B}, K_{AS,B}\{K_{A,B}, A, T\}\}$

$M3': A \rightarrow B: K_{AS,B}\{K_{A,B}, A, T\}$

这里的 T 是时间戳，标记了 AS 在确定密钥 $K_{A,B}$ 并发送 $M2'$ 时的本地时间。利用这个时间戳，A 和 B 都可以验证 AS 返回 A 的报文以及 A 发送给 B 的报文是否是重播攻击报文。

假定 $Clock$ 表示 A 或者 B 接收到报文 $M2'$ 或者 $M3'$ 的时间，A 或者 B 可以利用以下公式验证 $M2'$ 或者 $M3'$ 是否是重播攻击报文：

$$|Clock - T| < \Delta t_1 + \Delta t_2$$

其中，Δt_1 表示 AS 时钟与 A 或者 B 时钟的误差；Δt_2 表示报文在网络中传播的最大延迟。对于 B，Δt_2 还需要包括在 A 中处理报文 $M2'$ 的延迟。这里的时钟可以采用计算机系统时钟，Δt_1 可以设置为 1min。由于时间戳可以验证报文的重播攻击，所以，在 $M1'$ 中就省略了一次性数 N_A。

在互联网上建立统一的时钟是十分困难的，需要使用十分复杂的网络时间协议。从理论上分析，采用时间戳防范报文重播攻击并不是一个完美的方案。但是，从现在实用的角度看，采用时间戳防范报文重播攻击是比较有效的方案。

2. 基于一次性数的改进方案

真实性验证协议的最初提出者 Needham 和 Schroeder 不赞同基于时间戳的改进方案。他们认为，这种改进破坏了互联网中绝大部分协议遵循的一个基本原则：不依赖全球统一时钟进行交互。他们在 1987 年发表了一种基于一次性数的改进方案。

这种基于一次性数的改进方案新增了 A 和 B 之间的交互，使得 A 首先从 B 中获得一次性数，这种基于一次性数的改进协议如下。

$M1, A \rightarrow B: A$

$$M2, B \ \rightarrow \ A: K_{AS,B}\{A, N'_B\}$$

$$M3, A \ \rightarrow \ AS: A, B, N_A, K_{AS,B}\{A, N'_B\}$$

$$M4, AS \ \rightarrow \ A: K_{AS,A}\{N_A, B, K_{A,B}, K_{AS,B}\{K_{A,B}, A, N'_B\}\}$$

$$M5, A \ \rightarrow \ B: K_{AS,B}\{K_{A,B}, A, N'_B\}$$

$$M6, B \ \rightarrow \ A: K_{A,B}\{N_B\}$$

$$M7, A \ \rightarrow \ B: K_{A,B}\{N_B - 1\}$$

A 在与 AS 交互之前，首先与 B 进行交互，获得 B 的一次性数 N'_B；然后，A 与 AS 交互时，将包含 B 的一次性数的报文 M2 也发送给 AS；AS 解密报文 $M2$，提取出 B 的一次性数，并且将该一次性数放在由 A 发送给 B 的、用于传递 A 和 B 之间密钥 $K_{A,B}$ 的报文 $M5$ 中。这里的报文 $M5$ 就相当于原来 Needham-Schroeder 协议中的报文 $M3$。这样，B 就可以利用改进协议报文 $M5$ 中的一次性数，验证该报文是否是重播攻击报文。

从理论上看，基于一次性数的改进协议是比较完美的一种协议。只是这种协议增加了 A 和 B 的交互次数，增加了协议交互的开销。

3.4　公钥基础设施（PKI）

公钥基础设施（PKI）是一套公钥权威发布和更新的系统。由于公钥对应了某个机构或者个人的身份，因此，公钥的发布和更新必须基于一套严格的真实性验证系统。从这个角度看，PKI 也可以作为一种真实性验证系统。

为了保证某个公钥能够真实地表示某个机构或者个人的身份，公钥一般与该公钥持有的机构或个人标识符、公钥的有效期、公钥的发行方标识符等数据一起封装成一个数据单元，由某个公钥发布的权威机构进行签名之后，再向公众发布。这种包含公钥及其有关信息的数据单元称为"公钥证书"，简称为"证书"。国际电信联盟（ITU-T）公布的 X.509 建议是目前最常用的有关公钥证书的标准，它是构成标准的 PKI 的基础。

3.4.1　PKI 的必要性

公钥密码体系的发明使得数据加密传递和数字签名技术可以在商用方面得到普及。例如，A 可以利用公钥密码体系，对于素不相识的商业伙伴 B，通过对方的公钥来加密要发送给对方（B）的商业订单，并且该商业订单上还可以附加自己（A）用私钥加密的数字签名。对方（B）收到订单之后，返回一个采用 A 的公钥加密的、对订单处理的回执，并且也附加自己（B）的数字签名。然后，A 方采用同样方法返回对该订单的确认。具体过程如下所示。

$$M1: A \ \rightarrow \ B: PK_B\{订单, VK_A\{签名\}\}$$

$$M2: B \ \rightarrow \ A: PK_A\{回执, VK_B\{签名\}\}$$

$$M3: A \rightarrow B: PK_B\{确认，VK_A\{签名\}\}$$

这是采用真实性验证协议形式描述了一个典型的电子商务交易过程。这里 PK_B 和 PK_A 分别表示 B 和 A 的公钥，VK_A 和 VK_B 分别表示 A 和 B 的私钥。这样的商业交易过程可以保证传递的数据具有保密性（由公钥密码体系的加密机制保证），同时，还可以保证数据的完整性（由公钥密码体系的数字签名机制保证）。但是，这是否一定能够保证交易双方的身份可信？

从以上过程看，A 之所以相信该订单一定是发送给 B 的，关键在于 A 相信 PK_B 是 B 的公钥，这样，只有 B 才能用其私钥 VK_B 看到订单的具体内容。这里面临的问题是：如何使 A 相信 PK_B 是 B 的公钥？这就需要公钥基础设施（英文缩写 PKI）的支持。

PKI 就是提供可信的用户标识及其对应公钥的信息查询和验证服务系统。PKI 主要是一种服务体系，它可以分成专用 PKI 体系（仅仅提供给特定的机构或者组织使用），以及公共 PKI 体系（可以提供公共服务）。

例如，各个银行提供网上银行服务时，都会要求客户到银行柜台提出书面申请，除了签署网上银行服务协议之外，银行会向客户提供一个包含银行公钥的证书。银行实际上是提供了一个专用的 PKI 系统。

从信息查询功能看，PKI 类似于电话号码簿，可以通过机构名称或者个人名字找到对应的公钥；从信息验证功能看，PKI 类似于权威认证机构，可以验证某个公钥是否属于某个机构或者某个人。

在 Diffie 和 Hellman 最初提出公钥密码体系时，他们认为公钥可以通过公共媒体随意公布。但是，人们随后发现，为了实现数据的保密传递，同时也为了利用公钥密码系统进行真实身份的数字签名，必须由权威机构发布公钥。如果不是通过可信的权威机构发布公钥，则其他人可以发布假冒某个机构的公钥。由于他掌握了该公钥对应的私钥，就可以截获发送给该机构的加密数据，并且可以假冒该机构的数字签名。这样，他就可以假冒该机构与客户进行电子商务交易，通过提供假冒的银行账号来骗取客户的购物款。所以，发布和更新公钥的 PKI 不是一个简单的公众信息查询系统，而是一个具有很高信用等级的公众身份标识和验证的权威系统。

3.4.2　PKI 的结构

在 PKI 体系中，公钥与该公钥持有者标识的绑定称为证书；发布和验证证书的机构称为认证权威中心，简称为认证中心，英文缩写 CA；密钥对的持有者称为端实体，英文缩写 EE；发送一个密钥和标识给 CA 请求认证的过程称为"登记"；验证了登记信息之后，CA 返回的结果可能是"批准"，也可能是"拒绝"。从批准的登记细节中生成一个证书的过程称为证书的"签署"，公布对应于某个端实体的已签署的证书称为"发布"。

PKI 通常采用信任金字塔（POT）结构。最简单的 POT 只有两层结构（见图 3-10），CA 处于 POT 的塔尖，而由该 CA 签署发布的 EE 证书处于 POT 的塔底。这种基本的 POT 结构就构成了 PKI 中一个基本的信任域。为了保证 CA 签署和发布的证书的权威性，防范他人修改证书，所有 CA 发布的证书都采用该 CA 的私钥来加密。这样，任何为了获得指定 EE 证书的用户，都必须首先获得该 CA 的证书，然后提取该 CA 的公钥，才能验证 EE 证书的真实性。

这里面临的一个问题是：如何签署发布根 CA 的证书？在单个 POT 中，一般假设根 CA 是所有 EE 都信任的点，它是信任链的根，也称为 PKI 的信任点。信任点的证书由它自己采用私钥签署。

图 3-10 中塔尖结点 CA1 证书的基本格式为（CA1 标识，CA1 公钥，CA1 签名），塔底结点证书的格式都相同，例如 EE1a 的证书基本格式为（EE1a 标识，EE1a 公钥，CA1 签名）。除了基本格式包括的信息之外，证书中通常还包括持有人其他信息、签署发行人信息、使用信息以及证书有效期。

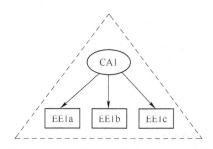

图 3-10　PKI 信任金字塔（POT）结构

在 PKI 的具体实现结构中，通常需要涉及多个信任域之间的证书获取和验证的问题。这样，图 3-10 中的单个信任域的 PKI 结构就无法满足要求。这时，可以通过多层 POT 结构，实现跨信任域的证书获取和验证。图 3-11 就是一个三层 POT 示意图，通过更高一层的认证中心 CA3，可以实现 CA1 与 CA2 这两个信任域中证书的相互获取和验证。

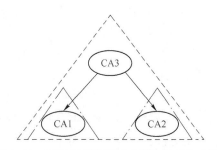

图 3-11　PKI 多层信任金字塔（POT）结构

3.4.3　证书与 X.509 建议

证书是一种绑定公钥与某个实体标识的数据结构，它是由使用该证书的实体信任的认证中心 CA 签署发布的。目前，常用的证书中一般包括以下几类信息。

1）证书编号：对于发布该证书的 CA 而言，这是唯一的编号。

2）证书发布方名字。

3）证书持有者名字。

4）证书持有者的公钥。

5）计算该证书数字签名的算法。

6）证书有效期：限定证书的有效期将提高证书的安全度。

7）扩展项：证书选项，可以包括在某个信任管理域中发布证书的策略或者规则。正是由于证书中的扩展项，才使得遵循同一个标准的 PKI 的实现系统存在互操作的问题。

以上这种证书的结构实际上是国际电信联盟（ITU-T）发布的 X.509 建议中定义的证书结构，这也是目前国际上标准的证书格式。为了讨论 PKI 的证书，必须讨论 X.509 建议。

最新版的 X.509 建议是 2019 年 10 月由 ITU-T 正式批准的文本。最新版的 X.509 建议的名称还是采用"目录：公钥和属性证书框架模型"。

> 📖 X.509 建议名称中的"目录"，对应英文的 Directory，在国际电信联盟发布的 2005 年版的 X.509 建议的中文版本中，依然将"Directory"翻译为传统电话系统中的"号码簿"。这种翻译体现了国际电信联盟最初制定 X.509 建议的初衷，就是期望构建一个可信的"号码簿"，使得用户可以像使用号码簿一样，方便地获取真实的公钥。本书采用了"目录"这类信息技术类专业术语的翻译，便于从专业角度来理解 X.509 的建议。

从 2016 年版本的 X.509 建议开始，主要强调定义公钥基础设施（PKI）和权限管理基础设施（PMI）的框架，而在定义的 PKI 和 PMI 框架中，给出了基于公钥加密算法的数字签名等真实性验证技术的规范，并明确了公钥证书、属性证书、公钥证书作废列表、属性证书作废列表的技术规范。以下 X.509 建议都是指最新版 X.509 建议。

X.509 定义了一个公钥证书的框架模型，它包括用于描述证书的数据对象规范，以及对已经发行的证书不再信任的作废公告规范。公钥证书是公钥基础设施（PKI）中的关键组成部件。X.509 定义了 PKI 中关键的组成部件，已经成为实现全球标准的 PKI 系统的国际标准，用于实现不同 PKI 系统之间的互连和互操作。

X.509 还定义了一个属性证书的框架模型，它包括用于描述证书的数据对象规范，一个对已经发行的证书不再信任的作废公告规范。属性证书是权限管理基础设施（Privilege Management Infrastructure，PMI）中的重要组成部件。X.509 定义了 PMI 中关键的组成部件，可以作为实现全球标准的 PMI 系统的国际标准，用于实现全球信息基础设施类系统中访问控制系统之间的互连和互操作。

X.509 也定义了目录系统向它的用户提供真实性验证服务的框架模型。其中包括基于口令的弱真实性验证模型，以及基于公钥证书的强真实性验证模型。

> 📖 在国际电信联盟发布的 2005 年版的 X.509 建议的中文版本中，将"authentication"翻译为"鉴权"，这种翻译容易产生歧义，因为"authentication"这个英文单词具有"鉴别为真"的含义，确实可以简化为"鉴真"，但却没有任何"鉴别权限"的含义。从准确并且通俗易懂的角度考虑，本书还是翻译为"真实性验证"。

本节主要介绍 X.509 建议定义的公钥证书结构。X.509 建议定义的公钥证书具有以下特征：其一，任何能够获取某个认证中心公钥的用户，都可以从该认证中心发行的证书中获取公钥；其二，除发行证书的认证中心之外，任何个人或机构都无法修改证书而不被察觉。

按照 X.509 建议中的定义，认证权威中心通过签署一组信息来生成某个用户的证书。该组信息包括用户标识名 A 和公钥 PK_A，以及包括该用户附加信息的唯一标识符 UA。UA 是一个可选项。另外，证书还包括证书版本号 V、序列号 SN、对证书进行数字签名的算法标识符 AI、证书发行方标识名 CA、唯一标识符 UCA，以及证书的有效期 $TIME_A$。这样，由认证中心 CA 发行的用户 A 的证书就可以表示为

$$CA<<A>> = CA[V, SN, AI, CA, UCA, A, UA, PK_A, TIME_A]$$

其中，CA<<A>>表示由 CA 发行的 A 的证书，CA[…]表示 CA 对方括号 "[ ]" 中的内容进行数字签名。在 X.509 建议中，采用 CA{…}表示 CA 对花括号 "{ }" 中的内容进行数字签名。因为本书已经采用 K{…}来表示以 K 为密钥对花括号 "{ }" 中的内容进行加密，而目前几乎所有真实性验证协议文献都采用花括号表示加密，所以，这里对 X.509 中的符号进行了一些改动。另外，由于是从证书生成的角度讨论证书的结构，所以，这里的"用户"表示向认证中心申请生成自己公钥证书的用户，即证书的持有者。

X.509 采用了 ITU-T 在 X.680 建议中定义的抽象句法符号 ASN.1，较为形式化地描述了证书的格式。

```
Certificate                      ::=        SIGNED { SEQUENCE {
    version                 [0]   Version DEFAULT v1,
    serialNumber                  CertificateSerialNumber,
    signature                     AlgorithmIdentifier,
    issuer                        Name,
    validity                      Validity,
    subject                       Name,
    subjectPublicKeyInfo          SubjectPublicKeyInfo,
    issuerUniqueIdentifier  [1]   IMPLICIT UniqueIdentifier OPTIONAL,
                                  -- 注：如果存在该字段，版本应该为v2或v3
    subjectUniqueIdentifier [2]   IMPLICIT UniqueIdentifier OPTIONAL,
                                  -- 注：如果存在该字段，版本应该为v2或v3
    extensions              [3]   Extensions OPTIONAL
                                  -- 注：如果存在该字段，版本应该为v3 -- } }
```

这里 version 表示证书的版本，它的类型是 Version，默认值为版本 1；serialNumber 表示证书序列号，它的类型是 CertificateSerialNumber；signature 表示证书采用的数字签名算法，它的类型是 AlgorithmIdentifier；issuer 表示证书发行方标识名，类型是 Name；validity 表示证书的有效期，类型为 Validity；subject 表示证书的用户标识名，类型也是 Name；subjectPublicKeyInfo 表示该证书携带的用户公钥信息，包括被认证的公钥以及该公钥适用的加密算法（如 RSA 公钥加密算法等）；issuerUniqueIdentifier 表示发行方唯一标识符，该可选项是 X.509 版本 2 或版本 3 建议定义的字段；

subjectUniqueIdentifier 表示用户唯一标识符，该可选项是 X.509 版本 2 或版本 3 建议定义的字段；extensions 表示证书的扩展项，这是 X.509 版本 3 建议定义的可选项，它允许在不修改 X.509 标准证书结构的前提下，扩展证书的字段。

采用 ASN.1 描述的报文结构的主要优点是，不需要关心具体的编码格式，主要侧重于报文结构类型的描述，而 ASN.1 会利用一套编码规则，例如基本编码规则（英文缩写 BER），将以上定义的抽象句法符号转换成为人们熟悉的采用比特表示的报文格式。所以，ASN.1 一般适合于描述应用层较为复杂的报文结构。它可以通过层次化的类型描述，细化对报文结构的描述。

对于以上定义的 X.509 证书结构中的字段，可以通过进一步定义字段的类型，细化以上证书结构的定义。例如，对于证书版本和序列号类型可以进一步定义如下。

| Version | ::= | INTEGER { v1(0), v2(1), v3(2) } |
| CertificateSerialNumber | ::= | INTEGER |

这样，我们可以进一步明确，证书的版本字段是一个枚举型整数，可以取值为：0、1、2，分别对应 X.509 版本 1、版本 2 和版本 3 建议。而证书序列号是一个整数类型，可以取任何一个整数。

对于以上证书有效期字段，可以通过进一步定义 Validity 类型，细化 X.509 证书中对于有效期的定义。

Validity		::=	SEQUENCE {
notBefore	Time,		
notAfter	Time }		

从以上定义的类型可以看出，X.509 证书中定义的有效期包括了两个字段，一个是证书生效期 notBefore，另一个是证书截止期 notAfter，这样，就可以较为完整地定义一个证书的有效期。

对于以上证书结构中定义的用户公钥信息字段，可以通过进一步定义该字段的类型，细化对公钥信息字段的定义。

SubjectPublicKeyInfo	::=	SEQUENCE {
algorithm	AlgorithmIdentifier,	
subjectPublicKey	BIT STRING }	

从以上定义的类型可以看出，X.509 证书中定义的公钥信息包括该公钥适用的算法，以及表示该公钥的比特串。有关 X.509 证书结构的完整描述，以及有关 X.509 定义的证书作废通告格式和过程可以参阅 X.509 建议。

3.4.4　PKI 的实现模型

从原理上讲，PKI 的实现模型一般包括以下几个部分：可信的认证公钥的认证权威中心（CA）、注册证书持有者的注册权威中心（RA）、存放有效证书的证书数据库

（CDB）、存放作废证书的证书作废表（CRL），以及使用 PKI 服务的端实体（EE）。EE 在实际应用中可以表示成一个网络访问点、移动设备、智能模块、应用服务供应商以及移动用户等。

这些部分的相互关系如图 3-12 所示，认证中心通常将注册用户的真实性验证、密钥对生成等操作交给注册中心处理，而证书的签署、发布、作废等关键操作还是由 CA 来处理。CA 直接管理和操纵证书数据库与证书作废表。

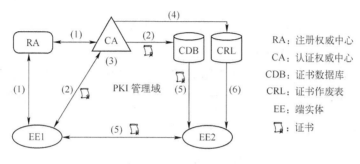

图 3-12　一种 PKI 实现模型

对照 PKI 实现的原理图（见图 3-12），证书的整个生命期需要经过以下处理阶段。

1）注册与密钥对的生成阶段。在某个端实体使用 PKI 提供的服务之前，它必须首先注册到该 PKI 系统的 RA，按照 PKI 管理域的策略建立和验证该 EE 的标识。具体的注册过程依赖于由谁生成密钥对。如果由 RA 生成密钥对，则私钥通过带外机制秘密地传递注册的 EE；如果 EE 生成密钥对，则公钥传递给 RA，RA 通过真实性验证协议验证注册的 EE 是否具有对应的私钥。在不同的 PKI 实现系统中，RA 可能与 CA 合并，由 CA 负责 EE 的注册、真实性验证和证书的签署发布。RA 与 CA 的分离，可以分担 CA 的处理功能。但是，证书的签署、发布以及作废必须由 CA 直接处理。

2）证书的产生和分发。一旦注册的 EE 身份已经被验证，并且密钥对已经生成，CA 就可以根据 EE 注册的信息和生成的密钥对生成一个对应 EE 的证书，签署发布该证书。CA 将该证书分发给注册的 EE，同时也存放在 CDB 中。

3）证书过期与更新。一旦证书过期，证书持有者必须请求 CA 更新证书。如果证书已经过期，证书持有者又没有请求更新，则该证书自动作废。CA 将作废的证书存放在 CRL 中。

4）证书作废。在证书的有效期内，由于证书持有者希望单方面终止 PKI 服务，或者由于私钥的泄露，也可以由证书持有者主动请求 CA 作废其所持有的证书。

5）证书获取。根据使用证书的安全协议所设计的机制，EE 可能从 CA 获取证书，也可能由参与安全协议交互的双方直接交互各自的证书。

6）证书验证。为了验证证书的有效性，某个 EE 可能需要获取 CRL，或者利用在线证书状态协议（OCSP）。

OCSP 是 IETF 于 1999 年提出的一种解决证书作废检查问题的方案。传统的基于 CRL 的证书作废检查方案存在以下问题：端实体需要下载完整的 CRL，其中包括许多不相关的作废证书，由 EE 查找是否存在需要验证的证书。为了获得最新的 CA 发布的 CRL，EE 在每次验证证书时都需要下载 CRL，这种作废证书的检查方法十分低效。这种传统的 CRL 证书作废检查方法类似于信用卡的黑名单验证方法，为了查询一个信用卡是否作废，必须翻阅整本黑名单。如果没有及时获得银行发布的最新黑名单，还会造成检查的失误。

OCSP 提供了一种在线查询 CRL 的机制，EE 可以通过 OCSP 针对单个证书发出查询请求，OCSP 可以返回最新的针对该查询证书的单项 CRL。这样，对于 EE 而言，可以简化大量的作废证书检查的操作。但是，必须扩展 CA 的功能，增加 CA 的证书查找和针对每次 EE 请求创建单项 CRL 的操作。由于 CA 响应 OCSP 的作废证书查询请求需要占用一定的资源，所以，CA 必须对每次 OCSP 的查询进行收费，这样，OCSP 必须验证每次请求的 EE 身份，以便对 EE 进行计费。

3.4.5　PKI 设计建议

各种 PKI 的问题都可以归结为对证书的处理问题。为了解决这些 PKI 问题，在具体设计 PKI 时可以采取 P. Gutmann 提出的以下建议。

1．设计"标识"的方法

选择一个本地有意义的标识符作为端实体 EE 的标识符，例如系统的用户名、账户号、电子邮件地址、员工号等类似的标识。这里的本地有意义并不一定表示对用户有意义。例如，采用一个授权机制加密的账户号对用户不可读，但是，这是一个合适的 EE 标识。

2．设计"证书作废"的方案

如果可能，设计一个不需要证书作废的 PKI。处理证书作废的最好办法是回避这种机制。安全电子交易（SET）和安全套接字层（SSL）协议都是采用回避证书作废的处理方案。如果不能通过设计绕过"证书作废"机制，则考虑利用 PKI 提供的证书更新保证机制，这样，就可以避免使用"显式"的证书作废机制。例如，只返回"已知有效"证书的 CA 就是采用了这种方案。如果实在不能回避"证书作废"，则可以利用在线状态查询机制，通过对证书有效性的在线查询，得到证书是否有效的响应，或者得到一个返回的单项 CRL 的响应。在线证书状态协议（OCSP）就是采用这种方案。如果证书作废的信息价值不大，则可以选择 CRL 方案。例如，代码签署证书的作废就是采用了这种方案。

3．设计"特定应用 PKI"的方案

设计面向特定应用的 PKI 远比设计通用的 PKI 要简单。因为在特定应用环境下，可以根据具体应用的特征来简化对公钥的管理。例如，专门针对电子邮件和文件系统加密的完美隐私（PGP）技术（见本书第 7 章）就采用了较为简化的公钥管理体系，对用户的限制较少。

Richard Guida 等人在 2004 年给出了一个 PKI 的成功实例，这是 Johnson & Johnson 公司应用 PKI 的成功实例。这里构建的 PKI 系统主要提供了一套真实性验证密钥和一套加密时采用的密钥，应用于电子邮件加密、万维网访问 SSL 的真实性验证和加密，以及远程访问的真实性验证和加密等。作为企业专用的 PKI 系统，Richard Guida 等人采用证书作废列表（CRL）进行简单的证书作废操作，同样达到了高效更新证书的效果。他们使用 PKI 的体会是：PKI 为真实性验证、数据加密和数字签名提供了一个灵活和较强的安全性，这是其他任何单一技术无法做到的。

3.5 思考与练习

1. 概念题

（1）真实性验证技术可以分成哪几类？这几类真实性验证技术之间有什么关联？

（2）通常可以通过验证哪几类内容进行真实性验证？这些真实性验证方式具有哪些优点和不足？这些真实性验证方式分别适用于哪些应用环境？

（3）请列举自己经历过/了解到的两种不同的真实性验证的实例，并说明所采用的真实性验证方式和真实性验证内容。

（4）报文真实性验证的目的是什么？目前有哪几种报文真实性验证的方法？这些报文真实性验证方法具有哪些优点和不足？报文摘要是否等价于报文验证码？如果不等价，如何将报文摘要转换成为报文验证码？

（5）为什么可以通过加密报文达到报文验证的目的？加密报文是如何验证报文发送方的真实性的？如何保证报文在发送过程中没有被修改？

（6）为什么需要定义安全哈希算法？安全哈希算法与数据结构中定义的哈希算法有什么本质的区别？

（7）是否可以不使用加密算法生成报文验证码？如果可以，如何生成？

（8）MD5 算法在循环处理报文块的过程中引用了 4 个处理字的函数。这 4 个函数定义了巧妙的替代和换位操作。试说明函数 "$F(X, Y, Z) = (X \wedge Y) \vee ((\neg X) \wedge Z)$" 定义了哪几类操作？总体对字 X、Y 和 Z 处理的具体含义是什么？并且举例说明。

（9）SHA-1 报文摘要算法与 MD5 算法相比有哪些相同之处，又有哪些不同之处？为什么说 SHA-1 算法比 MD5 算法安全？

（10）HMAC 算法有何用途？它与 MD5 算法和 SHA-1 算法有什么关联？为什么说 HMAC 算法中使用的密钥不是通常意义上的密钥？这种密钥有什么作用？

（11）什么是"生日现象"？什么是"生日攻击"？为什么说 MD5 算法不能防范"生日攻击"？

（12）什么是数字签名？为什么需要数字签名？通常所说的报文真实性验证技术是否就是数字签名技术？

（13）什么是真实性验证协议？为什么需要在真实性验证协议中引入一次性数？为什么需要在真实性验证协议中引入真实性验证服务器？

（14）Needham-Schroeder 真实性验证协议是如何进行双方真实性验证的？在什么情况下可以简化 Needham-Schroeder 真实性验证协议？Needham-Schroeder 真实性验证协议存在哪些安全隐患？如何才能消除这些安全隐患？

（15）为什么需要构建 PKI？PKI 通常采用什么结构？在多个信任域环境中需要如何扩展 PKI 结构？

（16）根 CA 签署自己的证书时，是否利用自己的私钥对整个证书进行加密？试分析 CA 签署证书的方法，并说明其合理性。

2．应用题

假设已知 A 与 C 之间存在共享密钥 $K_{A,C}$，B 与 C 之间存在共享密钥 $K_{B,C}$，基于以上给定条件，请完成以下设计和分析工作：（1）试设计一个协议，使得 A 能够向 B 验证其真实身份，并说明 A 和 B 需要进行的关键处理。（2）如果要求 A 能够生成 A 与 B 之间的共享密钥 $K_{A,B}$，并且安全地将 $K_{A,B}$ 传递给 B，需要如何改进以上设计的真实性验证协议？（3）具体罗列 A 和 B 分别需要进行的关键处理步骤，分析该协议能够实现真实性验证的理由，以及能够安全传递 A、B 之间共享密钥的理由。（4）分析该协议是否存在重播攻击的可能，如果存在，应该如何进一步修改协议，并进行防范？

第 4 章　网络访问控制

网络安全技术中的第二个核心技术就是网络访问控制，这是依赖于网络真实性验证技术才能准确实施的一类限制网络报文访问特定的网络区域，或限制网络用户访问特定网络应用的技术。网络访问控制技术的理论基础是计算机安全领域提出的访问控制模型，网络访问控制技术的具体实现就是网络防火墙。

本章将讨论访问控制模型的基本概念、基本原理以及常用的访问控制模型及其应用方法，讨论网络层防火墙和应用层防火墙的基本原理与典型应用方法。

本章要求掌握访问控制主体、客体、策略以及模型的定义，掌握常用的访问控制模型和基于访问控制列表的访问控制模型的设计方法；掌握网络层防火墙的配置方法、应用层防火墙的设置原理。

4.1　访问控制策略与模型

网络访问控制就是对某个网络实体访问某些网络资源的控制，这里"网络实体"可以是某个网上购物的客户端、某个电子邮件的客户端、某个网络应用的客户端；"网络资源"可以是某个网上购物服务器、某个电子邮件服务器、某个云存储等；而"访问"可以表示"登录并使用"服务器，或者"使用存储资源"等。

如果该网络实体通过网络访问控制可以访问某个网络资源，则称该网络实体获得了对于该网络资源的访问"授权"；如果该网络实体无法通过网络访问控制，则称该网络实体没有获得对于该网络资源的访问"授权"。

网络访问控制根据网络实体的身份以及网络或网络应用的访问控制策略（也称为安全策略），确定授权哪些网络实体可以访问哪些网络资源的权限。

网络访问控制类似于为网络的某个区域、某个网络服务器或某项网络应用而设置的一道带锁的"门"，而打开这道门则需要一把"钥匙"，这把"钥匙"就是身份真实性验证，同时也要依据这道门的开关的规则。

如果这是一道家庭的进户门，则只有持有钥匙的家庭成员才能进入这道门。而如果这是一道超市的大门，则到了超市营业的时间，持有钥匙的超市管理员就必须打开这道门，并且只要这道门开着，进出超市的顾客在正常时期内是不需要验证身份真伪的，而在疫情期间则需要出示绿色健康码才能进入这道门。

网络访问控制就是为了守住进入特定网络区域（如某个机构的网络）或进入特定网

络应用（如网上购物）的"大门"，确保不会泄露敏感数据（如盗取机构的敏感数据、窃取网上购物的用户账户和密码等），同时也要确保不会让"不法分子"（如网络恶意代码）破坏正常的网络应用（如篡改网上购物页面的商品标价）。所以，网络访问控制主要是保护网络安全中的保密性和可用性。

> 📖 有些研发人员将网络访问控制应用于网络安全中的完整性，并且得出了与网络数据保密性相矛盾的网络访问控制模型。但这并不是一个网络访问控制的正确应用。网络数据完整性还是应该通过报文验证码或数字签名的技术来实现。

为了能够学习并掌握网络访问控制技术，就必须理解网络访问控制的基本概念和基本原理，这就是网络访问控制策略和模型的相关概念与原理。以下将分别讨论网络访问控制的基本概念、原理和典型的网络访问控制策略与模型。

4.1.1 网络访问控制的基本概念

网络访问控制主要源于计算机安全中的访问控制的基本概念，其中包括访问控制策略、机制与模型概念，主体和客体概念。

1. 网络访问控制策略、机制与模型

网络访问控制策略表示某个网络或某个网络应用对于访问控制的总体需求，其中包括授权规则和约束规则。访问控制策略描述了哪些网络实体可以访问哪些网络资源，或者不能访问哪些网络资源的控制规则。网络访问控制策略可以规定哪些网络用户可以访问哪些网络服务器上的文件目录和文件。例如，规定网络用户 U 可以访问文件服务器 S 中的目录 D 下的所有文件。面向数据保密的访问控制策略包括：自主访问控制（DAC）策略和强制访问控制（MAC）策略。

网络访问控制机制是对网络访问控制策略的具体实现方式，它可以表示为一组硬件（如路由交换设备中的访问控制列表实现）或者软件（网络防火墙中的访问控制模块）对访问控制策略的实现。通常采用访问控制列表和访问控制矩阵设计访问控制机制，逻辑地实现访问控制策略。例如，采用访问控制列表（ACL）可以实现对不同用户设置不同的访问文件系统的控制策略。

网络访问控制模型可以描述在信息通信系统中逻辑地实现某类网络访问控制策略的安全控制规则，以及相应的安全操作支撑规则。为了能够系统和完整地设计并逻辑地实现网络访问控制的机制，首先需要构建访问控制模型。Bell-Lapadula 模型由一组安全控制规则构成，可以逻辑地实现 MAC 访问控制策略，Clark-Wilson 模型由一组安全控制规则和支撑规范规则构成，可以实现可信交易的访问控制策略。

> 📖 随着信息通信技术的发展，出现了许多新的访问控制策略，例如面向应用不同参与方的访问控制策略（如基于角色的访问控制）、面向特定任务的访问控制策略（基于任务的访问控制）、面向特定内容的访问控制策略（如基于属性的访问控制），基于这些新的访问控制策

略产生了几种不同的访问控制模型，本书主要讨论目前已经得到广泛应用的典型网络访问控制模型。

2．网络访问控制的主体与客体

网络访问控制的主体就是访问被网络访问控制系统保护的网络资源的某个网络实体，也是被网络访问控制系统授权的网络实体。在网络安全中，访问网络或网络应用的任何网络实体都是网络访问控制的主体。例如，访问电子邮件的客户端进程和访问万维网服务器的客户端进程都是网络安全中的主体。在强网络访问控制策略中，这些主体通常需要经过身份真实性验证之后，才能访问相应的网络资源。

在网络安全中，某个网络区域（如某个互联网域名，或者某个 IP 地址标识的子网）也可以作为访问控制的主体。该类主体可以作为一种集合类主体，它可以表示该区域内所有的网络实体。例如，限定某个子网不能访问某个万维网服务器，就是限定连接在该子网中每个网络站点上的浏览器都不能访问指定的万维网服务器。

> 📖 由于目前对互联网域名以及 IP 子网地址都没有严格的身份真实性验证机制，所以互联网域名和 IP 子网地址都是可以假冒的，基于互联网域名和 IP 子网地址的访问控制机制在实际应用中存在一定的安全漏洞。

网络访问控制的客体就是被网络访问控制系统保护的网络资源。在网络安全中，任何提供服务的网络实体都是网络访问控制的客体。例如，万维网服务器、文件服务器、域名服务器以及邮件服务器都是网络安全中的客体。

在网络安全中，某个网络区域也可以作为访问控制的客体。这类客体是作为一种集合类客体，表示了该区域内所有提供网络服务的实体。例如，限定某个网络站点不能访问某个子网，则是限定该站点不能访问该子网上所有的服务器资源。目前，网络安全中常用的防火墙是用于限制具有确定身份的用户或者网络站点进入某个网络区域，这实际上就是一种以某种网络区域为客体的访问控制。

4.1.2 网络访问控制框架模型——托管监控器

在计算机安全中，一直采用 J. P. Anderson 于 1972 年提出的"托管监控器"作为访问控制的框架模型，它既可以作为表示高可信访问控制机制所必备特性的一种抽象框架模型，又可以用于设计、实现和分析计算机安全系统的一个参考模型。在计算机安全系统中，必须有一个实现"托管监控器"的部件，这个部件决定了安全系统的安全能力，也称为安全内核。

托管监控器是一个被计算机系统委托管理整个系统内访问控制权限的部件，它负责执行系统中的安全策略。在计算机系统中任何一个主体都需要在通过托管监控器的权限检验之后，才能访问相应的客体。托管监控器需要根据访问控制数据库中存放的权限来控制信息，以决定是否授权主体访问某个客体。托管监控器同时将主体对客体的所有访问请求和响应存放在审核文件中，用于检测主体是否按照访问控制策略访问相应的客体。以托管监控器为核心的访问控制架构如图 4-1 所示。

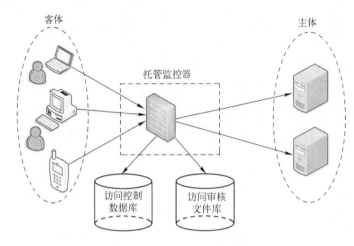

图 4-1　网络访问控制架构

为了保证托管监控器能够按照存放在访问控制数据库内的规则来实现访问控制策略，托管监控器必须满足三点要求：完备性、孤立性和可验证性。

1）完备性要求：系统中所有主体对客体的访问都必须通过托管监控器才能实现，不存在其他路径，可以绕过托管监控器访问系统中的计算资源。在网络控制系统中，网络防火墙就是一种托管监控器，它应该可以监控某个机构的内部网和公共互联网之间所有的数据传递。但是如果该机构网络中的某些联网主机可以通过智能手机分享热点的方式与公共互联网连接，这样，就可以绕过网络防火墙。所以，具有强访问控制策略的内部网的联网主机应该只设置有线方式的网络连接，禁止任何无线通信方式。

2）孤立性要求：托管监控器具有自己独立的一套安全控制机制以及支撑正常运行安全控制机制的其他支撑功能，而不依赖于其他系统，这样就不受其他系统的干扰。例如，在实现网络防火墙的过程中，为了满足网络安全上的孤立性，必须为防火墙系统设计能够直接控制系统硬件的、所有操作系统功能内置的专用安全内核，使得防火墙系统不会因为操作系统的软件漏洞而被攻破。

3）可验证性要求：托管监控器的设计和实现都需要通过安全验证，它的软件实现代码必须通过严格的安全检验，不能出现任何软件漏洞。因为托管监控器是整个计算机安全系统中的安全内核，它的安全性将在很大程度上决定整个信息系统的安全性。通常采用软件工程中的形式化方法对托管监控器的安全特性进行验证和测试。

托管监控器作为一种访问控制系统的抽象框架结构，几十年来一直指导计算机安全系统的设计、实现和评价。例如，企业在选购任何一类网络安全产品时，首先会按照托管监控器的框架模型，要求产品供应商介绍其安全产品的安全内核实现技术。如果某类安全产品的供应商能够全面地介绍其产品安全内核的完备性和孤立性实现技术，并且能够证明其安全内核确实是完备的和孤立的，则这类安全产品是可以信赖的。

根据托管监控器框架模型可以得出设计访问控制系统的三条原则：①灵活性：访问控制系统应该能够强制实行任何企业或者机构要求的访问控制策略；②可管理性：访问控制系统应该是直观的，容易被管理的；③可缩放性：访问控制系统应该能够适应于任何规模的主体和客体的应用范围。

这里需要说明的是，"托管监控器"仅仅是必要的，并不是充分的。因为"托管监控器"仅仅提供了实现访问控制策略和访问控制机制的一套支撑环境，并没有强制实行任何的访问控制策略。

4.1.3 自主访问控制策略与访问控制列表

自主访问控制策略与强制访问控制策略是最早应用于计算机安全的访问控制策略，现在计算机系统的安全等级也是按照系统对这两类安全策略的支持程度决定的。这两类访问控制策略是设计和实现面向数据保密的访问控制技术的基础。自主访问控制策略是较为宽松的、适合于民用的数据保密的访问控制技术，通常用于计算机文件系统的权限管理。

1．自主访问控制策略

自主访问控制（DAC）策略是美国国防部在 1983 年发布的"可信计算机系统评价准则（TCSEC）"中提出的一种安全访问控制策略。DAC 是基于用户的标识，或者基于用户所属组的标识，控制对客体访问的一种方式。在 DAC 策略中，用户（主体）具有将资源（客体）的访问权限自主地传递给其他用户（主体）的权利。DAC 是所有面向数据保密的访问控制系统中最基本的访问控制策略，也是计算机系统必须支持的一种访问控制策略。

2．访问控制列表

通常采用基于客体的访问控制列表（ACL）机制实现 DAC 策略。为了提供对 DAC 的支持，通常会进一步定义资源（客体）的拥有者。这样，只有资源拥有者才能更新和维护该资源的 ACL，才能向其他用户传递访问控制权限。另外，要求每个资源拥有者维护至少一张所拥有的客体访问控制列表（ACL）。

【例 4-1】 如果假定用户 A1 可以"读/写"访问目录 D1 和 D2，A2 用户可以"读/写"访问目录 D2，假定目录 D1 和 D2 的拥有者都是 A1，并且目录 D1 和 D2 都采用 DAC 访问控制策略，但实现以上访问控制需求的访问控制列表如表 4-1 所示。

表 4-1　例 4-1 的访问控制列表

主体	客体	控制	操作
A1	D1	允许	读/写
A1	D2	允许	读/写
A2	D2	允许	读/写
*	*	禁止	读/写

访问控制列表是一个访问控制授权规则的集合，必须包括表头和表体两部分，表头表示了访问控制列表中各列的语义含义，表体的每行表示一个授权规则，包括了肯定授权（允许）和否定授权（禁止）。访问控制列表的表体最后一行，通常表示该访问控制列表的默认授权规则。在强访问控制规则中，默认授权规则一定是否定授权，也就是对于所有不在以上授权规则范围内的所有主体（采用通配符"*"表示）和所有客体（也采用通配符"*"表示），一律禁止读写。

在表 4-1 的访问控制列表中，表体的第一条授权规则：授权允许 A1 对 D1 的读写操作；第二条：授权 A1 对 D2 的读写操作；第三条：授权 A2 对 D2 的读写操作；第四条：禁止以上三条授权规则之外的所有读写操作。

3．自主访问控制的安全隐患

DAC 控制策略本质上存在以下的安全隐患：其一，无法区别数据资源的产生者与数据资源真正的拥有者，DAC 无法防范访问控制权限的随意传递；其二，DAC 也无法防范"特洛伊木马"的攻击。

例如，用户 A 将自己所拥有的数据资源的读权限提供给用户 B，用户 B 可以读取这些数据资源，然后再存放在另外一个文件系统或者数据库系统中，这样，用户 B 就可以不受限制地将这些数据的访问权限提供给其他用户。

再如，用户 B 可以通过某些手段（具体见第 5 章）在用户 A 的主机内部驻留"特洛伊木马"恶意代码，在用户 A 正常读取数据的同时，恶意代码可以利用用户 A 的访问权限来读取用户 B 的访问权限无法阅读到的文件；然后，恶意代码再将该文件写到用户 B 的具有访问权限的文件目录中。这样，在用户 A 无法察觉的情况下，用户 B 就可以读取原来无法读取的文件。这种利用恶意代码窃取数据的方式就称为"特洛伊木马"攻击。

由于存在安全弱点，所以，DAC 策略无法满足具有较高安全控制级别的政府或军事机构的访问控制需求。这时，就需要一种更加强大的安全控制策略，这就是强制访问控制策略。

4.1.4 强制访问控制策略与 Bell-Lapadula 模型

强制性访问控制策略也是一类面向强数据保密应用需求的访问控制策略，常用于军方的计算机文件系统管理。这类访问控制策略消除了访问控制权限自主传递以及特洛伊木马窃取数据的安全隐患。这类访问控制策略需要依据 Bell-Lapadula 模型的控制规则才能实现。

1．强制访问控制策略

强制访问控制（MAC）策略也是 TCSET 中提出的一种安全访问控制策略。提出 MAC 控制策略的目的是，消除 DAC 访问控制策略中的随意传递访问控制权限以及可能出现的"特洛伊木马"攻击的安全隐患。

MAC 策略为每个用户和可能被访问的资源都指派了安全等级。安全等级包括层次化部分和非层次化部分。层次化部分包括：无限制（U）、秘密（C）、机密（S）以及绝密（TS）；非层次化部分主要是在不同的部门之间设置安全等级，例如，国家安全部、核设施、军事设施以及民用设施等。

安全等级中的层次化部分是在某个机构的某个部门内部定义的保密等级，而安全等级中的非层次化部分定义了用户和可访问资源所属的不同部门之间定义的保密等级。安全等级中的层次化部分反映了某个机构纵向访问控制的分割，而非层次化部分则反映了某个机构横向访问控制的分割。采用这种纵向访问控制分割与横向访问控制分割相结合的方法，可以设计出网络系统中较为严密的防火墙控制系统。

安全等级构成一种偏序关系，可以采用">"连接。例如，TS > S > C > U，又如，SL（国家安全部，核设施）>SL（国家安全部，军事设施）>SL（军事设施）>SL（其他部门），这里的 SL 表示安全等级。

用户（主体）的安全等级通常指该用户的保密许可等级，反映了安全等级制定机构对该用户的信任等级。被访问资源（客体）被指派的安全等级通常反映了该客体包含内容（或者提供服务）的敏感程度。

MAC 策略要求某个安全等级的用户只能访问不高于其安全等级的资源。例如，某个用户具有 SL（军事设施）安全等级，并且 SL（军事设施）=S，则他可以访问被赋予 SL（军事设施）、S、C 和 U 安全等级的资源。

2. Bell-Lapadula 模型

为了实现 MAC 策略，必须采用 Bell-Lapadula 模型（以下简记为 B-L 模型）。参照 MAC 策略中有关主体和客体的安全等级的定义，Bell-Lapadula 模型可以实现 MAC 策略的访问控制决策的两条规则。

- 简单安全特征规则：任何一个主体只能"读"访问不高于其安全等级的客体。
- 星状特征规则：任何一个主体只能"写"访问不低于其安全等级的客体。

这里的简单安全特征规则可以直接实现 MAC 策略，限定用户只能访问不高于其安全等级的资源。而星状特征规则也是实现 MAC 策略的必要条件，它限定用户不能"写"访问低于自身安全等级的客体，这是限定保密信息扩散的一条关键原则。

为了便于理解 Bell-Lapadula 模型，以下提出一个对于该模型两条访问控制规则的解释。星状特征表示了"从中心点向外扩展的一种特征，这是一种信息扩散的特征，也就是一个通过'写'操作扩展信息的特征"。所以，星状特征规则主要是对"写"操作进行约束。而对"读"操作的安全约束是一种简单直观的安全特征，所以称为"简单安全特征规则"。这种解释不一定是 Bell 和 Lapadula 最初命名"星状特征规则"的初衷，但是，这种解释可以帮助理解和记忆这条规则。

【例 4-2】 假设某网络系统限定用户 A1 可以"读/写"访问目录 D1 和 D2 中的文件，用户 A2 可以"读/写"访问目录 D2 中的文件。问题：

（1）采用 DAC 策略实现以上访问控制。

（2）采用 MAC 策略实现以上访问控制。

（3）如果 A1 拥有目录 D1，A1 是否可以将访问权限传递给 A2？如果可以，如何传递？

答：（1）可以采用以下访问控制列表，实现满足 DAC 策略的访问控制。

以下访问控制列表也可以表述为：A1 允许"读/写"D1；A1 允许"读/写"D2；A2 允许"读/写"D2。采用 ACL 实现的访问控制列表如表 4-2 所示。

表 4-2　例 4-2（1）的访问控制列表

主体	客体	控制	操作
A1	D1	允许	读/写
A1	D2	允许	读/写
A2	D2	允许	读/写
*	*	禁止	读/写

（2）首先，定义 A1 的安全等级为 S，A2 的安全等级为 C，D1 的安全等级为 S，D2 的安全等级为 C，并且 S > C。根据 B-L 模型，可以得到以下满足 MAC 策略的访问控制列表，如表 4-3 所示。

表 4-3　例 4-2（2）的访问控制列表

主体	客体	控制	操作
A1	D1	允许	读/写
A1	D2	允许	读
A2	D2	允许	读/写
*	*	禁止	读/写

（3）只有在 DAC 策略下，A1 才能向 A2 传递对 D1 的访问控制权限。A1 只需要在对 D1 的访问控制列表中的默认授权规则之前增加一条访问控制规则即可，修改之后的访问控制列表如表 4-4 所示。

表 4-4　例 4-2（3）的访问控制列表

主体	客体	控制	操作
A1	D1	允许	读/写
A1	D2	允许	读/写
A2	D2	允许	读/写
A2	D1	允许	读/写
*	*	禁止	读/写

3．强制访问控制策略的安全分析

可以通过前一节"自主访问控制的安全隐患"中的举例，分析 MAC 策略以及实现

MAC 策略的 Bell-Lapadula 模型如何防范"特洛伊木马"的攻击。

即使用户 B 在用户 A 的主机中植入了"特洛伊木马"恶意代码，按照"星状特征规则"，该"特洛伊木马"恶意代码也无法将用户 A 正在访问的数据写入用户 B 可以访问的文件目录中。这是因为用户 A 的安全等级高于用户 B 的安全等级，用户 A 可以看到的文件，而用户 B 却无法看到。

按照 Bell-Lapadula 模型，用户 A 无法向低于其安全等级的文件目录进行"写"操作，这样用户 B 在用户 A 的主机中植入的"特洛伊木马"恶意代码就无法将用户 A 可以读取的文件"写"到用户 B 可以访问的文件目录中。就可以防范"特洛伊木马"的攻击。

4.1.5 "中国墙"策略与 Brewer-Nash 模型

面向数据保密的 DAC 和 MAC 策略的主体与客体相对比较固定，例如主体属于个人用户或部门用户；客体通常是文件、文件目录或文件服务器。这是属于面向确定的主体和客体的访问控制策略。但在网络通信系统中也存在一些访问控制策略，其主体和客体并不是固定不变的。"中国墙"访问控制策略限定同一个主体不能同时访问两个或多个利益冲突方的数据（客体）。于是就无法通过简单的访问控制列表或访问控制矩阵来实现这类访问控制策略。这时需要通过复杂的逻辑谓词判断，才能实施具体的访问控制策略。

1. "中国墙"访问控制策略

D. Brewer 和 M. Nash 于 1989 年首先提出了"中国墙"策略，这是一类不同于 DAC 和 MAC 的数据保密访问控制策略，其用途是防范两个或多个利益冲突方的数据被同一个用户掌握。其应用实例是服务于不同公司的咨询顾问，他有机会看到竞争双方的敏感数据，也有可能为了自己的利益向一方出卖另一方的敏感数据，这样就会造成某一竞争方的损失。采用"中国墙"访问控制策略，就可以防范某个咨询顾问可能同时获得具有利益冲突的各方的敏感数据。

"中国墙"策略将被访问客体划分成不同的利益冲突类，每个公司或者机构只属于一个利益冲突类，每个利益冲突类可能包括多个相互利益冲突的公司或者机构。"中国墙"访问控制策略包括以下三条。

1）如果某个用户没有访问利益冲突类所限定的机构中的数据，则可以不受"中国墙"策略的约束。

2）如果某个用户访问了某个利益冲突类所限定的某个机构中的数据，则不能再访问同一个利益冲突类中其他机构的任何数据。

3）用户访问任何机构的公开数据都不受"中国墙"的约束。

顾名思义，"中国墙"访问控制策略就是将具有利益冲突的数据采用"中国墙"隔离，使得两个或多个利益冲突方的数据不会被同一个用户看到。"中国墙"策略是 DAC

策略和 MAC 策略中没有考虑到的安全需求，这也是在仅仅考虑敌我双方对阵的 TCSEC 体系中无法定义的安全需求。从某种意义上讲，"中国墙"策略是一种商用安全策略。

2．Brewer-Nash 模型

为了满足"中国墙"访问控制策略，Brewer 和 Nash 参照 Bell-Lapadula 模型的架构，提出了一种访问控制模型，称为 Brewer-Nash 模型。该模型定义了满足"中国墙"策略的访问控制规则：简单安全规则的访问规则（也就是"读"规则），以及星状特征规则的更改规则（也就是"写"规则）。

1）简单安全规则（访问规则）包括以下两条。

访问规则 1：被访问的客体属于已经被访问的利益冲突类中的同一个机构；

访问规则 2：被访问的客体属于其他的利益冲突类。

2）星状特征规则（更改规则）也包括以下两条。

更改规则 1：所有按照访问规则可以被访问的客体都可以被更改；

更改规则 2：请求进行更改操作的其他机构中的任何客体都不能被访问。

Brewer-Nash 模型中的访问规则限定某个主体只能访问已经访问过的利益冲突类的同一个机构中的客体，或者是访问其他利益冲突类中的客体，这与"中国墙"策略完全一致。而更改规则的含义是：所有可以访问的同一个利益冲突类中的客体都可以被更改，而可以被更改的不同利益冲突类中的客体都不能被访问。这个规则实际上是 Bell-Lapadula 模型的星状特征规则在"中国墙"策略中的具体应用。

4.1.6 交易访问控制策略与 Clark-Wilson 模型

传统的研究计算机安全策略主要考虑数据的保密性。D. Clark 和 D. Wilson 首先指出了商用安全策略与军用安全策略的不同之处，指出人们在商业交易中更加关心的是交易的完整性，而不是交易的保密性。Clark 和 Wilson 明确指出：商用安全策略是指保证交易数据完整性的安全策略，而传统的军用安全策略是指保证数据保密性的安全策略。

交易访问控制策略是面向数据处理过程的访问控制策略，是需要内置到网络应用系统中的访问控制策略。而具体实现交易访问控制策略，必须基于 Clark-Wilson 模型。

1．交易访问控制策略

传统商用交易领域访问控制的目的是防范交易的"欺诈"和交易的"错误"。银行业在这方面做得最成功。为了防范交易过程中的"欺诈"和"错误"，银行的每笔交易都必须遵循以下两条基本策略。

1）采用严格的步骤、可以事后监督的"**正规交易**"策略。一种实现"正规交易"策略的机制是记录所有交易的数据，这样，可以事后监督，保证数据处理的完整性。

2）采用每个交易必须由多个雇员参与、可以相互监督相互约束的"**职责分离**"策略。一种最为基本的实现"职责分离"策略的实例是：如果一个人允许创建和认可一个交易，则就不允许具体执行这个交易，至少不能生成交易相关的数据。这样，就可以保证至少有两个人才能处理一个交易。

正则交易的原则类似于数据库系统中的事务处理管理或交易管理，它具有简称为 ACID 的四个特征：即每个交易具有原子性（A 特征），该交易要么全部执行结束，要么全部不执行；交易具有一致性（C 特征），该交易不产生任何矛盾的数据；交易具有独立性（I 特征），每次只执行一个交易；交易具有持久性（D 特征），完成的交易持久有效。

例如，现代财务管理制度中要求"会计"和"出纳"岗位必须严格分离，必须由两个不同的人承担"会计"和"出纳"的工作，这就是"职责分离"原则在日常交易管理中的具体应用。

2. Clark-Wilson 模型

为了实现商用交易的访问控制策略，Clark 和 Wilson 提出了一种访问控制模型，即 Clark-Wilson 模型。该模型由一组规则构成，分成认证类规则（以下简称 C 类规则）和实施类规则（以下简称 E 类规则），主要用于实现"正规交易"策略和"职责分离"策略。

Clark-Wilson 模型规定了保证内部数据和操作的一致性的以下三条基本规则。

1）验证过程认证规则（C1 规则）：所有完整性验证过程（IVP）在运行过程中必须保证所有约束数据项（CDI）都处于有效状态。该规则保证了交易数据的真实性。

2）转换过程认证规则（C2 规则）：所有数据转换过程（TP）必须被认证是有效的。即假定某个 CDI 在最初状态是有效的，则所有 TP 都必须将该 CDI 转换到一个有效的最终状态。对于每个 TP 和每组该 TP 可以处理的 CDI，必须限定一个 TP 和 CDI 之间有效执行的关系。例如，$(TP_1,(CDI_1,CDI_2,CDI_3,\cdots))$，这里的 CDI_1, CDI_2, CDI_3, $\cdots$ 是被认证过的用于 TP_1 的一组参数。该规则保证了交易操作的真实性。

3）正规交易实施规则（E1 规则）：必须保证任何 CDI 只能由一个 TP 处理，并且必须按照 C2 规则限定的有效执行关系进行处理。该规则保证了交易操作的唯一性。

以上三条规则可以保证"正规交易"的内部数据的一致性。但是，为了进一步保证"职责分离"的外部操作的一致性，Clark-Wilson 模型还规定了以下 6 条控制规则。

1）职责分离实施规则（E2 规则）：系统必须维护一个具有 $(UserID, TP_1, (CDI_1, CDI_2, \cdots))$ 形式的关系列表，它关联了交易参与方、数据转换过程和转换过程处理的约束数据项。系统必须保证所有的执行都是在该关系列表中定义的。该规则限定了不同交易环节（TP）中不同的参与方身份（UserID），确保多个参与方参与一个交易。

2）职责分离认证规则（C3 规则）：E2 规则中定义的关系列表必须被认证是满足"职责分离"安全策略的需求，即在一个完整的交易中应该由参与方参与。

3）真实性验证实施规则（E3 规则）：系统必须验证执行 TP 的每个用户的真实身份。

4）转换日志认证规则（C4 规则）：所有 TP 必须被认证"写"到一个"只附加"的 CDI（如交易日志）中，所有交易的操作过程都必须可以重构。该规则保证了操作证据的真实性。

5）输入数据认证规则（C5 规则）：将某个非约束数据项（UDI）作为一个输入值的某个 TP，必须被认证只执行有效的转换，否则，对该 UDI 值不做任何转换。转换必须将输入的 UDI 转换为 CDI，否则，就拒绝该 UDI。该规则保证了输入数据的真实性。

6）认证代理实施规则（E4 规则）：只有被允许的认证代理才能修改该代理与 TP 和 CDI 的关联列表，特别是与 TP 关联的列表。认证的代理没有权限执行这些 TP。该规则限定了交易规则制定方可以修改交易规则，但不能执行交易。

Clark-Wilson 模型规定的 5 条 C 类规则限定了实现交易访问控制策略所必需的身份或数据真实性验证，而 4 条 E 类规则限定了具体实施的身份访问控制和相应的数据访问控制。由此可以看出，身份或数据真实性验证与访问控制密切关联；同时也可以看出，如果要将安全控制策略内置到应用中，则必须与应用过程密切关联，但这是一项十分烦琐而又复杂的工作。由此可知，虽然信息通信技术领域一直在倡导"内置安全能力"，但真正要实现这个目标，特别是在网络应用中内置安全能力，却是一项艰巨而长期的工作。

4.1.7 基于角色的访问控制模型

在 20 世纪 90 年代以前，计算机安全领域普遍采用美国国防部 1983 年颁布的《可信计算机系统评价准则》（TCSEC）中定义的两个重要的访问控制模型：DAC 模型和 MAC 模型。D. Clark 和 D. Wilson 于 1987 年首先发表了有关军用安全策略与商用安全策略的不同论文，并提出了一个用于商用安全策略的访问控制模型：Clark-Wilson 模型，用于在信息处理系统中实现"正规交易"和"职责分离"的交易访问控制策略。但是，该模型并没有满足所有信息处理系统中的访问控制的应用需求，这是因为信息处理系统的处理过程并不都是交易过程。

美国国家标准与技术研究所（NIST）在 1992 年的一项适合于商用和政府的安全技术项目研究中发现：当时市场上已有的安全产品基本上是按照 TCSEC 规范设计的，但并不适用于企业和政府文职机构的访问控制需求。因为企业和政府文职机构的职员仅仅使用机构的数据资源，并不拥有这些数据资源的所有权。这些数据资源的所有权属于企业或政府机构。按照 DAC 模型，创建这些数据资源的职员拥有这些数据资源的所有权并可以赋予其他职员，这样的规定不符合实际应用需求。而传统的 MAC 模型只强调对数据的保密，这种安全控制要求也是不够的。应该根据不同的应用需求、不同的利益冲突区域以及不同的工作岗位设置，对这些数据资源的不同访问权限进行设置，进行更加合理的访问控制。

为了解决以上问题，在 NIST 工作的 D. Ferraiolo 和 D. Kuhn 在总结当时提出的各类面向应用的访问控制模型的基础上，于 1992 年提出了一种通用的、基于角色的访问控制模型（RBAC）。RBAC 的基本原理十分简单：按照用户在某个机构中的"角色"控制其对计算机系统中资源的访问。作为一个通用的访问控制模型，RBAC 需要完整地定义"用户""角色"和"访问权限"之间的关系，在此基础上才能实现访问控制策略。

1. 基本 RBAC 模型

基本 RBAC 模型中包括三条基本的规则：交易授权规则、角色授权规则和角色指派规则。这三条规则限定了用户与角色、角色与交易之间的关系，综合这些限定关系便可构成一个完整的基于角色的访问控制模型。

- **交易授权规则**要求某个角色只有被某个交易授权之后，该角色才能执行该交易。这里"交易"表示对计算机系统中某类数据资源的操作。交易授权规则是 RBAC 中的核心内容，所有 RBAC 中的访问权限都是通过"交易授权"赋予"角色"，只有当用户获得了这些角色的授权后，才能具有这些角色对应的访问权限，执行指定的交易。在 RBAC 中，"角色"成为控制"主体"访问"客体"的唯一纽带。

- **角色授权规则**要求在获得某个角色授权之后，用户才能按照该角色的交易授权执行相应的"交易"。角色授权规则通过角色设置了用户的访问控制权限，它是"角色指派规则"的基础。

- **角色指派规则**要求用户（在访问控制模型中也称为"主体"）在被指派一个授权的角色之后才能执行该角色授权的交易。在角色指派过程中，涉及用户与角色标识关联以及用户真实性验证过程，这些过程不属于"交易"。一旦被指派某个角色之后，用户就可以使用该角色执行授权的交易。用户在执行交易时使用的角色称为"活跃角色"。按照前面讨论的 RBAC 规则，"活跃角色"一定是"授权角色"。

RBAC 模型的访问控制流程如图 4-2 所示，对于某个机构的信息管理系统而言，"交易"就是信息管理系统中可以完成某种信息处理功能的数据操作的集合，"角色"对于这类信息管理系统的外部参与方，可能是不同部门或同一个部门不同岗位的"用户"，也可能是不同部门的管理员或整个系统的管理员。RBAC 在设计和实现某个信息管理系统的访问控制机制时，首先需要根据应用需求，把不同的"交易"授权给不同的"角色"；然后根据该机构工作人员当前所在的部门和岗位，将不同的"角色"授权给不同的作为信息管理系统"用户"的工作人员；各个部门的负责人可以根据工作需求，给本部门的信息管理系统的"用户"指派不同的角色。这样，这些作为"用户"的工作人员，就可以执行指派角色被授权的"交易"。由此可以看出，RBAC 模型是一类十分灵活的、面向应用的访问控制模型。

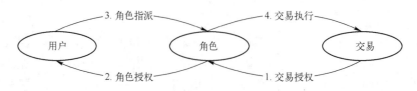

图 4-2　RBAC 模型的访问控制流程示意图

RBAC 模型中的角色成为整个访问控制模型的核心。在一般的企业和政府机构中，角色对应"工作岗位"，一旦企业或政府机构的组织结构确定，则不会轻易更改，工作岗位及其功能也不会随意改变。而工作岗位上的工作人员时常会流动。采用 RBAC 模型，只需要完整而准确地设计角色和交易之间的授权关系，就可以较为完整准确地根据应用需求进行访问控制。如果有工作人员变动，只需要进行工作人员角色指派和角色授权的更改，不需要涉及对某些数据资源访问权限的重新评估，这样的更改完全可以由机构的"人力资源部门"完成，而不再需要"信息资源部门"介入。从这个角度看，RBAC 也是严格地执行了"职能分离"原则的安全模型。

2．基本 RBAC 模型的形式化描述

以上介绍了基本 RBAC 模型主要涉及的关键原则和思想，完整的 RBAC 模型还是需要采用形式化方法来描述。以下是 D. Ferraiolo 和 D. Kuhn 提出的基本 RBAC 模型的形式化描述。在形式化模型中，"主体"就对应于前面介绍的 RBAC 中的"用户"。

对于每个主体，活跃角色是主体当前正在使用的一个角色，假定 subject 表示一个主体集合，s 表示某个主体，r 表示某个角色，role 表示某个角色集合，则活跃角色的集合 AR 可以表示为如下形式：

$$AR(s: \text{subject}) = \{主体 s 正在使用的角色\}$$

每个主体可以被授权一个或者多个角色，授权角色集合 RA 可以表示为

$$RA(s: \text{subject}) = \{授权给主体 s 的角色\}$$

每个角色可以被授权执行一个或者多个交易，授权交易集合 TA 可以表示为

$$TA(r: \text{role}) = \{授权给角色 r 的交易\}$$

假定 tran 表示某个交易的集合，当且仅当主体 s 能够执行交易 t，谓词 exec(s: subject, t: tran)为真，否则为假。这样，基本 RBAC 模型的三条规则可以形式化表示如下。

1）**交易授权规则**：仅当某个交易 t 被授权给某个主体 s 的活跃角色，s 才能执行 t。即如果 exec(s,t)为真，则 t 一定属于主体 s 某个活跃角色对应的授权交易集合。其形式化表示为

$$\forall s: \text{subject}, t: \text{tran} \cdot \text{exec}(s, t) \Rightarrow t \in \text{TA}(\text{AR}(s))$$

2）**角色授权规则**：主体 s 的活跃角色必须是被授权的角色，即主体 s 的活跃角色集合必须包含在该主体的授权角色集合内，其形式化规则表示如下。

$$\forall s: \text{subject} \cdot AR(s) \subseteq RA(s)$$

3）**角色指派规则**：仅当某个主体 s 能执行某个交易 t，即如果 exec(s, t)为真，则该主体一定被指派了某个活跃角色，即 $AR(s)$集合不为空。其形式化规则表示如下：

$$\forall s: \text{subject}, t: \text{tran} \cdot \text{exec}(s, t) \Rightarrow AR(s) \neq \varnothing$$

以上这种形式化描述为进行分析和实现 RBAC 提供了一定的基础。

3．RBAC 模型的分析

基于角色的访问控制模型为定义复杂的访问控制策略提供了较好的结构，因为所有的访问控制策略都是通过"角色"表现的，而 RBAC 可以支持角色的层次结构，这样，在 RBAC 中就可以采用"继承"的方式方便地使用较低层次角色的权限。

例如，对于某个网络服务器的系统访问权限，它首先需要提供给该计算机系统管理员，同时，它也需要提供给网络系统管理员和安装在该服务器上的数据库的系统管理员。如果这些管理员都是由一个人担当，则没有什么问题。但如果这些管理员由不同的人员担当，就会出现管理权限设置比较困难的问题，因为这些管理员既有相同的访问权限，又有不同的访问权限。例如，这些管理员都具有对网络服务器的访问权限，但是，只有网络管理员才具有对其他网络设备的访问权限，只有数据库管理员才具有对数据库的访问权限。这时，采用层次角色模型可以较为方便地解决这个问题。

如图 4-3 所示，假定系统管理员角色只能访问服务器，则系统管理员角色的层次最低；网络管理员角色不仅可以访问服务器，还可以访问网络设备；数据库管理员不仅可以访问服务器，还可以访问数据库。这样，只需要将访问服务器的交易授权给系统管理员，网络管理员和数据库管理员只需要继承系统管理员角色（角色授权），就可以获得对服务器的访问权限。

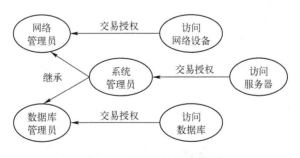

图 4-3　RBAC 的层次模型

熟悉 UNIX 操作系统的读者知道，在 UNIX 中有基于组的访问权限控制。这种访问权限控制看起来与 RBAC 模型有些相似，但是，这两者存在两个本质的区别：其一，这种基于组的访问权限控制只是对用户访问权限控制的一种补充，用户还是可以在组之外单独获得访问控制权限（见图 4-4）。这样，就存在访问控制的隐患，如果只是从某个组中删除某个用户，该用户还是可以独自获得相应的访问权限。其二，这种基于组的访问控制模型没有层次结构，即无法继承某个组的访问权限。

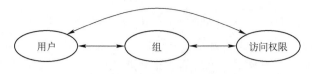

图 4-4　组访问控制模型

D. Ferraiolo 和 D. Kuhn 已经在 1992 年给出分析结果，认为 Clark-Wilson 模型仅仅是 RBAC 模型中的一个特例，即 RBAC 满足商用安全策略的需求，可以应用于一般企业和政府机构的安全访问控制。另外，从 RBAC 模型的定义看，它主要是限定了主体和客体之间通过角色的访问控制关系，并没有具体限定主体对客体的访问规则，所以，RBAC 也可以设置满足 DAC 和 MAC 模型需求的访问控制规则，即它也可以满足军用安全策略的需求。NIST 已经对 RBAC 制定了相应的标准。

4.2　网络防火墙

网络环境下的安全问题比单个计算机系统的安全问题更加严重，主要是因为以下几个原因。

① 在网络环境下，除了登录到计算机系统之外，还存在多种进入计算机系统的方式。例如，电子邮件传递、访问文件服务器以及访问万维网服务器等。现在互联网上泛滥的网络攻击，很多都是通过电子邮件和万维网访问进入计算机系统的，而不是传统的通过登录用户账户进入的。

② 在网络环境下，特别是与公共网络连接的网络环境下，存在无数可能的攻击点。在现在的互联网环境下，一台计算机系统面临的最为可怕的攻击是成千上万台计算机发起的分布式拒绝服务攻击。

③ 在网络环境下，存在着计算机系统之间的信任传递的问题。即使单个计算机系统是安全的，也难以保证通过网络互连的其他计算机系统都是安全的。因为网络中的用户都是通过各自的计算机系统与对方交互，但用户之间彼此信任，无法保证对方使用的计算机系统也是可以信任的。现在互联网上很多恶意代码都是通过自己信任的电子邮件账户传递过来的，这是因为目前的网络安全系统或者计算机安全系统还无法完全控制代表真实的用户进行应用处理的客户端软件（如电子邮件客户端软件）的行为。

自从 1988 年年末在互联网上爆发了"莫里斯蠕虫"事件之后，网络研究者就开始认真考虑互联网上的安全控制问题，特别是如何将公共互联网与各个机构专用的企业网进行安全隔离的问题。在 1990 年前后就出现了安全隔离公共互联网与专用企业网的访问控制设备，形象地称为互联网防火墙。网络防火墙本质上是访问控制模型和机制在网络安全系统中的具体应用。

4.2.1　网络防火墙基本概念

从理论上定义，防火墙是限制数据在网络之间自由传递的控制系统，它是网络安全系统中的一种访问控制系统。在实际应用中，防火墙是限制数据在企业内部网络、企业外部网络以及公共互联网之间自由传递的安全控制系统。如果使用得当，防火墙可以显著提高网络系统以及网络系统内计算机系统的安全性。防火墙具有以下特征：

① 所有从外部网到内部网，或者从内部网到外部网的数据流必须经过防火墙。

② 根据本地安全策略定义，只有被授权的数据流才能通过防火墙。

③ 防火墙具有抵御网络攻击的能力。

在互联网环境下，防火墙一般部署在公共互联网与企业网之间，而企业网中还可以进一步将防火墙部署在企业外部网和企业内部网之间。企业外部网主要提供外部访问万维网服务器或者其他文件服务器，而企业内部网则主要用于企业内部的信息处理。如图4-5所示，这里被防火墙保护的企业外部网也称为网络系统中的"非军事区（DMZ）"。

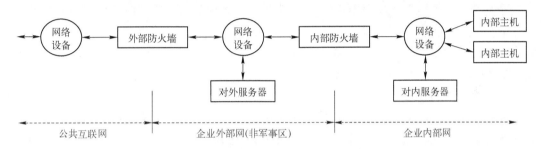

图 4-5　防火墙应用的典型结构

这里部署的外部防火墙和内部防火墙的功能不同，如果将防火墙作为访问控制设备，则这两个防火墙进行访问控制的策略截然不同。外部防火墙需要过滤恶意网络报文，并且只允许电子邮件和万维网访问的应用报文通过；而内部防火墙不仅限制只有电子邮件和万维网访问的应用报文通过，而且还限制只具有访问公共互联网权限的内部用户的应用报文通过，或者只有在内部网注册的外部用户的应用报文通过。

防火墙也可以部署在内部网的不同部门网络之间，用于不同部门之间的安全访问控制。这时的防火墙完全可以作为一种网络之间的访问控制设备。但是，由于一般的机构内部缺乏严格的安全管理机制，而且机构内部各个部门之间的功能设置时常发生变化，各个部门网络之间的严格安全控制将会导致企业网过于复杂、缺乏一定的灵活性，而且会导致网络性能下降、成本提高。所以，实际应用中这种防火墙的部署较少。但是，对于安全控制级别要求较高的机构，例如军事机构、金融机构等，通常采用网络安全"纵深防御"体系，即需要在同一个机构的上下级部门以及同级部门之间部署网络防火墙。

防火墙一般根据互联网功能分层结构分成两种类型：网络层防火墙和应用层防火墙，如图 4-6 所示。网络层防火墙也称为"分组过滤器"，它是通过路由器对分组报头的识别，过滤不符合安全策略的分组，实现对进入或者离开企业网的分组进行访问控制。网络层防火墙也称为"基于路由器的防火墙"。

应用层防火墙也称为"应用网关"，它强制性地在公共互联网与企业网之间中断应用连接，根据安全策略检查这些应用连接，如果这些应用连接符合安全策略的要求，然后再转发应用连接。应用层防火墙也称为"基于网关的防火墙"或者"基于主机的防火墙"。

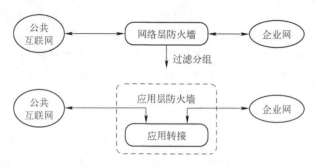

图 4-6　两类防火墙的原理图

防火墙的一个重要特征是自身具有很强的抵御网络攻击的能力。无论是路由器，还是网关，都是一类计算机系统，自身都会面临网络攻击。因为大部分软件都存在错误，而这些错误在网络环境下可能会成为安全漏洞。所以，从安全角度看，作为防火墙的路由器或者网关都应该尽量运行简单的、易于控制的程序，关闭不需要的服务。例如，路由器或者网关上的远程登录服务。

通常，应用层防火墙是一个在某个主机上运行的软件系统，这个运行防火墙软件的主机将直接面对公共互联网，所以，应用层防火墙也称为"堡垒主机"。为了使"堡垒主机"真正成为外部网络攻击无法攻破的"堡垒"，它所运行的操作系统和应用软件都是经过严格筛选和简化的系统与软件。它不需要运行网络文件系统、网络数据库系统等复杂的网络应用系统，也不需要运行编辑、编译和链接程序，只需要启动一个基本的操作系统和一些安全控制软件。所以，"堡垒主机"比一般主机系统更加安全。

4.2.2　网络层防火墙

网络层防火墙通常称为"分组过滤器"，它能够在网络层转发分组过程中，根据安全策略对分组进行过滤。这种防火墙主要在路由器中实现。现在互联网上的路由器都会提供一种基于访问控制列表（ACL）的访问控制功能，这种功能就是"分组过滤器"功能。

分组过滤器主要根据 ACL 对分组报头的源 IP 地址、目的 IP 地址、源端口号、目的端口号以及协议类型等字段取值的限制，决定是转发某个分组，还是丢弃某个分组。

通过禁止某类源 IP 地址或者某类目的 IP 地址，分组过滤器可以限制来自公共互联网的某些子网访问企业网，或者限制企业网内的某些子网访问公共互联网；通过允许某类源 IP 地址或者某类目的 IP 地址，分组过滤器可以允许某些来自公共互联网的子网访问企业网，或者允许某些企业网内的子网访问公共互联网。例如，可以通过禁止某个 IP 子网地址发送来的分组，屏蔽某个已经感染上蠕虫病毒的子网发送过来的分组。

通过禁止某类源端口号或者某类目的端口号，分组过滤器可以限制来自公共互联网的某类服务请求，或者限制企业网对公共互联网的某些服务请求，例如文件传递服务请求。通过允许某类源端口号或者某类目的端口号，分组过滤器可以允许来自公共互联网的某类服务请求，或者允许企业网使用公共互联网的某些服务请求，例如电子邮件服务请求。

防火墙的安全控制能力完全是通过安全配置实现的，配置防火墙是一项较为复杂的工作。配置分组过滤器更是一项技术要求较高的工作，特别是试图通过分组过滤器对网络服务进行安全控制时，必须熟悉某类网络服务与端口号的对应关系。

防火墙配置的另一个困难之处在于：要保证防火墙的配置没有逻辑漏洞。例如，在配置分组过滤器的过程中，不可能考虑到所有来自公共互联网的 IP 地址，这时需要考虑没有在 ACL 中配置的项目采用何种控制方式，即对没有在 ACL 中明确规定的分组应该采用何种默认的控制策略，是默认"禁止"，还是默认"允许"。这种默认值的设定完全根据网络安全控制的需求确定。

例如，在如图 4-5 所示的典型企业网防火墙部署结构中，对于公共互联网与企业外部网之间的分组过滤器，它的安全控制要求较低，原则上对所有公共互联网上的站点都开放。但是，网络管理员一旦发现公共互联网上某个子网正在向企业对外服务器发起"拒绝服务"攻击，则可以禁止该子网所对应的源 IP 地址的分组访问企业外部网。该分组过滤器上 ACL 的默认设置是"允许"。而对于企业外部网与企业内部网之间的分组过滤器，由于其安全控制要求较高，规定只有明确指定的站点才能进入企业内部网。这样，该分组过滤器上的 ACL 的默认设置就是"禁止"。

S. Bellovin 和 W. Cheswick 建议采用以下三个步骤来配置分组过滤器：第一步，需要了解被保护网络的安全策略，即需要知道什么应该被"允许"，什么应该被"禁止"，并且还需要明确对于大部分情况是"允许"还是"禁止"。第二步，需要根据网络安全策略，寻找对应的可控制的分组报头字段，并且需要明确罗列具体的安全控制规则。例如，对于限定的网络站点，就需要寻找相应的 IP 地址；对于限定的网络服务，就需要寻找相应的端口号。第三步，按照分组过滤器中 ACL 要求的格式，配置具体罗列的安全控制规则。以下给出了一个典型的配置实例，该实例中采用了假设的 IP 地址，而且仅仅描述一个通用的 ACL 形式。

这里假定设置的分组过滤器是图 4-5 中公共互联网与企业外部网之间的网络层防火墙，其安全策略是只允许公共互联网访问企业外部网中的邮件服务器，但是，不允许 spam.com 域名对应的子网中的站点访问该邮件服务器，因为该子网中存在向邮件服务器发送恶意邮件的站点。经过查找有关资料可知，邮件服务对应的简单邮件传送协议（SMTP）使用的端口号为 25，企业外部网邮件服务器地址为 10.10.10.36，spam.com 域名对应的子网地址为 10.10.160.0。这样，可以设计一个访问内部邮件服务器的访问控制列表（见表 4-5）。这里的"*"是通配符，表示可取任何值。

表 4-5 访问内部邮件服务器的访问控制列表

动 作	源 IP 地址	源端口号	目的 IP 地址	目的端口号	说 明
禁止	10.10.160.0	*	*	*	禁止 spam.com 访问
允许	*	*	10.10.10.36	25	允许访问邮件服务器
禁止	*	*	*	*	默认规则

网络层防火墙的优点是：成本较低，容易在企业网的边界和内部大范围部署，这是因为大部分路由器都提供网络层防火墙功能，可以在企业网内部子网设计和划分中同时考虑网络层防火墙的部署。

网络层防火墙的主要缺点是：首先，配置较为复杂，需要较为系统的网络知识；其次，分组过滤器对网络服务的控制能力较弱，设计对网络服务的控制也比较复杂，对于端口号不固定的网络服务没有任何控制能力；最后，由于 TCP/IP 中缺乏严格的真实性验证机制，网络攻击者可以假冒 IP 地址和端口号，攻破网络层防火墙。所以，一般在防火墙系统中还需要部署应用层防火墙。

4.2.3　应用层防火墙

应用层防火墙又称为"应用网关"，它是采用"应用网关"模型实现的一类安全访问控制系统。应用网关是一种从应用层协议互连两个异构网络系统的系统，应用网关在应用层完成两个异构网络协议的协议转换和映射。而应用层防火墙是在两个同构网络之间为实现安全控制而设置的一个"网关"，可以实现不同安全域的网络应用协议的访问控制和转接。

由于应用层防火墙主要是拦截网络之间的应用访问请求，根据访问控制规则转发网络之间的应用访问请求，所以，应用层防火墙具有应用代理服务器的功能，即在符合访问控制规则的前提下，代理一个网络中的客户端请求另一个网络中的服务。

作为代理服务器的应用层防火墙可以进一步分解成为仅仅转接 TCP 的"连接代理"，以及转接应用协议的"应用代理"。实际上"连接代理"防火墙还是要根据 TCP 端口对应的应用协议进行访问控制，单纯根据某个连接难以进行明确的访问控制。

应用层防火墙的原理如图 4-7 所示，公共互联网上的应用客户端软件试图通过 HTTP 访问企业内部网的 WWW 服务器，则该请求首先到达应用层防火墙。对于安全控制机制较弱的防火墙，则仅仅识别 HTTP/FTP 等几个对外开放的应用协议，如果该请求属于这些应用协议，则防火墙代理客户端向服务器发出服务请求。对于安全控制机制较强的防火墙，则接收到客户端服务请求之后，还会要求客户端输入用户名和登录口令，在验证客户端身份之后，才能代理客户端向服务器请求指定的 HTTP/FTP 服务。应用层防火墙可以采用真实性验证服务器进行真实性验证，并且可以做到一次真实性验证、多次访问。

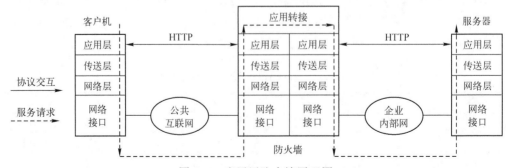

图 4-7　应用层防火墙原理图

对于应用层防火墙，通常还可以根据其网络接口的数目，划分为单归宿防火墙（1 个网络接口）、双归宿防火墙（2 个网络接口）以及三归宿防火墙（3 个网络接口）。图 4-7 描述的是一个双归宿防火墙结构，而在图 4-5 中包括一个"非军事区"网络的防火墙部署结构，可以将两个双归宿防火墙合并为一个三归宿防火墙，其中一个网络接口连接的就是提供公共网络服务的"非军事区"网络。

应用层防火墙的优点是：具有配套的真实性验证机制，针对具体的网络应用和网络服务进行安全控制，具有较强的访问控制能力。因为应用层防火墙是针对某类具体应用而重新编制的具有应用连接转发功能的访问控制软件，这种访问控制软件可以同时设置真实性验证功能，使之真正成为一种与真实性验证机制结合的完整访问控制机制，所以安全控制能力较强。由于这种应用层防火墙软件采用专门设计的应用软件，仅仅设置了最基本的功能，软件漏洞较少，被攻破的可能性也较低。另外，应用层防火墙可以在具体网络应用软件中增加防范过滤应用层服务请求的功能。例如，在应用层防火墙中可以增加过滤电子邮件病毒的功能。

应用层防火墙的主要缺点是：需要为某种应用对应的协议设计专门的应用层防火墙软件，例如需要设计专门针对 HTTP 的防火墙软件，用于提供对万维网服务器的安全访问；需要专门设计针对 SMTP 的防火墙软件，用于提供对邮件服务器的安全访问。这样，对于新出现的网络应用就造成了较大的障碍，有些新出现的网络应用就无法穿越应用层防火墙，例如 IP 电话应用就无法穿越传统的应用层防火墙。

4.2.4　下一代防火墙

为了保护网络不受当前和未来可能出现的网络威胁，则需要扩展防火墙的流量强检测能力、简单管理能力以及高效可访问能力。为了克服第一代防火墙的不足，下一代防火墙需要具有以下特性：提升现有防火墙能力，集成入侵防范能力，集成深度分组检测，基于应用感知，支持联机配置。

防火墙就是一类基于某种访问控制策略的网络访问控制系统，通常可以实现为某类基于一组预定访问控制规则监测和控制网络流量的安全装置。由于现有的网络防火墙只能通过预定的访问控制规则来实现网络防火墙对网络流量的静态控制，这样就无法防范僵尸网和靶向攻击。这是因为僵尸网攻击是通过在网络上捕获的大量具有安全漏洞的联网装置或联网计算机，在同一时刻对某个网络服务进行访问而造成该网络服务终止的攻击，这类攻击属于一类拒绝服务攻击。僵尸网攻击必须依靠对瞬间到达防火墙的大量 IP 分组进行分组的关联性监测和分析才能发现。

下一代防火墙必须增加分组深度检测功能，设置基于分组报头以及分组内容的更加细化的访问控制机制，具备管理网络应用类安全威胁和数据驱动类安全威胁的能力，特别是具有识别和检测分布式拒绝服务攻击和万维网应用攻击的能力，并且能够集成更加智能的网络攻击检测和网络攻击预防的功能。

4.3 思考与练习

1. 概念题

（1）什么是访问控制策略？什么是访问控制机制？什么是访问控制模型？它们三者之间存在什么关系？

（2）什么是访问控制的主体？什么是访问控制的客体？

（3）托管监控器具有哪三点基本要求？是否可以省略其中的一项安全特性要求？为什么？

（4）什么是 DAC 控制策略？什么是 MAC 控制策略？这些控制策略主要应用于哪些安全应用环境？

（5）Bell-Lapadula 模型主要支持什么类型的访问控制策略？为什么说 Bell-Lapadula 模型中的星状特征规则是必不可少的？

（6）商用安全策略与军用安全策略有何本质区别？Clark-Wilson 模型是如何实现商用安全策略的？

（7）RBAC 模型的基本原理是什么？它与文件控制系统中的组访问控制模型有何区别？

（8）网络防火墙必须具备哪些基本特征？目前，网络防火墙可以分成哪几种类型？这几类网络防火墙各自具有哪些优点和不足？

2. 应用题

（1）假设某网络系统限定用户 A1 可以"读/写"访问目录 D1、D2 和 D3 中的文件，用户 A2 可以"读/写"访问目录 D2 和 D3 中的文件，用户 A3 可以"读/写"访问目录 D3 中的文件。

1）采用 DAC 策略实现以上访问控制，并说明实现过程。

2）采用 MAC 策略实现以上访问控制，并说明实现过程。

3）如果 A3 在 A2 中驻留了"特洛伊木马"软件，A3 是否可以看到 D2 目录中的文件？为什么？

（2）如果需要设置一个分组过滤器，作为公共互联网与企业外部网之间的网络层防火墙。其安全策略①：只允许公共互联网访问企业外部网中的 WWW 服务器（210.110.10.1）和邮件服务器（210.110.10.3）。安全策略②：不允许 attacker.com 域名的子网（220.10.160.0）中的站点访问该 WWW 服务（端口号为 80），不允许 spam.com 域名的子网（230.101.130.0）访问该电子邮件服务（端口号为 25）。需要解决以下问题：

1）请设计该分组过滤器的访问控制列表，并说明各项含义。

2）如果发现公共互联网的一个网站（240.10.12.1）是恶意网站，应如何更新网络层防火墙的配置，保护企业外部网的 WWW 服务器和邮件服务器？

第5章　网络攻击与防御

网络攻击与防御技术属于网络安全的核心技术之一。网络安全防御由网络攻击预防、检测、补救三个环节构成，其中网络攻击预防技术包括在联网主机、网络本身以及网络应用中增加真实性验证，在主机和网络边界设置访问控制和防火墙等功能。这些都是前面几章介绍的网络安全核心技术的具体应用。

网络攻击检测是通过采集和分析联网主机、网络以及网络应用的行为数据，识别和判断已经发生或者可能发生的网络攻击的功能，网络攻击检测属于网络攻击防御的核心技术。

网络攻击补救是对被感染的主机进行杀毒或重新安装操作系统，通过网络来阻隔或围堵已经发现的网络攻击，减缓或消除网络攻击造成的危害和损失。

本章将讨论网络攻击与防御的基本概念和原理，包括网络攻击、网络攻击检测、网络恶意代码与防御、僵尸网与防御的概念和原理。

本章要求掌握网络攻击的分类和特征；掌握基于行为特征和基于行为异常的网络攻击检测的分类和基本原理，掌握常用的网络攻击检测方法的原理；掌握网络恶意代码与防御、僵尸网与防御的概念和原理。

5.1　网络攻击概述

网络防御的本质在于网络及其应用系统内置真实性验证、访问控制、攻击检测的功能，由于真实性验证、访问控制、攻击检测这三个英文短语的第一个字母都是 A，所以，这三类基本网络安全功能简称为 AAA 网络安全功能。

内置 AAA 网络安全功能要求：在具有独立对外提供服务的网络功能实体中，必须具有验证使用这些服务的实体和提供这些服务实体的身份真实性的功能、控制使用这些服务的实体和提供这些服务的实体的访问权限的功能，以及对于使用这些服务的实体和提供这些服务实体的行为进行审计并提取出具有攻击嫌疑行为的功能。

对于不具有内置 AAA 网络安全功能的网络及其应用而言，网络防御技术主要侧重于网络攻击预防、网络攻击检测、网络攻击补救这三个环节，而这属于狭义的网络防御技术。本章主要是讨论狭义的网络防御技术，在狭义的网络防御技术中，网络攻击检测是整个网络防御体系的核心，并且需要针对不同类型的网络攻击，设置不同的网络攻击检测技术。

网络攻击通常也称为网络入侵，表示对网络系统以及连接在网络系统中的计算机系统的一种非授权的侵入行为。其目的是获取网络系统中的保密数据、非授权使用网络资源以及在网络系统连接的计算机上安装恶意软件。这种侧重于系统侵入的网络攻击方式是传统的"系统渗透式"网络攻击方式。而现在的网络攻击已经不再局限于直接对网络或计算机系统的渗透，而是通过对网络及其连接的计算机系统的间接渗透方式来窃取数据、破坏网络或其应用系统的功能或服务。

"拒绝服务"就是一种恶意使用被攻击系统的资源，而且没有直接侵入到被攻击系统内部的网络攻击行为。在"拒绝服务"攻击下，网络或其应用系统无法提供正常的服务。所以，将危害网络系统及其连接的计算机系统的安全性的行为统称为"网络攻击"。

安全性包括保密性、完整性和可用性，传统的直接"网络侵入"攻击破坏了网络及其应用系统的保密性和完整性，现在的"拒绝服务"攻击破坏了网络系统的"可用性"。这样，"网络侵入"和"拒绝服务"攻击可以统称为"网络攻击"。

网络恶意代码是所有真正对网络安全造成威胁的网络攻击的元凶，它是有效实施网络侵入，以及建立和扩展僵尸网并发起分布式拒绝服务攻击的主要攻击载体。不断出现的新型网络恶意代码是网络攻击得以实现的基本保证，检测和阻隔网络恶意代码是检测网络攻击、确保网络安全的有效手段。

5.1.1　网络攻击的历史和现状

表 5-1 中列出了 20 世纪 80 年代初至今计算机和网络系统所受攻击的发展历史。可以看出，在 20 世纪 80 年代初，主要是针对计算机系统的攻击，这时的恶意代码是指通过软盘等存储介质传播的计算机病毒。20 世纪 80 年代中后期，网络攻击开始大规模发展，特别是 1988 年在互联网上爆发的"莫里斯蠕虫"攻击，使得人们开始重视网络攻击对互联网的危害。

表 5-1　早期计算机和网络攻击一览表

年　　代	对计算机和网络系统的攻击
1980 至 1985	口令猜测、自我复制恶意代码、口令破解
1985 至 1990	探测已知缺陷、关闭日志、网络蠕虫、恶意侵入、后门攻击
1990 至 1995	虚假分组、劫持会话、自动探测扫描、报文嗅探、GUI 入侵工具
1995 至 2000	大规模的拒绝服务攻击、对浏览器的恶意代码攻击、先进扫描技术、基于 Windows 的远地可控特洛伊木马代码、电子邮件传播恶意代码、大规模传播特洛伊木马代码、分布攻击工具
2000 至 2004	分布式拒绝服务攻击、大量变种网络蠕虫、基于电子邮件传播的恶意代码、防取证技术、复杂的攻击控制技术和工具
2005 至 2018	僵尸网攻击、内核恶意代码、隐形恶意代码、高级持续威胁攻击、高级网络攻击工具

到了 20 世纪 90 年代，虽然人们已经开始关注网络安全，但是，随着万维网应用的普及，互联网规模急剧膨胀，最初面向教育和科研的互联网已经逐步发展成为人类社会的信息基础设施。此时，网络安全技术的发展已经无法适应网络技术的发展，网络系统的安全漏洞开始显露，网络攻击也开始随公共互联网人数的增加而同

步增加。虚假分组攻击、自动扫描、报文嗅探、大规模拒绝服务攻击、电子邮件病毒和特洛伊木马等恶意代码在公共互联网上大量泛滥，各种网络攻击工具可以随意在网络上获得，使得具备较少网络安全知识的互联网用户也可以利用网络攻击工具发起攻击。

进入 21 世纪后，网络攻击愈演愈烈，分布式拒绝服务攻击和大量变种的网络蠕虫使得网络安全形势更加严峻。现在的网络攻击可以在数秒钟之内发起大范围的网络攻击，而且可以隐藏攻击者的行踪，使得网络安全管理员无法取证。而僵尸网的攻击、隐形恶意代码的攻击以及高级持续威胁攻击，也使得网络攻击呈现更加隐蔽、持续高发的安全势态，这使得网络安全防御的工作更加繁重复杂。

对网络攻击的预防、检测和补救这类网络安全防御技术已经成为网络安全研究中的主题。但是，这些研究尚没有取得理想的效果，这是因为随着互联网逐步成为人类社会的信息基础设施，网络攻击的目的和方法已经发生了根本的改变。最初，网络攻击者的动机只是为了证明自己能够攻入一个系统，通常这类的网络攻击称为网络"黑客"攻击。而现在网络攻击的动机已经逐步变成针对经济、政治或者军事目标，实现个人或团体的经济、政治或军事目的。网络攻击已经不再是证明个人专业能力的行为，而已经发展成为一种有组织的网络经济犯罪行为。网络攻击也不再是一类个人或民间行为，已经逐步成为国家之间力量抗衡的利器。

5.1.2 网络攻击分类

入侵就是一种渗透类型的攻击技术，而入侵检测就是为了检测网络环境下的渗透。入侵检测技术属于网络攻击检测技术中的一种。为了有效实施网络安全的防御，必须首先研究网络攻击的类型。目前，网络攻击可以分成：基于直接系统渗透的网络攻击、基于间接渗透的拒绝服务攻击以及高级持续威胁攻击。

1. 基于直接系统渗透的网络攻击

基于直接系统渗透的攻击是网络恶意代码在扫描并发现被攻击网络系统的漏洞之后，对网络系统进行的非授权的访问和操作。网络系统的漏洞包括技术漏洞（如缓存区溢出这类软件漏洞）和配置漏洞（如易于猜测的口令），而对网络或应用系统的非授权访问和操作包括窃取系统内部的数据、插入恶意代码、毁坏系统中的数据或程序以及中断网络系统的服务等。

为了防范渗透型网络攻击，必须设计较为坚固的网络体系结构、正确地实现这种网络体系结构、严密地配置这些网络系统防火墙等访问控制系统，以及严格地训练网络系统的用户。虽然在这方面已经开展了大量的研究和开发工作，但迄今为止，防范渗透型网络攻击的效果并不理想。这是因为目前许多连接到公共互联网上的计算机还在使用已知安全漏洞的软件、还没有启用计算机系统的防火墙等安全控制功能，或者还没有关闭不需要的访问路径。而目前的防火墙等安全控制功能过于复杂、使用文档却过于简单，使得大部分非专业用户无法使用这些安全控制功能。

一个机构为了防范对计算机系统渗透的攻击，通常采用两种措施：严格控制进出机构内部网的报文；严格控制机构内计算机系统的配置。严格控制进出机构内部网的报文，也就是在机构内部网与公共互联网的所有连接点设置安全控制系统。例如，网络安全防火墙、网络攻击检测系统等，用于阻隔与机构网络安全策略不一致的报文。严格控制机构内计算机系统的配置，也就是指机构内部的所有计算机配置必须统一管理，包括设置安全控制功能、更新有安全缺陷的软件等操作。

2. 基于间接渗透的拒绝服务攻击

基于拒绝服务的网络攻击是攻击者利用某些手段，在网络系统中造成大量无效的网络报文或者网络服务请求，使得网络设备或者网络服务器无法提供正常的服务。基于拒绝服务的网络攻击并没有直接渗透到被攻击的网络系统或者网络节点（如网络服务器）内部，而仅仅是产生大量的服务请求报文，阻止正常的网络服务。

拒绝服务（DoS）攻击并没有泄露被攻击的网络及其应用系统的信息，也没有在被攻击的网络及其应用系统中放置恶意代码。但是，拒绝服务攻击已经成为现代互联网上一种最为严重的网络攻击形式。这里主要有两个原因：遭到拒绝服务攻击的网络服务器是提供关键服务的网络服务器（如网络域名服务器），如果这些服务器无法工作，则整个网络或相应的应用将处于瘫痪状态。另外，拒绝服务攻击难以检测、难以防范。由于拒绝服务攻击的行为通常与正常网络访问的行为一样，只是其访问量与正常网络访问不同，因此用于检测渗透攻击的技术无法检测拒绝服务攻击。目前，可以通过检测异常网络连接请求（如检测异常多的不成功的 TCP 连接请求数）来识别和阻止这类拒绝服务攻击。

目前，在互联网上具有较大威胁的网络攻击是分布式拒绝服务（DDoS）攻击。DDoS攻击是一种结合渗透攻击的网络攻击方式，属于一类间接渗透的拒绝服务攻击。它分为两个阶段：第一个阶段是渗透阶段，尽量渗透到尽可能多的计算机系统，在被渗透的系统中设置恶意代码，使得计算机处于被网络攻击者控制的状态。这种被网络攻击者控制的计算机通常被称为"僵尸"，形象地表示该系统像僵尸一样，受到网络攻击者的支配。

DDoS 攻击的第二个阶段是攻击阶段，网络攻击者在同一时刻向所有已经被渗透的系统发出攻击指令，攻击某个目标系统，这些被渗透的"僵尸"在其真正的拥有者无法察觉的情况下，向攻击目标发出设定好的网络请求报文。这样，被攻击的网络服务器将忙于处理成千上万个请求报文。被攻击的网络及其应用的处理能力总是有限的，该网络及其应用将开始拒绝新的服务请求，从而处于无法提供服务的状态。

DDoS 攻击与大量正常服务访问的外部行为极其相似，现有的网络攻击检测方法和工具通常难以识别。由于 DDoS 攻击通常是基于僵尸网发起的攻击，现在通常是基于对僵尸恶意代码的检测和识别来检测和阻止 DDoS 的攻击。

3. 高级持续威胁攻击

高级持续威胁（APT）攻击是一类缓慢的、低速移动的、受某个命令和控制中心控制的、可以形成长期持续性网络威胁的攻击，其目的是渗透并长期潜伏在目标网络中，根据控制指令窃取或破坏目标数据甚至摧毁目标系统。

APT 攻击者采用相似的方法侵入目标网络，但他们采用的渗透目标网络的工具并不相似，通常是完全不同，以躲避网络入侵检测系统的检测。

因为这类威胁采用了高级渗透和侵入网络的工具，这才使得这些攻击者能够在渗透和侵入目标网络时不易被发现，从而持续潜伏在目标网络中。因为采用了高级工具，所以这类攻击只能缓慢、低速地扩展其在目标网络中的据点、获取有用信息、回传给它们的命令和控制中心。

APT 攻击的特征就是其名称中包括的三个关键词：高级、持续、威胁。其一，这是一类高级的网络攻击，采用了高级的攻击工具和攻击方法，使用了多重攻击媒介发起攻击，并且可以不断攻击。其二，这是一类有组织的持续攻击，采用了多重逃逸技术，并且采用了缓慢、低速侵入目标网络和扩展目标网络根据地的方案，以逃避目标网络中的入侵检测系统的检测，达到长期潜伏在目标网络的目的。其三，这是一类受控的、具有极高威胁的网络攻击，采用了类似于僵尸网的恶意代码控制模型，可以持续地将目标网络中的敏感数据回传到控制中心，并且有可能在窃取了所有的敏感数据之后，彻底摧毁存放敏感数据的目标系统。由此可见，APT 的破坏力巨大。

无论任何的攻击意图，APT 攻击都可以分成五个阶段：目标侦查、建立据点、侧向移动/潜伏、窃取/破坏、后窃取/后破坏。这种独立于 APT 攻击意图的攻击模型可以称为通用 APT 攻击模型。

阶段 1：目标侦查，该阶段标志着攻击的开始。攻击者收集目标环境的信息，例如，进行网络漏洞扫描以及报文跟踪等网络操作，准备并测试可能的攻击方案。

阶段 2：建立据点，该阶段表明攻击者已经成功侵入到目标主机或目标网络。攻击者利用收集到的目标环境的信息，选择合适的攻击方案。例如，利用目标环境中的万维网应用、数据库或其他软件中未被发现的漏洞，成功地侵入目标主机或目标主机所在的网络，并在目标网络中建立据点。

阶段 3：侧向移动/潜伏，该阶段攻击者将在目标网络内移动并寻找试图窃取的目标数据或者试图破坏的目标系统，如果已经找到则进入"潜伏"状态，等待控制中心的指令。攻击者利用在目标环境中建立的据点，试图获取访问的目标环境中其他敏感主机和关键信息的访问权限。在侧向移动阶段，攻击者还需要继续侦查和利用目标环境中的漏洞。

阶段 4：窃取/破坏，攻击者根据指令把获取的敏感数据发送到控制中心，或者根据指令破坏目标系统。由于通常的网络防火墙仅仅对进入网络的数据流进行监测，所以这样就更有利于攻击者窃取数据。

阶段 5：后窃取/后破坏，攻击者将按照命令控制中心的指令，持续地窃取目标网络中的敏感数据，直到收到控制中心的结束数据窃取、清除证据并退出目标网络的指令；或者持续破坏目标网络中的其他系统或功能，直到收到控制中心的停止行动、清除证据并退出目标网络的指令。

APT 攻击属于有组织、高层次的网络攻击，通常用于网络战或专业机构发起的网络攻击。必须利用所有可能的网络防御技术和手段，综合采用网络真实性验证、网络访问控制、网络行为异常检测、网络恶意代码检测和隔离技术，才能有效地防御 APT 攻击。

5.1.3 典型的网络攻击

D. Denning 在 1987 年列出了一些典型的网络攻击行为，并进一步分析了这些网络攻击通常表现出的异常网络行为。

1）试图闯入：如果某人不断重试某个系统中某个用户账户的口令，则说明他正在对该系统实施"试图闯入"的攻击。该攻击者的异常行为通常表现为：针对单个账户或者对于整个系统产生不正常的、很高的输入口令失败率。

2）假冒者或成功闯入：如果某人使用非授权账户和口令成功地闯入了某个系统，则说明他已经对该系统实施了"成功闯入"的攻击。该攻击者的异常行为可能表现为：与该账户的合法用户具有不同的登录时间、登录地点和连接类型；花费较多的时间用于浏览目录、执行系统状态监视命令，而合法用户通常将大部分时间用于编辑文件、编译和连接程序。

3）合法用户的渗透：如果某个系统的合法用户试图访问系统中未授权的文件或者程序，则他正在实施合法用户的"渗透性"攻击。该攻击者的异常行为可能表现为：执行多种违反访问控制权限的程序，或者触发操作系统对违反访问控制的保护机制。如果渗透成功，则他将访问或执行没有被授权的文件或命令。这类合法用户的渗透，既可能是内部人员的间谍行为，也可能是由于内部用户的联网主机感染了恶意代码而产生的行为。

4）特洛伊木马：如果一个程序非授权地安装到系统中，或者置换了系统中已有的程序，并且在适当的条件下执行非授权的操作，这就是"特洛伊木马"攻击。这种攻击的异常行为可能表现为：这类攻击程序与合法程序具有不同的 CPU 执行时间和输入/输出操作。

5）病毒：如果一个程序非授权地安装到系统中，或者置换了系统中已有的程序，并且能够在适当条件下自我繁殖和传播，执行妨碍系统正常运行的操作，这就是"病毒"攻击。这种攻击的异常行为可能表现为：增加可执行文件的重写频率，增大可执行文件占用的存储空间，执行一些可疑的、用于传播病毒的程序。

6）拒绝服务：如果某个用户长时间地、大量地使用某些资源，或者某个时刻有大量用户同时使用某些资源，使得其他用户很少甚至无法使用这些资源，这就是"拒绝服务"攻击。这类攻击的异常行为不明显，通常表现为通过大量的、相似的操作使用某些资源，而其他用户很少或无法使用这些资源。

从 20 世纪 90 年代开始，人们已经在真实性验证和访问控制方面对网络系统与计算机系统进行了加固，开发了多种层次、多种形式的网络安全防火墙产品。但是，由于公共互联网用户群体的多样性、接入公共互联网的计算机和网络系统的异构性，以及网络安全防火墙产品的局限性，使得现有的真实性验证和访问控制技术并不能完全防范网络攻击。所以，必须在网络安全系统中引入网络攻击检测技术。

5.2 网络攻击检测

按照 D. Denning 的观点，网络攻击检测的基本假定前提是：任何可检测的网络攻击都有异常行为。所以，网络攻击检测主要是检测网络中的异常行为。根据检测网络异常行为的不同方法，以及检测网络异常行为的不同位置，可以设计不同的攻击检测方案。网络攻击检测也是网络安全系统中不可缺少的一个环节。

5.2.1 网络攻击检测概述

为了进行网络攻击检测，必须能够描述网络攻击的特征。网络攻击包括了攻击者和被攻击者。从攻击者角度看，网络攻击主要通过攻击意图、攻击方法、攻击途径、躲避被检测的方法等方面来描述；从被攻击者角度看，网络攻击主要通过攻击特征、攻击途径、攻击检测方法以及攻击可能造成的损失等特征来描述。目前采用的攻击检测方法通常是从攻击者的角度来分析和研究网络攻击的特征。但是，为了有效地部署和配置网络攻击检测系统，也需要从被攻击者的角度分析网络攻击。

网络被攻击者主要从以下几个方面考虑网络攻击：其一，何时发生的网络攻击？以便确定出分析和研究网络攻击的范围。其二，谁会受到网络攻击的影响？如何受到网络攻击的影响？以便分析和研究网络攻击对系统造成的危害，以及如何恢复被网络攻击的系统。其三，谁是网络攻击者？网络攻击起源于何时、何地？以便从源头阻止类似网络攻击的发生。其四，如何进行网络攻击？以便研究网络攻击的整个机理，协助分析和研究自身网络系统的安全缺陷。其五，为什么能够实施网络攻击？以便分析和研究自身网络安全系统的漏洞，或者网络安全管理方面的缺陷，以防范网络攻击的再次发生。

网络攻击者主要从以下几个方面考虑网络攻击：其一，什么是网络攻击的目标？只有选定了攻击的目标才能进一步设计攻击方案。其二，目标系统存在何种网络安全漏洞？根据目标系统具有不同的安全漏洞，可以设计出不同的攻击方案。而为了确定目标系统的安全漏洞，可以首先对目标系统进行探测和扫描。其三，对被攻击系统会造成何种危害或者其他影响？网络攻击可能是网络上的恶作剧，有可能是有组织的网络犯罪活动，也有可能是网络安全检查。对网络攻击危害性的设定决定了网络攻击的不同性质。其四，是否有可用的攻击脚本代码或者攻击辅助工具？现代的网络攻击已经不再需要从零开始设计，已经有许多工具和脚本代码供参考。其五，攻击被暴露的危险程度有多大？如果网络攻击在中途暴露，则攻击将失败；如果在网络攻击之后被暴露，则攻击者将受到法律的制裁。所以，现在网络攻击都设计了较为复杂的隐身机制和方法。

5.2.2 典型的网络攻击检测系统

网络攻击检测需要通过一个系统才能完成，为了能够理解和掌握攻击检测的原理与方法，首先需要对网络攻击系统有一个总体的认识。J. McHugh 等人提出了一个典型的网络攻击检测系统的总体结构，有助于读者理解网络攻击检测系统的基本构成和基本原理。

这个典型的网络攻击检测系统（见图 5-1）设置在企业网与公共互联网连接部分，该企业网采用两个防火墙设置了一个企业外部网和一个企业内部网，在企业外部网中连接了一台对外的万维网服务器，在企业内部网中通过交换设备连接了多台企业内部主机。

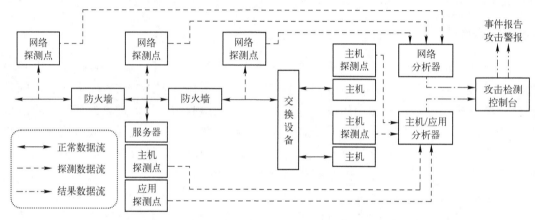

图 5-1　一个典型的网络攻击检测系统结构图

这个网络攻击检测系统包括网络探测点、主机探测点、应用探测点、网络分析器、主机/应用分析器以及攻击检测控制台。

网络探测点分别设置在互联网段、企业外部网段和企业内部网段，用于提取可疑的分组传递给网络分析器。万维网服务器和主机运行主机探测点软件，监视外部与操作系统之间可疑的交互，提取可疑的交互数据传递给主机分析器。万维网服务器还会运行应用探测点软件，监视对应用接口的可疑调用，并提取可疑的应用调用传递给应用分析器。

网络分析器和主机/应用分析器将分析结果提交给攻击检测控制台，确定对可疑事件的处理，例如发布网络攻击警报、启动网络攻击防御系统、向网络安全管理员发送事件报告、向网络安全机构发送网络攻击报告等。

5.2.3 网络攻击检测分类

网络攻击检测可以按照检测对象的不同进行分类，也可以按照检测方法的不同进行分类。从以上典型的网络攻击检测系统可以看出，网络攻击检测可以分为基于网络的攻击检测技术和基于主机的攻击检测技术。这是根据攻击检测的对象进行的分类，也是从攻击检测系统的部署和使用角度对网络攻击检测的分类。

实际上各种网络攻击检测技术的本质区别在于攻击检测的方法。所以，在对网络攻击检测的研究中，一般按照攻击检测的方法不同，将网络攻击检测分成特征检测方法和异常检测方法。

1. 基于网络的攻击检测技术

基于网络的攻击检测技术是通过监测和分析网络上传递的一组可疑报文，检测网络上可能发生的或者正在发生的网络攻击的一类技术。基于网络的攻击检测设备一般会部署在企业网多个关键的网段上。例如，在以上典型网络攻击检测系统中，基于网络的攻击探测点部署在连接企业网的公共互联网的网段、企业外部网的网段以及企业内部网的接入网段。

基于网络的攻击检测技术通过采集网络上传递的可疑报文，可以同时检测到对多台主机的网络攻击。由于基于网络的攻击检测是实时攻击检测技术，要求网络探测点具有较高的分析和处理能力。如果要在高速传输网段上探测可疑报文，将对攻击检测方法的性能提出很高的要求。这样，在高速网络环境下，基于网络的攻击检测技术会因为无法按照链路传递的速度探测到报文而造成"漏报"的现象。

由于基于网络的攻击检测系统可以独立了网络设备和网络主机部署，不影响网络服务器和客户机的性能，易于配置和管理，所以，基于网络的攻击检测系统得到了较为广泛的应用。

2. 基于主机的攻击检测技术

基于主机的攻击检测技术是通过检查计算机系统的日志数据和审核数据，以及监视应用与主机操作系统之间可疑的交互，检测可能发生的、正在发生的或者已经发生的网络攻击的一类技术。

基于主机的攻击检测技术可以检测某些针对主机的攻击，这些对网络主机的攻击是难以或者无法通过基于网络的攻击检测技术检测到的攻击。基于主机的攻击检测技术可以有效地检测到一些特征不明显的攻击。例如，空耗系统资源和降低主机系统性能这类攻击。

基于主机的攻击检测技术需要在网络主机中安装和运行主机探测点软件与应用探测点软件，而这在一定程度上将影响网络主机的计算资源分配，降低网络主机的处理性能。另外，一些较为复杂的网络攻击可以自动删除主机系统中与攻击相关的日志数据和审核数据，这对基于主机的攻击检测造成了一定的困难。所以，较为完整的攻击检测系统就像上面描述的典型网络攻击检测系统那样，通常是综合了基于网络的攻击检测技术和基于主机的攻击检测技术。

3. 网络攻击的特征检测方法

无论是基于网络的攻击检测技术，还是基于主机的攻击检测技术，都需要设计具体的攻击检测方法。如果能够在分析已有的网络攻击的基础上，提取出网络攻击的特征模式，则可以通过对网络中正在发生的或者已经发生的行为进行模式匹配，找到可能发生的、正在发生的或者已经发生的网络攻击。这种网络攻击的检测方法就是特征检测方法。

网络攻击的特征检测方法的最大优点是对已经发现的网络攻击检测的精确度较高，它的最大缺点是无法检测到未知的网络攻击。另外，它与防病毒软件一样，需要不断更新和升级网络攻击特征库。

4. 网络攻击的异常检测方法

为了有效地控制网络攻击造成的危害，必须能够及时检测到可能的网络攻击。这样，就要求攻击检测系统不仅能够检测已经造成危害的网络攻击，还必须能够及早发现可能的、新出现的网络攻击。

由于网络攻击通常是网络系统中的非正常行为，所以，检测网络攻击行为转换为识别这些网络的非正常行为。如果能够在正确分析正常网络行为的基础上，建立一个正常网络行为的模式，就可以对网络上正在发生的和已经发生的行为进行分析、过滤，提取出非正常的网络行为，在进一步对非正常网络行为进行分析的基础上，检测出可能发生的、正在发生的或者已经发生的网络攻击行为。

网络攻击的异常检测方法的主要优点是能够发现未知的、可能的网络攻击。它的主要不足是会将尚未描述的正常网络行为也作为网络攻击行为，从而造成较高的网络攻击的误报率。目前，国际上通常通过机器学习和深度学习等智能算法，从大量的网络行为数据中学习到正常的网络行为模型，这样就可以利用机器智能自动建立一个网络攻击的异常检测模型。现有基于统计分析方法的异常检测方法，在特定网络应用环境下也可以取得较好的效果。

5.2.4 网络攻击的异常检测方法

D. Denning 在 1987 年描述的一种攻击检测模型 IDES（入侵检测专家系统），就是一种基于异常检测的网络攻击检测模型。这种网络攻击检测模型是从网络访问控制模型中自然引申出的一种攻击检测模型，这种模型已经成为一个典型的网络攻击检测模型。

这种模型包括主体、客体、审核记录、行为简本、异常记录和行动规则。主体是网络操作发起方，相当于网络操作中请求服务的用户或者程序。客体是网络操作的对象，相当于网络中提供服务的文件系统或者数据库系统；审核记录是客体所在的计算机系统产生的有关主体对客体已经执行的或者试图执行的操作结果的记录。例如，用户登录、命令执行、访问等操作结果的记录。系统产生的日志文件属于一种审核记录。行为简本是一种数据结构，它按照被观察操作的统计尺度和统计模型刻画主体相对于客体的行为，这是描述主体行为的一种模式。异常记录是在检测到异常行为时产生的一种记录。行动规则是当某些条件满足时，攻击检测系统进行的操作规则。这些操作包括更新行为简本、检测异常行为、关联异常行为与可疑攻击、产生检测报告。

图 5-2 是 IDES 模型各个部分的组成结构图。在 IDES 模型中，主体和客体就是访

问控制模型中定义的主体和客体。在检测模型中，不是控制主体对客体的操作，而是记录主体对客体的操作，生成审核记录。

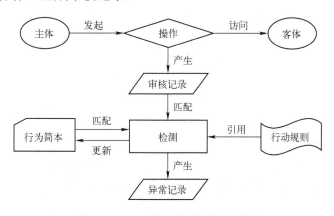

图 5-2　IDES 异常检测系统结构图

1. 审核记录

审核记录是 IDES 进行攻击检测的最原始数据。审核记录用一个 6 元组表示：<主体，动作，客体，例外情况，资源使用，时间戳>。其中，"动作"表示主体对客体进行的操作。例如，登录、注销、读、执行等。"例外情况"表示系统在执行完主体发起的操作后的异常返回结果。"资源使用"记录了操作中使用资源的情况。例如，打印的行数或者页数、读写记录数、占用的 CPU 时间、会话经历的时间等。"时间戳"用于标识动作发生的唯一时间/日期。

网络系统及网络中的计算机系统中，大部分操作都涉及多个客体。例如，在网络上复制一个文件会涉及复制程序、被复制的文件和复制文件的存放目录。审核记录采集系统必须首先将多客体相关的操作分解成单客体相关的操作，然后再生成审核记录。

例如，Smith 执行的将 GAME.EXE 文件复制到<Library>目录的命令：

> COPY GAME.EXE TO <Library>GAME.EXE

由于 Smith 没有"写"<Library>目录的权限，所以，该命令执行失败。针对这项操作需要用以下三条审核记录表示：

> (Smith, execute, <Library>COPY.EXE, 0, CPU=0002, 11058521678)
> (Smith, read, <Smith>GAME.EXE, 0, RECORD=0, 11058521679)
> (Smith, write, <Library>GAME.EXE, write-viol, RECORD=0, 11058521680)

这样，按照单个客体产生的审核记录不但可以通过分析主体对客体的异常访问发现成功的网络攻击，还可以通过分析主体对客体访问的例外情况返回，发现潜在的网络攻击。

审核记录通常由客体所在的网络系统或者计算机系统生成。如果使用基于网络的攻击检测系统，则审核记录由网络探测器产生；如果使用基于主机的攻击检测系统，则审核记录由主机探测器产生。

审核记录的产生时间决定了攻击检测的能力。如果审核记录是在操作开始时就生成的，则攻击检测系统可以利用该审核记录检测潜在的攻击或者正在进行的攻击，特别是导致系统崩溃的攻击。如果审核记录是在操作完成后产生的，则攻击检测系统可以利用该审核记录完整地检测该操作的行为，特别是该操作消耗的资源。但是，如果某个攻击操作的结果是造成系统崩溃，则这种攻击操作完成后也无法产生审核记录，这样，也就无法发现攻击的痕迹。所以，对于安全级别较高的系统，必须在操作开始阶段和结束阶段都能产生审核记录。

异常检测模型的核心是基于行为简本的统计检测算法。行为简本刻画了主体针对客体的正常行为特征，而这些行为特征是采用已经观察到的统计尺度和统计模型进行描述的。

2. 行为简本度量的统计尺度

某个统计尺度表示在一个时间段内统计度量值的某个随机变量 x，这种时间段可以指一个固定的时间间隔（如几分钟、几小时、几天或者几周），或者两个相关事件相继发生的时间间隔（如登录和注销时间间隔、程序启动和程序结束的时间间隔、文件打开和文件关闭的时间间隔）。从审核记录中提取某个或者某些随机变量新观察到的采样值，利用统计模型对照行为简本进行分析，就可以判断审核记录对应的操作是否属于异常行为，进而判断是否是可疑的网络攻击。

统计模型对随机变量 x 没有事先假定任何分布特性，所有关于随机变量 x 的统计特性都是通过观察获得的。所以，行为简本需要有一个生成和更新的过程。

IDES 检测模型定义了三种类型的统计尺度，它们包括事件计数器、间隔计时器和资源度量器。

1）事件计数器：表示在一段时间内满足某种特征的审核记录出现次数的随机变量。例如，在 1h 内登录次数的随机变量，在一次登录中执行某个命令次数的随机变量，或者在 1min 内口令失败次数的随机变量。

2）间隔计时器：表示两个相关事件之间时间长度的随机变量，也就是两个相关审核记录的时间戳之差。例如，对一个账户连续登录的时间长度。

3）资源度量器，表示在一段时间内，审核记录中特定的"资源使用"消耗资源数值的随机变量。例如，某个程序在单次执行过程中消耗的 CPU 时间总数。

3. 行为简本度量的统计模型

对于一个随机变量 x 和 n 个观察值 $x_1, x_2, \cdots, x_n$，x 统计模型的目标是确定新的观察值 x_{n+1} 相对于已有的观察值是否异常。IDES 采用以下几种统计模型来确定新的观察值是否异常。

1）操作模型。该模型基于这样一种假设：通过将随机变量 x 的新观察值与某个门限值比较，可以确定新的观察值是否异常。这里用于比较的门限值是根据已有的观察统计产生的。操作模型可以用于检测尝试性的渗透攻击和某些拒绝服务攻击。例如，在较短的时间段内，登录口令失败的次数超过 10，则是一种异常的登录行为。操作模型的关键是设置合适的门限值。

2）平均和标准方差模型。该模型基于这样一种假设：如果随机变量 x 的新观察值处于对已有观察值统计生成的置信区间之外，则新的观察是异常的。该模型可以应用于在一段时间内或者在两个相关事件之间累积的事件计数器、间隔计时器和资源度量器。这种模型不需要用于设置门限值的有关正常行为的知识，可以完全根据对已有观察的统计来设置和调整置信区间。所以，这种模型比操作模型更加准确、适应性更强。

3）多元模型。这是一个扩展的平均和标准方差模型，它基于两个或者多个统计尺度进行判断，适用于从多个统计尺度更加准确地检测异常行为的应用场合。例如，从一个程序的 CPU 使用时间和输入/输出单元的使用频率两个尺度，可以更准确地判断一个程序是否正常。

4）马尔可夫过程模型。该模型只能应用于时间计数器尺度。在该模型中，将不同类型的事件看作不同的状态变量，采用状态变迁矩阵描述状态之间变迁的频率。如果根据已有的状态和状态变迁矩阵，可以判断出一个新观察的状态出现的概率极低，则这个新的观察就是一个异常事件。这种模型可以应用于对一组规范命令序列执行过程的异常判断。

5）时间序列模型。该模型同时考虑了观察 x_1，…，x_n 到达的顺序、时间间隔以及这些观察点的取值。针对这个模型，如果新的观察在某个时间出现的概率极低，则这个新的观察是异常的。该模型需要同时使用间隔计时器和事件计数器，或者同时使用间隔计时器和资源度量器。该模型的优点在于可以度量一段时间内的行为趋势，缺点是比平均和方差模型的开销大。

5.3 网络恶意代码与防御

通过前面分析的分布式拒绝服务（DDoS）攻击和高级持续威胁（APT）攻击，以及后续章节将要分析的僵尸网攻击，可以清楚地认识到恶意代码是网络攻击并且是形成网络安全威胁的元凶。从"莫里斯蠕虫"第一次在互联网上泛滥而造成的网络安全威胁开始，所有真正对网络安全形成实质性威胁的都是恶意代码或者是恶意代码在其中扮演了关键的角色。监测、检测、阻隔恶意代码在网络中的传播，是防御网络攻击的首要任务，也是最为困难的任务。本节主要分析和描述恶意代码的定义和特征，互联网蠕虫与防御，隐形恶意代码与防御。

5.3.1 恶意代码定义与分类

恶意代码传统上可以分为病毒、蠕虫、特洛伊木马、僵尸、内核恶意代码等。但现在的恶意代码已经可以混合多种不同类型的恶意代码的功能，成为一类综合恶意代码。

例如，同一个恶意代码在感染的主机中就是一个"病毒"；在网络传播过程中就是一个"蠕虫"；在与敌方命令和控制中心的某个网络服务器通信并且接收其指令进行操作时，或者与被感染的其他恶意代码协同时，就是一个"僵尸"；当驻留在操作系统内核并且躲避入侵系统检测系统时，就是一个"内核恶意代码"。

1. 病毒与蠕虫

"病毒"是一种具有自我繁殖能力的恶意代码。"病毒"一定需要附着在计算机系统的其他对象上进行繁殖，例如"病毒"通常要感染某个文件。而"病毒"传播一定需要借助人工发起的某项操作，例如打开被病毒感染的邮件等。

"蠕虫"是一种恶意代码，它不仅具有自我繁殖能力，而且还可以在网络上进行自主传播。"蠕虫"传播时不需要借助人工操作，不一定需要感染某个文件进行传播，"蠕虫"可以独立进行自身繁殖。当然，有些研究者将可以在网络上传递的病毒都视为"蠕虫"，而不区分是否需要附着其他的文件。

根据以上定义可知，可以在网络上大量传播的恶意代码就是"蠕虫"，而无法在网络上大量传播的恶意代码就是"病毒"。这样"病毒"就不属于网络恶意代码。

2. 特洛伊木马

"特洛伊木马"是一种隐藏在网络或主机系统中、窃取系统敏感数据的恶意代码。例如，潜伏在个人笔记本计算机中的"特洛伊木马"可以窃取该计算机登录相关网站的账户和密码，并且发送给特定的服务器。"特洛伊木马"与"病毒"和"蠕虫"的区别是："特洛伊木马"没有自我复制的能力，即没有自我繁殖的能力。

"特洛伊木马"通常潜伏在某个链接指向的网页内，或潜伏在某个网页内，一旦单击该链接或访问该网页，则该恶意代码才会自动下载到单击该链接或访问该网页的主机。

"远程访问特洛伊"是一种特殊的"特洛伊木马"，一旦被执行，它便会允许非授权的用户远程访问和控制被它攻破的系统。

"后门"，有时也称为"陷门"，是程序设计者在程序中设置的一项功能，它允许设计者完全地或者部分地非授权远程访问执行该程序的系统。

3. 内核恶意代码

内核恶意代码（Rootkit）是一类通过篡夺操作系统最高访问控制权限（即系统的根权限）、屏蔽操作系统的真实性验证和授权等功能，而持续驻留在被感染的机器内的不可检测的恶意代码。内核恶意代码具有重定向代码执行功能、颠覆操作系统期望功能，用于维持这类恶意代码的隐形。内核恶意代码属于一类隐形恶意代码。

4. 隐形恶意代码

隐形恶意代码是一类可以改变代码的表现形式但并不改变其功能的恶意代码，用于躲避基于代码特征的恶意代码检测。有些专业人员将隐形恶意代码等同于内核恶意代码，这样的定义存在一定的片面性。隐形恶意代码不仅可以采用内核恶意代码的方式，利用根工具潜入到内核进行隐藏，也可以采用其他隐形技术。

隐形恶意代码通常采用了四类隐形技术：根工具、代码变异、反仿真、靶向机制。但是在实际应用场景中，一个隐形恶意代码通常会混合使用多种隐形技术。例如一个内核恶意代码可以将恶意文件保存在硬盘上，使得恶意代码在被感染的机器重新启动时，仍然可以重新启动；但该恶意代码利用钩子技术隐藏这些恶意文件和进程，使得这些文件和进程无法被检测和清除；同时，利用代码变异技术防范恶意代码清除系统检测出正在运行的恶意代码。

根工具技术表示一类维持隐形并且能够继续访问计算机系统的软件。根工具的隐形功能包括：隐藏文件、隐藏目录、隐藏进程、伪装资源使用、伪装网络连接以及隐藏寄存器字。根工具技术并不一定仅仅适用于恶意代码，杀毒软件包也会使用根工具技术来躲避恶意代码的检测。

根工具技术本质上是在操作系统的不同部件之间采用了中间人攻击的方法，截获了内核的功能调用，在其中插入恶意代码的调用，同时确保不露出任何的痕迹。根工具技术可以采用不同的方法实现，具体包括：启动盘上的恶意文件、代码执行的钩子技术和内存重定向技术、直接内核对象操纵、跨平台和硬件根工具技术。

代码变异并不会改变代码动态功能，而是改变每一代恶意代码的二进制代码表现形式，这样恶意代码的繁衍代码就无法被简单的模式匹配算法识别。

反仿真是一类躲避仿真环境下检测恶意代码的技术。为了便于动态分析值得怀疑的代码，同时保护系统资源，恶意代码检测软件通常会在虚拟沙箱环境中执行这些值得怀疑的代码。而反仿真技术可以检测到这些沙箱，一旦发现是在沙箱环境，则改变恶意代码的执行流程，继续保持隐藏形态。

靶向机制用于控制恶意代码的传播，最小化被检测和清除的风险，允许恶意代码长时间处于一种"逃逸"状态。

目前，实际在计算机和互联网上泛滥的各种类型的恶意代码并不是只具有以上单一类型的恶意代码的特征。例如，今天的"病毒"已经不仅仅是感染本地计算机，也可以像"蠕虫"一样通过网络传播。许多"病毒"和"蠕虫"也像"特洛伊木马"一样，欺骗用户打开或执行恶意代码。新近出现的许多"蠕虫"也可以在被它们攻破的系统中打开"后门"，或者设置"远地访问特洛伊木马"。

5.3.2 互联网蠕虫与防御

互联网蠕虫是一类可以在互联网上自主传播的恶意代码。互联网蠕虫的代码表现形式类似于网络上的移动代码。但是，移动代码是为了方便网络管理、网络配置，或者网络其他功能的实现而设计和部署的一类可以在网络上自动传播的合法代码，这类移动代码一般称为"移动智能体"或"移动代理"。

互联网蠕虫是一类最先在互联网上造成网络安全威胁的恶意代码，迄今为止它已经在国际上造成了上百亿美元的经济损失，防范和控制互联网蠕虫已经成为网络安全研究的头等大事。

1．莫里斯蠕虫

第一个在互联网上造成重大影响的互联网蠕虫是莫里斯（Morris）蠕虫，该互联网蠕虫爆发于1988年11月2日晚。莫里斯蠕虫事件使得互联网结束了乌托邦式的信任阶段，进入到了异构的、危险的、全球范围的互联网新时期。从那时开始，人们开始研究互联网防火墙技术、互联网病毒防范技术，并诞生了一批互联网上的安全专家。

传统蠕虫很大程度上是按照1988年的莫里斯蠕虫模型设计的一类网络蠕虫，这类蠕虫主要利用TCP/IP建立直接连接，在互联网上发起攻击，查找可以连接的网络主机操作系统和应用软件的漏洞或者猜测用户账户的口令来侵入系统。这种蠕虫在传播和执行方面具有较高的独立性，除了电子邮件和文件共享之外，还具有其他的传播方式。

2．互联网蠕虫的特征

编制传统蠕虫比较复杂，在互联网上传播的互联网蠕虫种类实际并不多。根据D. Kienzle和M. Elder的分析，早期互联网（1988—2003）具有特色的互联网蠕虫仅仅包括Morris（莫里斯）、Nimda（尼姆达）、Code Red（红色代码）和Slammer（监狱）这4种蠕虫。表5-2列出了自莫里斯蠕虫出现以来，早期传统蠕虫一览表。

表 5-2　早期互联网蠕虫一览表

蠕 虫 名 称	发 现 时 间	蠕 虫 特 征
Morris（莫里斯）	1988 年 11 月	多平台蠕虫，攻击多个漏洞，仅攻击邻接系统
Ramen（烤盘）	2001 年 1 月	利用三个漏洞
BoxPoison（毒盒）	2001 年 5 月	多平台蠕虫，利用多个系统漏洞
Cheese（奶酪）	2001 年 6 月	一种小心谨慎的蠕虫，隐藏在漏洞系统中
Code Red（红色代码）	2001 年 7 月	第一个代表性传统蠕虫，完全驻留在内存
Walk（行走）	2001 年 8 月	本地重编译源码的蠕虫
Nimda（尼姆达）	2001 年 9 月	一种混合类蠕虫，具有多方位攻击能力
Scalper（黄牛）	2002 年 6 月	接近零日的蠕虫，构成一个被攻破系统的对等网络
Slammer（监狱）	2003 年 1 月	利用单个 UDP 报文进行爆炸性传播

莫里斯蠕虫是第一个在互联网上泛滥成灾的互联网蠕虫，该蠕虫的设计和实现引入了许多关键的网络攻击技巧，例如口令猜测攻击、利用漏洞攻击、自我隐藏攻击以及多方位攻击等。这些网络攻击技巧今天还被许多互联网蠕虫使用。莫里斯蠕虫是迄今为止最为复杂的互联网蠕虫。

绝大部分互联网蠕虫主要攻击UNIX操作系统，也包括类似于UNIX系统的Linux操作系统，例如莫里斯蠕虫。由于UNIX和Linux操作系统主要应用于网络服务器，所以，这类蠕虫对网络服务器造成了很大的危害，例如莫里斯蠕虫发作时，致使互联网上有大范围的电子邮件服务器处于"拒绝服务"状态。

但是从 2001 年起,互联网蠕虫开始攻击微软公司的 Windows 操作系统,例如 2001 年出现的红色代码、尼姆达蠕虫,以及 2003 年出现的监狱蠕虫都是攻击 Windows 操作系统的互联网蠕虫。由于目前桌面操作系统中大部分都是采用 Windows 操作系统,所以,这些互联网蠕虫危害面比较广,会导致许多微机瘫痪,造成的损失通常也要大于以往的互联网蠕虫。

互联网蠕虫的特征是利用操作系统或者其他网络应用系统的漏洞,侵入系统、繁衍恶意代码,利用 TCP/IP 建立起的连接在网络上广泛传播。互联网蠕虫一般是针对已经发现的系统漏洞进行攻击,有些互联网蠕虫在公布系统漏洞之后很短时间就会出现,并在网络上发起攻击。这些蠕虫称为"零日"蠕虫。由于网络上大部分系统还没有及时修补,所以,零日蠕虫具有较大的攻击能力。

3．互联网蠕虫的防御

互联网蠕虫的防御方法包括检测和围堵方法。互联网蠕虫检测中包括了通用的网络恶意代码检测方法,其特征检测就是基于代码段特征的恶意代码检测;异常检测就是基于代码段异常行为的恶意代码检测。

其他涉及互联网蠕虫的特殊检测方法包括 TCP 同步报文的流量和连接数,TCP 的重置报文和 ICMP 报文连接错误率,连接成功与失败的比率,目的点—源点关联度、暗网/无用地址空间、蜜罐、基于报体的异常检测、多态蠕虫检测等。

蠕虫的围堵方法包括降速、阻隔、诱捕。

1）降速:通过反馈回路延迟可疑的流量,在不同网络功能层采取限速技术等。由于蠕虫传播速度极快,这些降速机制必须是自动的,最好是能够自动阻隔。

2）阻隔:当发现类似蠕虫的行为时,则蠕虫行为发起的网络源(包括主机源、网关源等)必须与其他网络隔离,避免更多的网络或主机被感染。

3）诱捕:采用在蜜罐主机中部署多个虚拟机和虚拟地址、端口的方式,使得进入蜜罐的蠕虫无法再向外传播。

5.4 僵尸网与防御

僵尸网是一组被攻破的联网机器(称为僵尸,可以包括被攻破的计算机、智能手机或其他可以联网的装置)在互联网上形成的一种覆盖网,这些僵尸可以接收和响应某个命令和控制服务器(以下简称控制服务器)发来的指令,这个控制服务器通过多个代理机器接受人工操作(僵尸主人)的控制。

感染这些机器并且使得这些机器成为僵尸的恶意代码称为僵尸代码。属于同一个僵尸网的僵尸形成了一个僵尸家族。僵尸网的最终目的是代表其主人执行恶意行动或攻击。

5.4.1 僵尸网的攻击模型

僵尸网的攻击模型可以表示为以下四个阶段：僵尸代码传播、僵尸集结、僵尸与主人的通信、执行恶意行动或攻击。

1．僵尸代码传播

僵尸代码传播属于互联网恶意代码的传播，可以分成主动传播、被动传播两种形式。

主动传播就是由僵尸代码主动扫描联网主机的漏洞，一旦扫描到没有修补漏洞的联网主机，就将僵尸代码传播到该联网主机，同时复制僵尸代码，然后进一步扫描该联网主机可以访问到的其他联网主机。僵尸代码的主动传播方式，就是一类互联网蠕虫的传播方式。

被动传播是由于网络操作或者人工操作而触发的僵尸代码传播，其中包括以下几种形式：其一，基于网站下载操作的僵尸代码传播，这是由于该网站本身就是一个僵尸，或者该网站下载操作页面被植入了僵尸代码传播的脚本。其二，通过存储介质传播僵尸代码，例如通过感染了僵尸代码的 U 盘、移动硬盘等存储介质传播。伊朗的铀提炼基础设施就是通过这种方式被感染的。其三，通过社交计谋（注："社交计谋"被国内很多专家"美化地"翻译为"社会工程"）传播僵尸代码，这是很大程度上被低估的一类僵尸代码或其他恶意代码的传播方式，这里的社交计谋已经不再是第二次世界大战期间间谍行为那样的面对面的社交活动，而是通过互联网的线上社交方式，例如通过僵尸的聊天软件向其朋友账户发送一条传播僵尸代码的链接，该朋友打开链接之后就会被感染上僵尸代码。或者发送其他特别令人信任或特别令人向往的网站链接，例如宗教链接、抚慰心理创伤链接、财富链接，进而传播僵尸代码。而利用电子邮件传播僵尸代码则是最为常用的、最有效的方法。一旦打开通过电子邮件传递的链接或者电子邮件附件，就会被感染上僵尸代码。

2．僵尸集结

僵尸集结，也就是僵尸发现僵尸网的控制服务器的过程，同时也是新感染的僵尸注册到僵尸网的过程。僵尸集结通常采用两种方式：基于 IP 地址的僵尸集结，基于域名的僵尸集结。

基于 IP 地址的僵尸集结，就是僵尸通过 IP 地址发现僵尸网的控制服务器，并且进行僵尸注册。IP 地址可以通过"硬编码"的方式直接存储在僵尸代码内，但由于僵尸代码被捕获和代码的逆向工程等原因，这种方式不但会暴露僵尸网的控制服务器的 IP 地址，还可以利用网络防火墙的访问控制列表过滤这类 IP 地址的分组，从而切断僵尸与僵尸网的联系。

IP 地址也可以与僵尸代码分开存放，采用一个十分难以识别的文件名，存放在被感染机器内。对于采用对等网构成的僵尸网，将在该文件中存放一组僵尸可以访问的对等网节点的 IP 地址。

基于域名的僵尸集结，就是僵尸通过域名发现僵尸网的控制服务器，并且完成新僵尸的注册。向僵尸提供的域名并不一定是僵尸网的控制服务器域名，而是这些控制服务器的代理的域名，这类代理也称为"垫脚石"，目的是躲避僵尸网检测系统的检测。僵尸网可以利用动态域名服务或者恶棍域名服务，使得僵尸能够找到僵尸网的控制服务器。

域名可以采用"硬编码"方式存储在僵尸代码中，这样即使僵尸网的控制服务器的 IP 地址被屏蔽，也可以通过设立域名与新 IP 地址的映射，而不需要更新僵尸端的数据。

域名也可以采用只有僵尸和僵尸主人知道的域名生成算法来动态生成，这样僵尸网就可以通过动态更改域名，将僵尸重新转到新的域名下（注：这种操作俗称为"僵尸放牧"），从而躲避僵尸网检测系统的检测。

3．僵尸与主人的通信

僵尸与主人的通信也称为僵尸网的通信，它是僵尸网的核心。如果僵尸网通信中断，则僵尸网只是一组互联网上被感染僵尸代码的机器，无法协同完成任何恶意动作或攻击，也无法在互联网上造成真正的安全威胁。僵尸网的通信要求延迟短、简单实用，并且具有较强的隐身性。

僵尸网可以采用现有互联网协议进行通信，例如借助于互联网的中继聊天（IRC）协议，或者利用超文本协议（HTTP）进行通信。由于僵尸网广泛采用了 IRC 协议进行通信，所以，网络防火墙可以通过禁用 IRC 协议来阻止僵尸网的通信；但 HTTP 是绝大部分互联网应用采用的协议，所以防火墙就无法通过禁用 HTTP 来阻止僵尸网的通信。这样只能通过对 HTTP 报文内容进行分析，检测并且阻止可能的僵尸网通信。

> 📖 IRC 是 Internet Relay Chat 的英文缩写，中文一般称为互联网中继聊天。它是由芬兰人 Jarkko Oikarinen 于 1988 年首创的一种网络聊天协议。这种即时闲聊方式有着更直观、友好的界面，在这里用户可以畅所欲言，而且可以表现动作化。

僵尸网也可以通过自己特定的协议进行通信，但如果僵尸网采用一类特定的互联网协议进行通信，则很容易被僵尸网检测系统发现并阻止。僵尸网通常在聊天软件的内容中采用特定的通信协议，由于这类聊天软件内容数量极其庞大，僵尸网检测系统无法在这样海量的数据中进行检测，这样僵尸网通信就难以被检测和阻止。

4．执行恶意行动或攻击

僵尸网可以通过通信手段，由僵尸的主人发起各种各样的网络恶意行动和攻击。虽然我们最熟知的是僵尸网发起的分布式拒绝服务（DDoS）攻击，但僵尸网还可以发起其他形式的网络攻击，包括：收集信息、分布式计算、网络造假、传播恶意代码、恶意推送广告、网络战争等。

5.4.2 僵尸网的检测和防御

僵尸网检测方法属于网络攻击检测在僵尸网中的具体应用，其检测方法按照网络攻击检测方法的分类，分成基于已知网络攻击特征行为的检测、基于未知网络攻击异常行为的检测。前者属于网络攻击的特征检测，后者属于网络攻击的异常检测。

僵尸网检测方法是网络攻击检测方法在僵尸网检测中的具体应用，这样可以根据检测对象（如僵尸、僵尸通信、僵尸主人）、检测位置（主机、网络）、检测内容（报文的句法、报文的语义）、检测数据采集方法（主动、被动）、检测数据分析方法（关联度、置信度）的不同而不同。

1. 僵尸网的躲避机制的防范

恶意代码检测系统通常把疑似恶意代码放在某个虚拟机或沙箱的环境下进行检测和分析，或者利用一个模拟的具有已知软件或网络漏洞的仿真主机环境，让其被僵尸网代码感染。这种仿真环境具有自围堵恶意代码的功能，被诱捕的恶意代码将难以再进行扩散。这类诱捕恶意代码的仿真环境称为"蜜罐"。

僵尸网代码为了防止被蜜罐捕杀，在执行其代码前增加了对虚拟执行环境的检测。但这类逃避蜜罐和仿真检测的方法在现在的网络应用环境下已经难以奏效，因为虚拟机已经是十分普遍的用户运行程序的环境，而不仅仅是蜜罐或仿真检测程序；另外，合法的程序很少会去检测执行环境，僵尸网代码检测虚拟运行环境的操作本身就是一类疑似恶意代码的操作。

2. 僵尸网的防御

僵尸网的防御包括预防和补救两类不同的机制。预防机制用于防范僵尸网可能的攻击，主要是从主机、网络、应用、管理等多个层面进行预防和管控。补救机制用于一旦检测到僵尸网之后的应急处理，就最大限度地降低、甚至消除僵尸网的攻击。主要是从主机的杀毒或重装、网络的阻隔和围堵以及发起对僵尸网的反攻击等方面进行补救。

5.5 思考与练习

概念题

（1）网络侵入是否一定是网络攻击？网络攻击是否一定需要进行网络侵入？为什么？

（2）网络攻击目前可以分成哪几种类型？试对照网络安全的三个特性，分析这几类网络攻击的意图有何不同。

（3）试列举几种典型的网络攻击，分析这些网络攻击的特征。

（4）目前有哪几种网络攻击检测方法？这些网络攻击检测方法各自有何优点和不足？

（5）如何识别网络系统中的异常行为？如何通过识别网络系统中的异常行为，进行有效的网络攻击检测？

（6）什么是恶意代码？什么是蠕虫？什么是病毒？什么是"特洛伊木马"？为什么病毒不属于网络恶意代码？

（7）什么是隐形恶意代码？隐形恶意代码通常采用哪些隐性手段？

（8）为什么说互联网蠕虫是一类设计比较复杂的网络蠕虫？它主要利用什么机制在网络上广泛传播？

第6章　网络安全加固

本章将讨论网络层安全加固技术和传送层安全加固技术。网络层安全加固技术包括安全互联网协议（安全 IP）簇的基本概念、基本组成、相关协议原理以及应用方法。传送层安全加固技术包括安全套接字层（SSL）协议的基本概念、基本组成以及相关协议原理。

本章要求掌握安全 IP 的安全关联、安全隧道、安全协议、安全虚拟专用网的定义，以及安全关联建立和密码协商的基本原理与基本交互过程；掌握 SSL 协议的安全会话、安全连接、握手协议、记录协议的相关定义、基本原理和基本交互过程。

6.1　网络层安全加固技术

网络层安全加固技术主要就是安全互联网协议（IP）技术，安全 IP（英文缩写 IPsec）在 IP 层提供安全服务，也就是在网络层提供安全服务。安全 IP 技术是互联网工程工作组（英文缩写 IETF）标准化的一种面向 IP 层的安全技术，它是真实性验证技术、加密算法、密钥管理技术在 IP 层中的具体应用。安全 IP 技术已经成为对现有 IP 协议（包括 IPv4 协议和 IPv6 协议）的一种安全加固技术。由于 IP 层属于互联网的核心功能层，对 IP 层的安全加固也就实现了对互联网的安全加固。

6.1.1　安全 IP 概述

任何一种安全技术都是针对一组安全问题进行设计和实现的，要深入理解安全 IP 技术的内在特征，就需要了解安全 IP 试图面对的安全问题。安全 IP 在设计之初主要考虑解决以下几类安全问题。

（1）口令嗅探

一个侵入者可以在通信线路上窃听或捕获没有加密就进行传输的口令。一旦获取有效的口令，侵入者就可以利用该口令假冒一个合法的用户，进行更深层次的网络侵入和攻击。利用安全 IP 可以加密包括口令在内的数据流，侵入者就无法捕获到明文的口令了。

口令嗅探是网络窃听的一种形式，安全 IP 能够防范口令嗅探，并防范网络窃听。

（2）IP 地址欺骗

当网络采用基于地址的真实性验证机制时，这是网络层防火墙通常采用的真实性验证机制，侵入者可以伪装自己的 IP 地址，假扮成一个被信任的主机。这样，侵入者就可以穿越网络层防火墙，在内部网环境下实施相应的网络攻击，例如植入网络蠕虫病毒或者其他恶意代码等。这样的网络攻击通常称为 IP 地址欺骗。安全 IP 提供基于密码学的强真实性验证机制，而不是采用基于地址的真实性验证机制，这样，可以防范网络攻击者假扮被信任的主机远地访问内部网。

IP 地址欺骗是网络假冒的一种形式，安全 IP 能够防范 IP 地址欺骗，就可以在很大程度上防范网络假冒类攻击。

（3）会话劫持

当初始的源点通过了强真实性验证之后，侵入者接管了初始源点创建的连接，以最初源点的身份直接获取该连接上交互的数据，这样的网络攻击称为会话劫持。安全 IP 利用加密机制来防范已建立的连接被侵入者接管，因为侵入者不知道加密或解密连接上传递的数据流的会话密钥，所以，侵入者无法接管安全 IP 建立的连接。

会话劫持属于网络截获的一种形式，安全 IP 采用的防范会话劫持的技术，也可以用于防范其他形式的网络截获。

（4）拒绝服务

互联网上通常遇到的拒绝服务攻击包括电子邮件炸弹和 TCP 的 SYN 泛洪。在 TCP 的 SYN 泛洪中，侵入者向被攻击的目标系统不间断地发送一系列 TCP 连接请求的报文，即设置了 SYN 比特位的 TCP 报文，并且不响应被攻击的目标系统返回的连接确认请求，使得目标系统中保留许多待完成的连接请求，导致目标系统因缓存区溢出而无法再接受任何的服务请求，从而处于拒绝服务状态。采用安全 IP，所有的 IP 分组都是经过严格真实性验证的，侵入者只能采用真实的 IP 地址发起拒绝服务攻击，这样，可以立即识别攻击者的身份和位置，有效地阻止和进一步防范拒绝服务攻击。

安全 IP 仅仅为防范拒绝服务攻击提供某些支撑，并不能真正防范拒绝服务攻击。因为安全 IP 仅仅提供了安全数据传送的能力，本质上不具备对网络应用的安全保护能力。防范拒绝服务攻击还是需要利用应用层安全技术。

安全 IP 提供的安全服务包括访问控制、数据传递的完整性验证、数据源真实性验证和防范重播分组攻击、数据保密传递以及有限的数据传递信息保密。这里"有限的数据传递信息保密"是指不泄露 IP 分组真实的源地址、目的地址以及端口号等协议控制信息。

IPsec 总体上包括 4 个组成部分：安全协议、安全关联、密钥管理以及真实性验证算法与加密算法。为了使 IPsec 在 IP 层提供安全服务，必须选择安全协议、选择安全协议中采用的真实性验证算法或者加密算法，协商真实性验证算法或加密算法采用的密钥，并且建立需要进行 IPsec 通信的 IP 结点之间的安全关联。

IPsec 目前只提供两种安全协议：真实性验证报头（AH）协议和封装安全报体（ESP）协议。AH 协议主要提供的 IP 层安全服务包括：访问控制、数据传递的完整性验证、数据源真实性验证和防范重播分组攻击。ESP 协议不仅可以提供 AH 协议提供的真实性验证类安全服务，还可以提供数据保密传递和有限的数据传递信息保密等功能。

6.1.2 安全关联

安全关联（SA）是安全 IP 的基础，AH 和 ESP 都需要使用 SA，互联网密钥交换

（IKE）协议的主要功能是建立和维护安全关联。安全关联是一个单工（单向）连接，它为在该连接上传递的报文提供安全服务。SA 可以利用 AH 协议或者 ESP 协议提供安全服务，但是，一个 SA 不能同时使用 AH 和 ESP 协议。为了支持主机和主机之间、安全网关与安全网关之间，或者主机与安全网关之间的双向安全通信，必须建立两条 SA。

1．安全关联的标识

在单播传输环境下，一个 SA 可以由安全参数索引（英文缩写 SPI）唯一标识，或者由安全参数索引和安全协议类型联合标识。这里安全参数索引指向存放该 SA 已经协商完成的安全参数的数据项，安全协议类型表示 SA 采用的安全协议是 AH 还是 ESP。由于在单播传输环境下，标识 SA 的 SPI 是由接收方生成的，究竟是由 SPI 唯一标识一个 SA，还是由 SPI 和安全协议类型联合标识一个 SA？这是由安全 IP 现实过程中内部采用的 SA 参数的存储方式决定的，不需要在安全 IP 技术规范中进行限定。

从以上定义可知，一个 SA 只能是单向连接，因为它协商好的参数是只能由接收方生成的 SPI 标识；一个 SA 只能使用一种安全协议，因为它只能标识一种安全协议。

目前，安全 IP 技术可以明确支持多播通信模式，在多播通信模式下，由一个中央的组控制器或密钥服务器单方赋值一个组安全关联的 SPI，而不是通过与密钥管理子系统协商或协调而获得。

2．安全关联的操作模式

SA 可以分成两种模式：一种是传送模式，另一种是隧道模式。传送模式的 SA 是在两个主机之间建立的 SA，它仅仅保护 IP 层之上的协议报文传递，例如传输控制协议（TCP）或用户数据报协议（UDP）报文传递。传送模式的 SA 可以采用 ESP 协议对传送层报文进行加密传递。

传送模式也可以用于两个安全网关之间建立的 SA，或者安全网关与主机之间建立的 SA。在这种应用场景下，对于流出安全网关的安全 IP 报文的源地址，或者流入安全网关的安全 IP 报文的目的地址，都应该是安全网关自身的 IP 地址。在安全网关介入的传送模式下，安全 IP 提供的访问控制能力会受到很大的限制，建议谨慎选用这种传送模式的应用场景。

隧道模式的 SA 是将安全关联应用于 IP 隧道中，针对在 IP 隧道中传输的报头进行访问控制。IP 隧道（见图 6-1）就是在原 IP 报文的外面再封装一个新的 IP 报头，使得原 IP 报文先传递到新封装的 IP 报头所指定的目的地址，然后，拆除封装的 IP 报头，再按照原 IP 报文指定的目的地址继续传递。

图 6-1　IP 隧道示意图

在安全关联的隧道模式下，新封装报头就是安全协议报头。通过安全协议报头中的真实性验证码可以验证报文的真实身份，严格限定只有属于安全关联的 IP 报文才能在隧道内传递。

隧道模式 SA 的两个端点（隧道入口和隧道出口）可以是两个主机，两个安全网关，或者一个是安全网关、另一个是主机。这里的安全网关是指执行 IPsec 协议的路由器或者防火墙设备。隧道模式的 SA 可以保护在 IP 隧道中传递的 IP 报文。例如，隧道模式的 SA 可以将正常 IP 报文作为隧道中传递的 IP 报文的报体，在隧道中利用 ESP 协议加密该报体传递，使得正常 IP 报文可以在公共互联网环境下安全传递。

隧道模式 SA 可以用于建立虚拟专用网（Virtual Private Network，VPN），它通常可以应用于公共互联网环境下，将分散在不同地理位置的企业园区网连接成一个完整的企业内部网。这时，隧道入口和隧道出口可以是运行 IPsec 协议的企业网防火墙，或者运行 IPsec 协议的、与公共互联网连接的路由器。

虽然每条 SA 只能支持一个安全协议，但是有些应用需要同时支持 AH 和 ESP 安全协议。这时，就需要在一对 IP 网络结点之间建立多条 SA。1998 年版本的 IPsec 中规定，任何符合 IPsec 规范的安全 IP 实现系统中至少必须支持 4 种 SA 组合模式，而在 2005 年版本的 IPsec 规范中则已经删除了有关 SA 组合模式的规定。

6.1.3　安全 IP 技术规范

安全 IP（IPsec）技术规范定义了与 SA 相关的两个数据库，用于不同 SA 实现之间的互操作。SA 相关的数据库包括安全策略数据库（Security Policy Database，SPD）和安全关联数据库（Security Association Database，SAD）。SPD 用于存放控制 IP 报文流入或者流出与 SA 相关的主机或者安全网关的安全策略，SAD 用于存放所有活跃的安全关联的特征参数。

在 SA 组合模式的具体应用中，虽然要先建立远地主机到安全网关的 SA，然后再建立远地主机到企业网内部主机的 SA，但是，该模式要求在封装 IPsec 报头时，必须先封装远地主机到内部主机的 IPsec 报头，然后再封装远地主机到安全网关的 IPsec 报头。IPsec 技术规范要求，与 SA 相关的两个数据库 SPD 和 SAD 都必须支持这种限定的设置。

1. IPsec 对流出/流入报文的处理

IP 报文采用无连接传送方式，而安全关联是 IPsec 实现对 IP 报文安全控制的一种连接。IPsec 是如何在原有的 IP 报文传送方式中增加了面向安全连接的传送方式的？要回答这个问题，就必须探讨 IPsec 环境下的报文传送过程。

前面已经介绍，IPsec 通过 SPD 数据库存放对 IP 报文进行安全控制的数据，通过 SAD 数据库存放描述 SA 特征的数据。这样，为了能够对 IP 报文进行安全控制，IPsec 定义了一组描述 IP 报文特征的 IP 报头域，用于作为 SPD 和 SAD 数据库的关键数据项。这些 IP 报头域称为选择符。表 6-1 中罗列了 IPsec 规定的 SPD 和 SAD 应该支持的数据项。

表 6-1　SPD 和 SAD 应该支持的数据项

字　　段	报文中取值	SPD 数据项取值	SAD 数据项取值
IP 源地址	单个 IP 地址	单个值、区域值、通配值	单个值、区域值、通配值
IP 目的地址	单个 IP 地址	单个值、区域值、通配值	单个值、区域值、通配值
协议编号	单个协议编号	单个值、通配值	单个值、通配值
源端口编号	单个端口编号	单个值、通配值	单个值、通配值
目的端口编号	单个端口编号	单个值、通配值	单个值、通配值
用户标识	单个用户标识	单个值、通配值	单个值、通配值
安全标签	单个值	单个值、通配值	单个值、通配值

IP 源地址，在 IP 报文中只能取单个地址值，而在 SPD 数据项中可以限定为单个值（如 10.10.10.32，掩码 255.255.255.0）、区域值（如 10.10.10.0，掩码 255.255.255.0）或者通配值（如*.*.*.*，掩码*.*.*.*）。该字段在 SAD 数据项中可以设置为单个值、区域值或者通配值。

IP 目的地址，在 IP 报文中只能取单个地址值，而在 SPD 数据项中可以限定为单个值（如 10.10.30.16，掩码 255.255.255.0）、区域值（如 10.10.30.0，掩码 255.255.255.0）或者通配值。该字段在 SAD 数据项中可以设置为单个值、区域值或者通配值。

协议编号，在 IP 报文中只能取单个值，在 SPD 数据项中可以限定为单个值（如 UDP 的协议编号 17）或者通配值（取值为*），在 SAD 数据项中可以设置为单个值或者通配值。

源端口编号和目的端口编号，在 IP 报文中只能取单个值，在 SPD 数据项中可以限定为单个值（如 8080）或者通配值，在 SAD 数据项中则可以设置为单个值或通配值。

用户标识，它实际上不是 IP 报头的一个字段，而是可以通过 IP 源地址和域名服务查询到的用户域名，或者 X.509 证书中定义的用户名。这是 SPD 和 SAD 中应该包括的数据项，用于进行与用户名相关的安全控制。

安全标签，也不是 IP 报头的字段，但是可以与 IP 源地址或者目的地址建立某种映射，用于支持多级安全控制。安全标签是 SPD 和 SAD 应该支持的数据项。

IPsec 主要通过安全策略库（SPD）实现对 IP 报文的安全控制。IPsec 对所有流出和流入的 IP 报文都对照 SPD 进行匹配处理。如果找到 SPD 中的匹配项，则按照 SPD 存放的安全策略进行相应的处理；如果找不到匹配项，则丢弃该报文。

任何从 IPsec 结点（如 IPsec 主机或者安全网关）流出的 IP 报文都必须首先与 SPD 中的数据项进行匹配，以决定对 IP 报文进行安全处理。如果需要丢弃该报文，则需要记录在审核文件中；如果该报文可以旁路 IPsec，则该报文将继续下面正常的报文处理；如果该报文需要进行 IPsec 处理，则需要将该报文映射到某个或者某组 SA 中，或者创建一个新的 SA。由于一个 IP 报文可以匹配多个 SPD 规则或者多个 SA，则需要定义一组 IP 报文与 SA 的映射规则。按照 IPsec 的规定，SPD 规则是按照先后序列排序的，而 SAD 中的 SA 数据则没有排序。

2．IPsec 协议簇

IPsec 规范由一组 IETF 定义的 IPsec 协议描述，这组协议称为 IPsec 协议簇。图 6-2 是根据 RFC 2411 中有关安全 IP 协议簇组成结构的框架，细化的一张安全 IP 协议簇组成结构图。

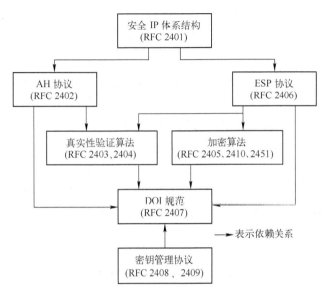

图 6-2　安全 IP 协议簇组成结构图

从图 6-2 中可以看出，安全 IP 协议簇首先在 RFC 2401 中定义了安全 IP 体系结构，在 RFC 2402 中定义了真实性验证报头（AH）协议，在 RFC 2406 中定义了封装安全报体（ESP）协议，这是安全 IP 协议簇中的两个安全协议。

安全 IP 协议簇在 RFC 2403 中定义了采用 MD5 作为报文摘要算法，采用 HMAC 作为报文验证码算法的、适用于 AH 和 ESP 协议的真实性验证算法，在 RFC 2404 中定义了采用 SHA-1 作为报文摘要算法，采用 HMAC 作为报文验证码算法的、适用于 AH 和 ESP 协议的真实性验证算法，在 RFC 2405 中定义了采用 DES 加密算法和 CBC 块操作模式的、适用于 ESP 协议的加密算法，在 RFC 2410 中定义了适用于 ESP 协议的空加密算法，在 RFC 2451 中定义了采用其他传统加密算法和 CBC 块操作模式的、适用于 ESP 协议的加密算法。

安全 IP 协议簇在 RFC 2408 中定义了互联网环境下通用的安全关联以及基于安全关联的密钥管理协议的框架结构，在 RFC 2409 中具体定义了适用于安全 IP 环境的密钥关联协议。最后，安全 IP 协议簇在 RFC 2407 中定义了安全 IP 协议中真实性验证算法、加密算法以及密钥管理协议中所涉及参数的取值范围及常数。

下面将分别介绍 AH 和 ESP 安全协议，互联网安全关联与密钥管理协议（ISAKMP），以及互联网密钥交换（IKE）协议。在 AH 和 ESP 安全协议中，将分别介绍 IPsec 协议簇定义的适用于 AH 和 ESP 协议的真实性验证算法，以及适用于 ESP 协议的加密算法。

6.1.4　真实性验证报头（AH）协议

真实性验证报头（AH）协议是 IPsec 中定义的两个安全协议之一，另一个安全协议是 ESP 协议。AH 主要是对 IP 报文提供无连接传递的完整性验证以及对数据源的真实性验证，它还可以提供防范 IP 报文重播攻击的功能。数据源真实性验证是指 AH 封装的 IP 报文发送方的真实性验证，并不一定指 IP 报文发送方。如果 AH 报文是在某个安全网关封装并且发出的，则 AH 只能验证该 IP 报文是否来自这个安全网关。防范报文的重播攻击是指攻击者在 IP 报文传递中途截获该报文，经过一段时间之后再在网络上重新发送一次或者多次该报文。

AH 协议真实性验证的范围包括尽可能多的 IP 报头的内容，以及 IP 报文携带的数据。这些数据一般指封装在 IP 报文内的上层协议报文，例如传输控制协议（TCP）或用户数据报协议（UDP）报文，也可能是封装在 IP 报文内的 IP 报文。由于某些 IP 报头字段在传递过程中必须根据协议处理要求更改字段中的值，例如 IP 报头中的生命期（TTL）字段，因此 AH 无法对这些在传递中需要更改的字段进行真实性验证和完整性验证。

1．AH 协议报文格式

AH 协议报文格式如图 6-3 所示，它包括下个报头、报体长度、预留、安全参数索引（SPI）、顺序编号和真实性验证数据，共 6 个 AH 报文中必不可少的字段。

图 6-3　AH 协议报头格式

1）下个报头：是一个长度为 8bit 的字段，用于标识 AH 报文之后的报文类别。通常采用协议编号标识。例如，如果 AH 报文之后紧跟着 UDP 报文，则"下个报头"取值为 17，即 UDP 协议的编号。

2）报体长度：是一个长度为 8bit 的字段，用于指示以 32bit 为单位的 AH 报体的长度。按照 AH 协议的规定，将整个 AH 报文长度（以长度为 32bit 的字为单位）减2，则为 AH 报体长度。例如，假定真实性验证数据长度为 96bit（3 个长度为 32bit 的字）的 AH 报文，其报体长度为1。

3）预留：是一个长度为 16bit 的字段，用于未来扩展 AH 的字段。必须取值为 0。

4）安全参数索引（SPI）：是一个长度为 32bit 的字段，SPI 与目的 IP 地址、安全协议标识（AH）可以唯一标识一个安全关联。它的取值分成三个部分：取值"0"用于本地标识，例如可以标识不存在与该 AH 报文相关的安全关联；取值"1"至"255"，由互联网赋值中心（IANA）预留，将在 IETF 颁布的规范中定义；取值大于"255"，根据具体 AH 实现确定。

5）顺序编号：是一个长度为 32bit 的字段，记录一个单调增加的计数器值，称为安全关联的顺序编号。AH 报文的接收方可以利用该字段防范重播攻击。在创建安全关联时，发送方和接收方都将该字段值初始化为"0"。当接收方利用该字段防范重播攻击时，该字段取值不能归"0"。一旦该字段取值归"0"，发送方必须重新建立一条安全关联。如果接收方不使用防范重播攻击的功能，发送方则可以不考虑该字段的归"0"处理。

6）真实性验证数据：是一个可变长度的字段，但是，该字段的长度必须是 32bit 的倍数。该字段包括了完整性校验值（英文缩写 ICV），用于对 AH 协议所保护的 IP 报文进行真实性验证和完整性验证。ICV 的长度由 AH 选择的真实性验证算法决定，如果 ICV 长度不是 32bit 的倍数，则该字段需要填充数据。

2. AH 协议的处理

AH 协议报文实际上就是一个报头。AH 协议编号为 51，AH 报文将插在 IP 报头与 IP 报体之间。插入 AH 协议报头之后，需要将原来 IP 报头中的"协议编号"字段（对于 IPv4）或者"下个报头"字段（对于 IPv6）内的值复制到 AH 报头的"下个报头"字段中，将原来 IP 报头中的"协议编号"或者"下个报头"字段赋值为 51。

与 SA 的使用模式一样，AH 也有两种使用模式：传送模式和隧道模式。在两种模式中，AH 报文的位置有所不同。在传送模式中，AH 报文的封装格式如图 6-4 所示。

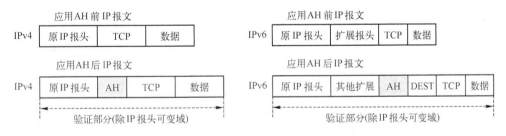

图 6-4　传送模式中 AH 报文的封装格式

对于 IPv4 的报文，AH 报文插在原来 IP 报头与 IP 报文封装的上层协议报文之间，图中假定上层协议报文是 TCP 报文。对于 IPv6 的报文，AH 报文插在原来 IP 报头以及需要在中间系统（即 IPv6 路由器）中处理的扩展报头（如逐跳、路由和分段扩展报头）之后，但是也可以插在 IPv6 的"目的选项"（图中缩写为 DEST）扩展报头之前。这是因为 AH 是端到端处理的报文，所以，必须放置在需要逐跳处理的扩展报头之后。

无论是 IPv4 还是 IPv6，插入 AH 报文之后都是对整个 IP 报文提供真实性验证的功能，这里需要剔除在 IP 报文传递过程中需要改变的部分。对于 IPv4 报文，这些可变部分包括服务类型、分段标志、分段偏移量、生命期与报头校验和。

隧道模式中，AH 报文的封装格式如图 6-5 所示。在隧道模式中，AH 可以保护原来 IP 报文中的所有内容。新 IP 报头中的源 IP 地址和目的 IP 地址可以标识建立隧道模式 SA 的一对安全网关，与原来 IP 报头中的地址完全不同。

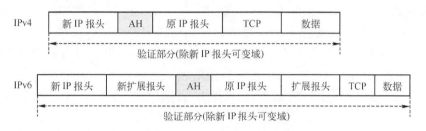

图 6-5　隧道模式中 AH 报文的封装格式

在隧道模式中，AH 也可以保护新 IP 报头，只是不包括新 IP 报头中可以变动的部分，例如生命期与报头校验和等字段。

3. 真实性验证算法

AH 中的真实性验证算法由与 AH 相关的安全关联指定，IPsec 标准化了两种真实性验证算法，一种是在 RFC 2403 中定义的采用 MD5 作为报文摘要算法，采用 HMAC 作为报文验证码算法的、适用于 AH 和 ESP 协议的真实性验证算法，缩写为 HMAC-MD5-96；另一种是在 RFC 2404 中定义的采用 SHA-1 作为报文摘要算法，采用 HMAC 作为报文验证码算法的、适用于 AH 和 ESP 协议的真实性验证算法，缩写为 HMAC-SHA-1-96。有关 HMAC、MD5 和 SHA-1 算法的具体描述请查阅本书第 3 章。下面介绍 IPsec 对这些算法在 AH 和 ESP 安全协议中应用的规定。

1）HMAC-MD5-96 算法产生长度为 128bit 的真实性验证码。在 AH 和 ESP 真实性验证的应用中，必须支持将 128bit 的真实性验证码截取前 96bit 作为真实性验证数据的操作。发送方将截取的前 96bit 存放在真实性验证数据字段内；接收方仍然按照长度为 128bit 计算整个报文的真实性验证码，然后截取前 96bit 与 AH 报文中的真实性验证数据进行比较。HMAC-MD5-96 不支持其他长度的真实性验证数据。

在 AH 和 ESP 真实性验证的应用中，HMAC-MD5-96 算法必须采用长度为 128bit 的密钥，并且该密钥必须分发到参与 AH 或 ESP 真实性验证的 IPsec 结点。为了防范攻击，建议周期性地更新密钥。

2）HMAC-SHA-1-96 算法产生长度为 160bit 的真实性验证码。在 AH 和 ESP 真实性验证的应用中，必须支持将长度为 160bit 的真实性验证码截取前 96bit 作为真实性验证数据的操作。发送方将截取的前 96bit 存放在真实性验证数据字段内；接收方仍然按照长度为 160bit 计算整个报文的真实性验证码，然后截取前 96bit 与 AH 报文中的真实性验证数据进行比较。HMAC-SHA-1-96 算法不支持其他长度的真实性验证数据。

在 AH 和 ESP 真实性验证的应用中，HMAC-SHA-1-96 算法必须采用长度为 160bit 的密钥，并且该密钥必须分发到参与 AH 或 ESP 真实性验证的 IPsec 结点。为了防范攻击，建议周期性地更新密钥。

6.1.5 封装安全报体（ESP）协议

封装安全报体（ESP）是安全 IP 技术中定义的两个安全协议之一，另一个安全协议是 AH 协议。ESP 主要用于对 IP 报文提供保密传递、无连接传递的完整性验证以及对数据源的真实性验证。ESP 也可以提供防范 IP 报文重播攻击的功能，以及有限度的通信流保密性。虽然 ESP 协议也提供真实性验证功能，但是，ESP 主要提供对 IP 报文加密传输的功能，它是专门为传统加密算法设计的安全协议。

ESP 提供的报文完整性验证和数据源真实性验证（两者统称为报文的真实性验证）的功能与 AH 基本相同。之所以 ESP 协议同时提供 IP 报文保密传递和真实性验证功能，是因为如果一个报文只采用保密传递服务，而没有采用真实性验证服务，则该报文可能会遇到网络攻击，从而破坏报文的保密性。当然，也可以不选用 ESP 本身提供的真实性验证服务，而另外选择 AH 提供的真实性验证服务。

只有选择了 ESP 的数据源真实性验证功能，ESP 协议的接收方才能选择 ESP 的防范重播报文攻击的功能。如果选择 ESP 的通信流保密功能，则 ESP 必须在隧道模式下运行，而且 ESP 最好是在安全网关上运行，而不是在主机上运行。这样，通过在安全网关中混合多个主机或者多个 IP 子网的报文，才能掩盖某个主机或者某个子网的通信流量的真实情况。虽然 ESP 的保密功能和真实性验证功能都是可选项，但是，ESP 协议要求必须选择其中一种功能。具体如何选择 ESP 功能，在建立 ESP 对应的安全关联时决定。

1．ESP 协议报文格式

ESP 协议的报文格式如图 6-6 所示，它包括安全参数索引（SPI）、顺序编号、报体数据、填充数据、填充数据长度、下个报头以及真实性验证数据。

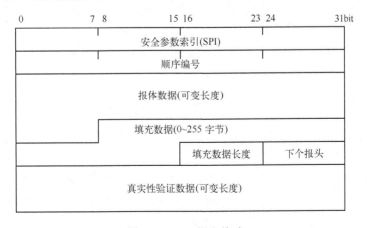

图 6-6　ESP 报文格式

1）安全参数索引（SPI）：是一个长度为 32bit 的字段，这是 ESP 报文的必选字段。SPI 是安全关联的响应方选择的一个 32bit 的数值，SPI 与目的 IP 地址、安全协议标识（ESP）可以唯一标识一个安全关联。它的取值分成三个部分：取值"0"用于本地标识，例如可以标识不存在与该 AH 报文相关的安全关联；取值"1"至"255"，由互联网赋值中心（IANA）预留，将在 IETF 颁布的规范中定义；取值大于"255"，根据具体 ESP 实现确定。

2）顺序编号：是一个长度为 32bit 的字段，记录一个单调增加的计数器值，称为安全关联的顺序编号，这是 ESP 报文的必选字段。ESP 报文的接收方可以利用该字段防范重播攻击。在创建安全关联时，发送方和接收方都将该字段值初始化为"0"。当接收方利用该字段防范重播攻击时，该字段取值不能归"0"。一旦该字段取值归"0"，发送方必须重新建立一条安全关联。

3）报体数据：是一个可变长度的字段，存放了 ESP 报文携带的上层协议报文，例如 TCP/UDP 报文。报体数据的内容由"下个报头"字段描述。该字段也是 ESP 报文的必选字段，其长度必须是 8bit 的整数倍。

4）填充数据：是一个限定长度范围的字段，长度为 0～255 字节（1B=8bit）。这是 ESP 报文的可选字段，它是根据加密算法对被加密数据块长度的要求，或者 ESP 报文格式对报文长度的要求（如要求到"下个报头"字段为止的报文长度必须是 32bit 的整数倍）而填充数据的字段。有关如何处理填充数据的规则可以参阅 RFC 2406。

5）填充数据长度：是一个 8bit 字段，以字节为单位来表示填充数据字段的长度，其有效值为 0～255。取值"0"表示没有填充数据字段。这是 ESP 报文的必选字段。

6）下个报头：是一个长度为 8bit 的字段，用于标识包含在"报体数据"字段内的报文类别。通常采用协议编号标识。例如，如果"报体数据"字段内包含的是 UDP 报文，则"下个报头"取值为 17，即 UDP 协议的编号。该字段是 ESP 报文的必选字段。

7）真实性验证数据：是一个可变长度的字段，但是，该字段的长度必须是 32bit 的倍数。该字段包括了完整性校验值（英文缩写 ICV），用于对 ESP 报文（除去"真实性验证数据"字段）进行真实性验证和完整性验证。ICV 长度由 ESP 选择的真实性验证算法决定。该字段是 ESP 报文的可选字段，只有选择了 ESP 协议的真实性验证功能，才需要选择该字段。

2．ESP 协议的处理

ESP 协议编号是 50，因此封装 ESP 协议的报文需要在"下个报头"字段中设置"50"。例如，同时使用 ESP 和 AH 协议时，安全 IP 技术规定 AH 必须封装 ESP 报文，此时，AH 中的"下个报头"字段取值就是 50。如果 ESP 报文被封装在 IP 报文中，则 IPv4 报头的"协议"字段或 IPv6 报头/扩展报头的"下个报头"字段取值为 50。

ESP 协议不同于 AH 协议，它是将需要保护的 IP 报文（隧道模式）或者 IP 报文传递的报体（传送模式）封装在自己的"报体数据"字段中。所以，对于 IP 报文应用

ESP 协议时，需要考虑 ESP 报头和报尾在原来 IP 报文中的位置。

与 SA 的使用模式一样，ESP 也有两种使用模式：传送模式和隧道模式。在两种模式中，ESP 报头和报尾的位置有所不同。传送模式中，ESP 报文的封装格式如图 6-7 和图 6-8 所示。

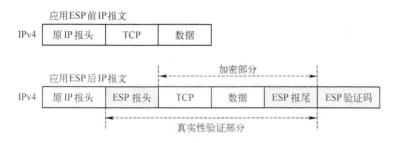

图 6-7 ESP 报文的 IPv4 传送模式封装格式

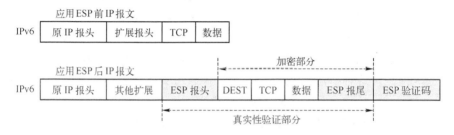

图 6-8 ESP 报文的 IPv6 传送模式封装格式

对于 IPv4 的报文（见图 6-7），ESP 报头（即 SPI 和"顺序编号"字段）插在原来 IP 报头与 IP 报文封装的上层协议报文之间，图 6-7 中假定上层协议报文是 TCP 报文；ESP 报尾（即"填充数据长度"和"下个报头"字段）和 ESP 验证码（即"真实性验证数据"字段）紧随原来 IPv4 报文之后。

对于 IPv6 的报文（见图 6-8），ESP 报头插在原来 IP 报头以及需要在中间系统（即 IPv6 路由器）中处理的扩展报头（如逐跳、路由和分段扩展报头）之后，但是也可以插在 IPv6 的"目的选项"（图中缩写为 DEST）扩展报头之前。这是因为 ESP 是端到端处理的报文，所以，必须放置在需要逐跳处理的扩展报头之后。同样，ESP 报尾和 ESP 验证码紧随原来 IPv6 报文之后。无论是 IPv4 还是 IPv6，都是只对 IP 报文中从 ESP 报头到 ESP 报尾的数据才会提供真实性验证的功能，只对 IP 报文中从 ESP 报头之后到 ESP 报尾的数据提供保密传递的功能。

隧道模式中，ESP 报文的封装格式如图 6-9 所示。在隧道模式中，ESP 可以通过加密和真实性验证功能来保护原来 IP 报文中的所有内容。新 IP 报头中的源 IP 地址和目的 IP 地址可以标识建立隧道模式 SA 的一对安全网关，与原来 IP 报头中的地址完全不同。这样，就可以对 IP 报文的真实 IP 源地址和目的地址进行保密，防范网络攻击者收集重要网络主机之间的通信流量信息。

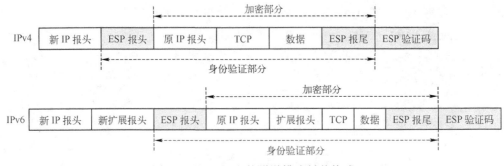

图 6-9　ESP 报文的隧道模式封装格式

3．ESP 协议的加密算法

ESP 协议使用的真实性验证算法与 AH 协议使用的算法相同，有关 ESP 协议的真实性验证算法使用规范可以参阅 6.1.4 节"真实性验证报头（AH）协议"。

如果 ESP 协议同时选择了加密功能和真实性验证功能，则必须首先对报文执行加密算法，然后再对加密之后的 ESP 报文执行真实性验证算法。这种算法执行的顺序可以便于接收方在解密报文之前就进行伪造报文或者重播报文的检测，防范可能的"拒绝服务"攻击。同时，这种算法的执行顺序允许接收方并行进行报文真实性验证和报文解密的计算，从而提高接收方处理 ESP 协议的性能。

ESP 协议是面向传统加密算法而设计的安全协议，所以，ESP 协议相关的标准加密算法都是传统加密算法。RFC 2405 定义了在 ESP 协议中采用 CBC 模式及 DES 加密算法的规范，按照该规范使用的加密算法简称为 DES-CBC 算法。

DES-CBC 算法要求每个 ESP 报文携带 CBC 模式所需的初始向量 IV，IV 必须放置在 ESP 报文的"顺序编号"字段之后、被加密的"报体数据"字段之前。IV 的长度为 64bit。DES-CBC 是一种块加密算法，要求块的大小为 64bit。DES-CBC 作为一种传统加密算法，其共享密钥的长度为 64bit，共 8 个 8bit 位组。因为这 8 个 8bit 位组的最低位是奇偶校验位，所以，实际密钥长度为 56bit。这里基本采纳了 DES 算法的规范。

RFC 2451 进一步定义了在 ESP 协议中采用 CBC 模式以及 RC5 和 3DES（即 TDES）算法的规范。由于 3DES 算法的密钥长度可达 192bit，所以，RFC 2451 定义了一组适用于 ESP 协议的更加安全的加密算法。表 6-2 给出了 RFC 2451 定义的在 ESP 协议中所使用各种加密算法的密钥长度的规范值、常用值和默认值。

表 6-2　RFC 2451 定义的适用于 ESP 协议的密钥长度　　　　（单位：bit）

算　　法	密钥长度规范值	常用值	默认值
CAST–128	40～128	40、64、80、128	128
RC5	40～2040	40、128、160	128
IDEA	128	128	128
Blowfish	40～448	128	128
3DES	192	192	192

有关这些加密算法在 ESP 协议中应用的其他规范可以参阅 RFC 2451。

6.1.6 互联网安全关联与密钥管理协议（ISAKMP）

互联网安全关联与密钥管理协议（ISAKMP）集成了真实性验证、密钥管理和安全关联等网络安全概念，为互联网上政府、商业和个人的通信创建了一个安全的环境。ISAKMP 虽然是在 IPsec 协议簇中定义的一个协议，但是，它试图适用于互联网的所有协议层。

ISAKMP 定义了一个标准的 ISAKMP 报头格式，一组用于安全关联的创建、修改和删除的标准报体格式，以及一个标准的安全关联创建的两阶段（第一、第二协商阶段）过程。ISAKMP 对于设计和实现互联网环境下的密钥管理协议具有很好的指导作用。

1. ISAKMP 概述

ISAKMP 不仅适用于 IP 协议层的安全通信，也适用于其他所有协议层次的安全通信，例如 IPsec、TLS、OSPF 等。设计 ISAKMP 的目的是集中管理安全关联，减少不同层次安全协议之间的重复功能，提高安全关联创建和维护的效率。但是，ISAKMP 协议的设计模型也在一定程度上破坏了分层结构的灵活性，降低了安全协议的灵活组合能力。

ISAKMP 协议主要定义了用于验证通信对等方身份、创建和管理安全关联、生成密钥以及减少网络攻击威胁的一组规程。安全关联包括了执行不同网络安全协议（如 IP 层的 AH 和 ESP 协议）所需要的所有信息，ISAKMP 定义了用于安全关联的多种报体格式，例如交换密钥生成数据和真实性验证数据的报体格式。这些报体格式构成了一个独立于密钥生成技术、加密算法和真实性验证机制的公共框架模型。

虽然可以通过密钥交换协议建立安全关联，但是，ISAKMP 不同于密钥交换协议，也不同于安全关联建立协议，它仅仅是用于建立、修改和删除 SA 的一个公共框架模型。为了区分安全关联的细节与密钥交换的细节，ISAKMP 规范不同于密钥交换协议。实际上 IETF 定义了多种不同的密钥交换协议，例如在 IPsec 协议簇中，就可以采用多种密钥管理协议，其中互联网密钥交换协议（英文缩写 IKE）就是一种专门用于密钥管理的协议。不同的密钥管理协议具有不同的安全特性，这样，就需要一个公共的框架结构，定义统一的 SA 属性结构，定义统一的协商、修改和删除 SA 的过程。ISAKMP 就是这种用于建立安全关联的公共框架结构。

不同的网络安全环境需要不同的网络安全关联，ISAKMP 就是为了协商这些不同安全需求的安全关联而设计的框架模型。ISAKMP 支持安全 IP 同其他安全协议有关的不同加密算法、真实性验证机制以及密钥建立算法的协商，ISAKMP 支持低层协议面向主机的证书、高层协议面向用户的证书，ISAKMP 还支持应用协议、面向会话协议、路由选择协议以及链路层协议要求的独立于具体加密算法和真实性验证机制的安全能力。

作为一种公共框架模型，ISAKMP 具有自身的灵活性，它不依赖于任何一种加密算法、真实性验证算法或者安全机制，这样，它就可以适用于任何新型的安全技术，同时，也可以通过更新加密算法、真实性验证算法和安全机制，提高自身的安全防御能力。

ISAKMP 中的一个重要思想是，将真实性验证和密钥交换相结合可以取得更强的安全控制能力，安全关联就是结合了真实性验证和数据保护的一种安全机制。

ISAKMP 不限定具体的加密算法、密钥产生技术和真实性验证机制，但是，ISAKMP 对真实性验证和密钥生成部件有一些基本的要求，这些要求可以防范"拒绝服务""重播""中间人"和"连接劫持"攻击。例如，为了减少网络攻击威胁，ISAKMP 要求一个基于数字签名的强真实性验证机制，但是，ISAKMP 并没有指定某种具体的数字签名算法或证书认证中心。ISAKMP 提供了标识不同认证中心、证书类型和证书交换的设施。

安全关联是两个或者多个实体之间描述如何使用安全服务进行安全通信的一种关系，这种关系采用这些实体之间作为合同的一组信息来表示。这组信息是在这些实体之间协商和共享的，有时这组信息本身就称为一个"安全关联"。为了在实体之间进行安全通信，所有实体必须严格遵守"安全关联"的约定。ISAKMP 的主要作用就是定义协商这组信息所需要的报文格式和基本交换过程。

2. ISAKMP 报文格式

ISAKMP 报文由一个固定格式的报头和一组报体构成。ISAKMP 报头后面跟随的报体类型由报头中的"交换类型"字段确定，即不同的交换类型的 ISAKMP 报文具有不同的报体组合。所以，ISAKMP 报文结构是一种模块化的结构，可以满足管理不同安全特性的安全关联的需求。

ISAKMP 报头包含了维护协议状态、处理报体以及防范拒绝服务和重播攻击所需要的信息。ISAKMP 报头格式如图 6-10 所示，ISAKMP 报头包括以下字段。

图 6-10　ISAKMP 报头格式

1）发起方甜点字段：长度为 8 个 8bit 位组（64bit），存放发起 SA 创建、SA 通告和 SA 删除的实体的甜点。"甜点"是指防范拒绝服务和重播攻击的一种标记。

2）响应方甜点字段：长度为 8 个 8bit 位组（64bit），存放响应 SA 创建、SA 通告和 SA 删除的实体的甜点，该字段与发起方甜点字段组合，可以唯一标识一个 ISAKMP 安全关联。

3）下个报体字段：长度为 1 个 8bit 位组（8bit），指示第一个报体的类型。ISAKMP 定义的报体类型及取值可见表 6-3。

表 6-3　ISAKMP 报体类型及取值一览表

报 体 类 型	取　值	报 体 类 型	取　值
无报体	0	哈希报体（HASH）	8
安全关联报体（SA）	1	签名报体（SIG）	9
建议报体（P）	2	一次性数报体（NONCE）	10
转换报体（T）	3	通告报体（N）	11
密钥交换报体（KE）	4	删除报体（D）	12
标识报体（ID）	5	供货商标识（VID）	13
证书报体（CERT）	6	预留	14～127
证书请求报体（CR）	7	内部使用	128～255

4）大版本字段：长度为 4bit，指示正在使用的 ISAKMP 协议的较大版本。如果使用 RFC 2408 定义的 ISAKMP，则该字段取值为 1。

5）小版本字段，长度为 4bit，指示正在使用的 ISAKMP 协议的较小版本。如果使用 RFC 2408 定义的 ISAKMP，则该字段取值为 0。

6）交换类型字段：长度为 1 个 8bit 位组（8bit），指示该 ISAKMP 报文应用的交换类型。报文交换类型的取值决定了在 ISAKMP 交换中报文和报体的序列。表 6-4 中罗列了 ISAKAMP 报头交换类型字段可能的取值及含义。其中的 DOI 表示 RFC 2407 中定义的安全 IP 对于 ISAKMP 的取值范围。

表 6-4　ISAKMP 交换类型及取值一览表

ISAKMP 交换类型	取　值	ISAKMP 交换类型	取　值
无类型	0	消息型	5
基本型	1	ISAKMP 未来使用	6～31
标识保护型	2	DOI 指定使用	32～239
真实性验证型	3	内部使用	240～255
自信型	4		

7）标志字段：长度为 1 个 8bit 位组（8bit），指示为 ISAKMP 交换设置的某些特殊选项。RFC 2408 中定义了 3 个标志位，从低位到高位的排序为：加密标志位、提交标志位、真实性验证标志位。标志字段中的其他 5 个标志位在 RFC 2408 中没有定义，应该设置为"0"。已经定义的 3 个标志位的具体含义如下。

① 加密标志位（缩写为 E），位于标志字段的 0 比特位。如果该标志位为"1"，则表示 ISAKMP 报头后面所有的报体已经按照 ISAKMP 安全关联所指定的加密算法进行了加密。如果该标志位为"0"，则表示 ISAKMP 报头后面的所有报体都没有被加密。

② 提交标志位（缩写为 C），位于标志字段的 1 比特位。该标志位可以用于发出密钥交换同步的信号，保证对方在安全关联建立完成之后，才收到密钥材料。如果该标志位为"1"，则接收到该报文的一方必须等待设置该标志位的另一方传来的"已连接"通告报文后，才能启用密钥材料。

③ 真实性验证标志位（缩写为 A），位于标志字段的 2 比特位。如果该标志位为"1"，则该报头后面的通告报体只进行真实性验证处理，而不进行加密处理。该标志位可以用于携带通告报体的消息交换，允许传递的消息只进行完整性检查（真实性验证），而不进行加密。

8）报文标识符字段：长度为 4 个 8bit 位组（32bit），用于标识 ISAKMP 第二阶段正在协商的安全关联。该字段的数值由第二阶段协商的发起方随机生成。该字段在 ISAKMP 第一阶段协商时，取值应该为"0"。

9）报文长度字段：长度为 4 个 8bit 位组（32bit），该字段存放以 8bit 位组（8bit）为单位的整个 ISAKMP 报文的长度，ISAKMP 报文包括了 ISAKMP 报头和所有的报体。加密有可能会扩展 ISAKMP 报文的长度。

ISAKMP 报头之后可以跟随不同类型的 ISAKMP 报体，所有的报体都具有一个通用的报头格式，其格式如图 6-11 所示。

图 6-11　ISAKMP 报体通用报头格式

- 下个报体字段：长度为 1 个 8bit 位组（8bit），用于指示在该报体的下一个报体的类型。如果该报体是 ISAKMP 报文的最后一个报体，则该字段取值为"0"。
- 预留字段：目前尚未定义，该字段取值为"0"。
- 报体长度字段：长度为两个 8bit 位组（16bit），表示以 8bit 位组（8bit）为单位的该报体长度。报体包括报体的通用报头和报体的内容。

3．安全关联的协商过程

ISAKMP 需要通过两个阶段才能建立针对某个具体安全协议的安全关联。第一阶段是建立 ISAKMP 自身的安全关联，称为 ISAKMP 安全关联；第二阶段再建立针对某个具体安全协议的安全关联，称为协议安全关联。两个阶段的协商过程保证了 ISAKMP 独立于任何具体的安全协议，并且可以适用于任何安全协议的协商过程。

在第一阶段，两个准备进行安全通信的实体首先建立一个 ISAKMP 的安全关联，用于保护后续在两者之间进行的安全关联协商。两个实体之间可以建立多个 ISAKMP 安全关联。第一阶段主要是对执行 ISAKMP 的服务器或主机进行真实性验证，而不需要涉及具体安全协议相关的用户或者应用系统。

在建立安全关联之前，ISAKMP 不能假定存在任何的安全服务，所以，它需要自己管理 ISAKMP 的安全关联。它通过 ISAKMP 报头中的两个"甜点"字段（发起方"甜点"字段和响应方"甜点"字段）来标识 ISAKMP 的安全关联。ISAKMP 报头中的报文标识符字段和建议报体（注："建议报体"表示 ISAKMP 中定义的一类报体）中的安全参数索引（SPI）字段用来标识其他安全协议的安全关联。

"甜点"字段的作用主要是为了防范"拒绝服务"攻击。ISAKMP 协议虽然没有规定具体的"甜点"生成算法，但是，对于这类算法提出了以下的基本要求：

①"甜点"必须由某个具体的安全关联的参与方才能生成，而无法通过真实的 IP 地址或者 UPD 端口号产生；

②"甜点"不能由其他实体生成后再传递给"甜点"发行方，即"甜点"必须由"甜点"发行方利用本地的保密信息生成，并且可以验证该"甜点"；

③"甜点"生成算法应该足够快，以便阻止试图消耗 ISAKMP 服务器或主机资源的"拒绝服务"攻击。

第二阶段的协商主要利用已经建立的 ISAKMP 关联，为其他安全协议（如安全 IP 协议簇中的 AH 和 ESP 安全协议）建立安全关联。第二阶段可以建立多个与安全协议相关的安全关联。第二阶段协商的真实性验证对象与第一阶段不同，它将对具体安全协议对应的用户或者应用软件进行真实性验证。由丁在第二阶段可以建立多个其他安全协议的安全关联，所以在 ISAKMP 第二阶段的协商过程中，就不能单独利用发起方甜点和响应方甜点标识正在建立的安全关联，而是要利用 ISAKMP 报头中的报文标识符标识出在同一个 ISAKMP 安全关联中正在协商的不同安全关联。

两个阶段协商分别采用不同的字段标识建立安全关联，这样，两个阶段协商涉及的 ISAKMP 报头的字段就会不同。表 6-5 罗列了两个不同协商阶段涉及的字段。在所有涉及安全关联（SA）建立的不同操作中，必须包括 ISAKMP 报头中的"甜点"字段、报文标识符字段以及建议报体中的 SPI 字段。在表 6-5 中，"X"表示该字段值必须出现；"0"表示该字段值还没有出现，该字段默认值是"0"；"N/A"表示该字段不适用于对应的操作。

表 6-5　ISAKMP 两阶段协商操作相关的字段取值一览表

编　号	操　作	发起方甜点	响应方甜点	报文标识符	SPI
1	发起 ISAKMP SA 协商	X	0	0	0
2	响应 ISAKMP SA 协商	X	X	0	0
3	发起其他 SA 协商	X	X	X	X
4	响应其他 SA 协商	X	X	X	X
5	其他操作（KE, ID 等）	X	X	X/0	N/A
6	安全协议（ESP, AH）	N/A	N/A	N/A	X

表 6-5 中第 1 项和第 2 项操作属于 ISAKMP 第一阶段协商 ISAKMP SA 操作，在发起 ISAKMP 安全关联时只出现发起方甜点字段，而在响应 ISAKMP 安全关联时必须同时出现发起方和响应方的甜点字段。

表 6-5 中第 3 项和第 4 项都是属于 ISAKMP 第二阶段协商其他 SA 操作，此时交互的 ISAKMP 报文必须包括发起方和响应方的甜点字段，报文标识符字段，以及建议报体的 SPI 字段。

表 6-5 中第 5 项操作可以属于 ISAKMP 第一阶段协商，此时，其报文标识符字段取值为"0"；它也可以属于 ISAKMP 第二阶段协商，此时，其报文标识符字段必须出现。

表 6-5 中第 6 项操作是在 ISAKMP 第二阶段协商完成安全协议 SA（如 ESP 和 AH 安全协议 SA）之后，进行安全协议（如 ESP 和 AH）的操作。此时，交互的安全协议报文中只需要涉及 SPI 字段，因为可以通过 SPI 字段值查询到已经协商好的 SA 中的所有信息。

无论是第一阶段协商，还是第二阶段协商，都采用 ISAKMP 定义的交换机制，或者采用密钥交换协议定义的交换机制。密钥交换协议将在 6.1.7 节"互联网密钥交换（IKE）协议"中具体介绍。以下将介绍 ISAKMP 定义的交换机制。

4．ISAKMP 的交换类型

目前，ISAKMP 定义了 5 种默认的交换类型：基本型、标识保护型、真实性验证型、自信型以及消息型交换，用于建立和修改安全关联。不同 ISAKMP 交换类型之间的主要区别是交换报文的次序，以及在单个报文中报体的次序。虽然 ISAKMP 不限制单个报文中报体的次序，但是，在单个报文中遵循 ISAKMP 建议的报体次序可以提高 ISAKMP 协议处理的效率。例如，按照 ISAKMP 的规定，安全关联应该是报文中第一个报体。

这些默认的交换描述包括了主要的字段，省略了某些默认字段。另外，在交换过程的描述中也省略了 ISAKMP 的第一阶段发起方和响应方"甜点"的初始交换过程。

在介绍 ISAKMP 基本交换类型之前，首先介绍以下交换过程中需要使用的符号。

- HDR 表示 ISAKMP 报头，HDR*表示 ISAKMP 报头后面的报体被加密。
- SA 表示 SA 报体，以及一个或者多个建议报体和转换报体。发起方可以提供多个协商的建议报体，响应方必须且仅选择一个建议报体。
- KE 表示密钥交换报体。
- ID_{A1} 和 ID_{B1} 分别表示 ISAKMP 第一阶段协商过程中 ISAKMP 安全关联的发起方和响应方的标识报体。
- ID_{A2} 和 ID_{B2} 分别表示第二阶段协商过程中，用户或者应用安全关联的发起方和响应方的标识报体。
- HASH 表示哈希报体，$HASH_A$ 和 $HASH_B$ 分别表示发起方和响应方的哈希报体。
- SIG 表示签名报体，用于真实性验证。
- AUTH 表示一个通用的真实性验证机制，例如 HASH 或 SIG。
- NONCE 表示一次性数报体，用于防范报文重播攻击。

A 表示发起方，B 表示响应方，A→B 表示报文从发起方传送给响应方。注意：在 RFC 2408 中，I 表示发起方，R 表示响应方。为了保证全书符号尽量统一，这里采用本书在 3.3 节"真实性验证协议"中的标记符号。

交换类型 1：基本型交换。基本型交换允许同时传递密钥交换信息和真实性验证信息，这样虽然可以减少报文的交换次数，但却无法保护身份标识。基本型交换过程如下。

$M1$: A → B: HDR, SA, P_1, P_2,···, P_N, NONCE
$M2$: B → A: HDR, SA , P_J, NONCE
$M3$: A → B: HDR, KE, ID_{A1}, $AUTH_A$
$M4$: B → A: HDR, KE, ID_{B1}, $AUTH_B$

报文 $M1$ 和 $M2$ 用于协商 SA 报体中携带的建议报体和转换报体，$M1$ 中的 SA 可能携带多个建议报体和转换报体，而 $M2$ 中的 SA 中只能携带一个响应方选择的建议报体。这里，一次性数报体 NONCE 被用于验证报文身份，防范重播报文的攻击。$M3$ 和 $M4$ 报文用于交换密钥材料，以及生成发起方和响应方共享密钥与真实性验证数据。报文 $M3$ 和 $M4$ 都在各自真实性验证报体 AUTH 的保护下，从而保证这两个报文的完整性和真实性。

交换类型 2：标识保护型交换。该类型交换将密钥信息的交换与标识信息和真实性验证数据的交换相分离，这样，就可以利用已经协商好的密钥来加密标识信息，防范标识信息的泄露。标识保护型交换过程如下。

$M1$: A → B: HDR, SA, P_1, P_2,···, P_N
$M2$: B → A: HDR, SA, P_J
$M3$: A → B: HDR, KE, NONCE
$M4$: B → A: HDR, KE, NONCE
$M5$: A → B: HDR*, ID_{A1}, $AUTH_A$
$M6$: B → A: HDR*, ID_{B1}, $AUTH_B$

报文 $M1$ 和 $M2$ 处理的内容与基本型交换相同，只是这里将一次性数报体 NONCE 移到后续报文中传递。报文 $M3$ 和 $M4$ 传递发起方和响应方的密钥材料，使得双方可以生成共享密钥，以及真实性验证的数据。报文 $M3$ 和 $M4$ 中传递的 NONCE 报体用于防范重播报文攻击。报文 $M5$ 和 $M6$ 加密传递双方的标识，并且这两个报文也被真实性验证报体 AUTH 保护，可以保证报文的完整性和真实性。

交换类型 3：真实性验证型交换。该类型交换只交换真实性验证数据，对报文进行真实性验证。这样，可以减少计算密钥的开销。采用该交换类型，传输的报文都不会进行加密。真实性验证型交换过程如下。

$M1$: A → B: HDR, SA, P_1, P_2,···, P_N, NONCE
$M2$: B → A: HDR, SA, P_J, NONCE, ID_{B1}, $AUTH_B$
$M3$: A → B: HDR, ID_{A1}, $AUTH_A$

发起方 A 通过报文 $M1$ 向响应方 B 发起安全关联建立请求，B 通过报文 $M2$ 响应 A 的请求，并且传递自己的标识符，同时对 $M2$ 附带真实性验证码 $AUTH_B$。A 接收到 B 的响应报文 $M2$ 之后，验证报文 $M2$ 的身份和 B 的身份，然后返回报文 $M3$，携带自己的标识符，提交给响应方 B 验证 A 的身份。报文 $M3$ 也被真实性验证报体保护。

交换类型 4：自信型交换。该交换对网络安全环境比较自信，在同一个报文中一次传递安全关联、密钥交换和真实性验证相关的报体。这样，可以减少报文的交换次数，提高交换的效率。但是，这类交换无法保护标识。自信型交换过程如下。

$M1: A \rightarrow B: HDR, SA, P_1, P_2, \cdots, P_N, KE, NONCE, ID_{A1}$
$M2: B \rightarrow A: HDR, SA, P_J, KE, NONCE, ID_{B1}, AUTH_B$
$M3: A \rightarrow B: HDR^*, AUTH_A$

报文 $M1$ 一次传递了安全关联、密钥交换以及安全关联的用户标识报体，同时，还传递一次性数报体，用于防范重播报文攻击。报文 $M2$ 回复响应方选择的安全关联报体，以及响应方 B 的密钥交换和标识报体，同时，还携带了一次性数报体和真实性验证报体 $AUTH_B$。A 接收到报文 $M2$ 之后，就可以确定双方选择的安全关联的加密算法、真实性验证算法以及密钥材料，并且可以验证 B 的身份。然后，A 通过报文 $M3$ 向 B 传递经过加密的真实性验证报体，供 B 验证 A 的身份。如果 B 成功验证了 A 的身份，则交换结束。

交换类型 5：消息型交换。该类型交换是一种用于安全关联管理的单向消息传递。它可以用于传递通告报体（N）和安全关联删除报体（D）。消息型交换过程如下。

$M1: A \rightarrow B: HDR^*, N/D$

这里 N/D 表示是通告报体 N，或者是删除报体 D。如果该交换是在 ISAKMP 第一阶段协商完成之后进行的，由于 ISAKMP 尚未协商好密钥材料，则无法对报体进行加密传递。这时，将以明文形式传递报体。

ISAKMP 协议中定义的交换类型并没有构成一个完整的协议，为了真正建立和修改安全关联，还需要定义较为完整的真实性验证和密钥交换协议。

6.1.7 互联网密钥交换（IKE）协议

互联网密钥交换（IKE）协议是一种较为完整的安全关联建立和密钥协商协议。IKE 协议采用了 ISAKMP 定义的 ISAKMP 报头和报体格式，以及 ISAKMP 的两阶段协商框架结构，规范了安全关联建立、密钥协商的具体参数和交互过程。

1. IKE 协议概述

IKE 定义的交互模式可以应用于 ISAKMP 定义的第一阶段和第二阶段的协商，但是这些交互模式只能应用于 ISAKMP 定义的两个交互阶段之一。例如"主模式"和"自信模式"用于完成第一阶段 ISAKMP 安全关联的交互，并且它们只能用于第一阶段交互。

第二阶段是代表某类安全服务，例如 IPsec 安全服务进行的交互，目的是建立某类安全协议要求的安全关联。第二阶段交互需要协商密钥资料和参数。"快速模式"可以完成第二阶段的交互，并且它只能应用于第二阶段的交互。"新组模式"既不属于第一阶段，也不属于第二阶段。它是在第一阶段之后建立一个用于未来协商的新组。所以，它必须在 ISAKMP 第一阶段协商之后。

加密算法、哈希算法、真实性验证算法、Diffie-Hellman 密钥生成数据都是 IKE 使用的算法和参数，它们是在 ISAKMP 安全关联中协商的。这些算法和参数仅应用于 ISAKMP 安全关联中，不一定适用于 ISAKMP 代替其他安全协议建立的安全关联。

IKE 定义了两种基本的身份验证密钥交换模式：主模式和自信模式。这两种模式都是从短期的 Diffie-Hellman 交换中生成经过身份验证的密钥资料。主模式是必须实现的，自信模式是应该实现的，而快速模式也是必须实现的一种机制，用于生成最新的密钥资料、协商非 ISAKMP 的安全服务。新组模式是一种应该实现的机制，用于定义 Diffie-Hellman 交换的专用组。在 IKE 交换过程中，不能切换 IKE 的交换模式。

IKE 定义的交换协议完全采用 ISAKMP 定义的报体格式、参数编码、报文超时和重发以及消息报文。

主模式是 ISAKMP 标识保护型交换的一种实例。主模式的前两个报文协商策略，随后两个报文交换 Diffie-Hellman 公共值及交换必需的其他附属数据（如一次性数），最后两个报文验证 Diffie-Hellman 的交换。最初 ISAKMP 交换协商的身份验证方法会影响主模式中报体的组合，但不会影响这些报体的用途。主模式的交换类型取值为 ISAKMP 标识保护型取值。

自信模式是 ISAKMP 自信型交换的一种实例。自信模式的前两个报文协商策略、交换 Diffie-Hellman 公共值并交换必需的附属数据以及标识。另外，第二个报文还对响应方进行身份验证。第三个报文验证发起方身份并提供参与交换的证明。自信模式的交换类型取值为 ISAKMP 自信型取值（见表 6-4）。自信模式的第三个报文可以不在 ISAKMP 安全关联的保护下发送。

快速模式和新组模式在 ISAKMP 中没有对应的交换类型，它们是 IKE 中定义的密钥交换的操作模式。

对于主模式和自信模式可以采用 4 种不同的身份验证方法：数字签名、公钥加密身份验证、改进的公钥加密身份验证以及预共享密钥。

2．IKE 协议采用的符号约定

IKE 定义了几种标准密钥交互协议。IKE 定义的密钥交互协议采用的符号表示如下。

- A 表示发起方，B 表示响应方。注意：在 RFC 2409 中，I 表示发起方，R 表示响应方。为了保证全书符号尽量统一，这里采用本书在 3.3 节"真实性验证协议"中的标记符号。

- HDR 表示 ISAKMP 报头，HDR*表示 ISAKMP 报头后面的报体被加密。
- SA 表示 ISAKMP 定义的 SA 报体，SA 报体可以带有一个或者多个建议报体。发起方可以提供多个建议报体，而响应方只能回复一个被选中的建议报体。在 IKE 具体交互中，为了简化交互报文的描述，没有明确表示"建议"报体。
- <P>表示报体 P 中的内容。例如，<SA>表示 SA 报体的内容。
- CKY_A 和 CKY_B 分别表示在 ISAKMP 报头中的发起方和响应方"甜点"。
- G^{XA} 和 G^{XB} 分别表示发起方和响应方的 Diffie-Hellman 的公共值。
- G^{XY} 表示 Diffie-Hellman 算法生成的共享密钥。
- KE 表示密钥交换报体，其中包含了 Diffie-Hellman 交换中需要的公共信息。
- N_A 和 N_B 分别表示 ISAKMP 发起方和响应方的一次性数报体。
- ID_{A1} 和 ID_{B1} 分别表示 ISAKMP 第一阶段协商过程中 ISAKMP 安全关联的发起方和响应方的标识报体。
- ID_{A2} 和 ID_{B2} 分别表示第二阶段协商过程中，用户或者应用安全关联的发起方和响应方的标识报体。
- SIG 表示数字签名报体。
- CERT 表示证书报体。
- HASH 表示哈希报体，$HASH_A$ 和 $HASH_B$ 分别表示发起方和响应方的哈希报体。
- PRF(K, M)是基于密钥 K 对报文 M 生成的伪随机函数，通常是基于密钥的哈希函数，用于产生确定性的伪随机输出。该函数可以用于生成密钥和身份验证。
- SKEYID 表示从只有参与方知道的保密资料中导出的字符串。
- $SKEYID_E$ 表示 ISAKMP 安全关联用于保护报文保密性的密钥资料。
- $SKEYID_A$ 表示 ISAKMP 安全关联用于报文身份验证的密钥资料。
- $SKEYID_D$ 表示用于导出非 ISAKMP 安全关联密钥的密钥资料。
- K\{X\}表示用密钥 K 对 X 进行加密。注意：在 RFC2409 中，采用<X>Y 表示。为了本书符号的统一，这里采用前面真实性验证协议中定义的格式。
- A→B 和 B→A 分别表示发起方 A 向 B 发出请求，以及响应方 B 向 A 发出响应。
- X ‖ Y 表示两个数据项或者报体的合并或拼接。
- [X]表示 X 是可选项。

3. IEK 密钥资料生成算法

在讨论 IKE 标准的密钥交换协议之前，首先介绍这些密钥交换协议的密钥资料生成算法。不同的身份验证方法对应的密钥字符串的计算方法如下：

数字签名 $SKEYID = PRF(<N_A> \| <N_B>, G^{XY})$

公钥加密 $SKEYID = PRF(H(<N_A> \| <N_B>), CKY_A \| CKY_B)$，这里 H 表示哈希函数

共享密钥 $SKEYID = PRF(K_{A,B}, <N_A> \| <N_B>)$，这里 $K_{A,B}$ 表示 A 和 B 预先共享的密钥

经过主模式或者自信模式，可以得出以下三组经过身份验证的密钥资料：

$$SKEYID_D = PRF(SKEYID, G^{XY} \| CKY_A \| CKY_B \| 0)$$
$$SKEYID_A = PRF(SKEYID, SKEYID_D \| G^{XY} \| CKY_A \| CKY_B \| 1)$$
$$SKEYID_E = PRF(SKEYID, SKEYID_A \| G^{XY} \| CKY_A \| CKY_B \| 2)$$

并且约定保护后续通信的安全策略。以上密钥资料中 0、1 和 2 的数值采用 1 个 8bit 位组（Octet）表示。可以按照具体加密算法要求的方式由 $SKEYID_E$ 导出加密密钥。为了验证协议发起方的身份，则需要生成 $HASH_A$，为了验证协议响应方的身份，需要生成 $HASH_B$。这两种哈希报体的产生方法如下。

$$HASH_A = PRF(SKEYID, G^{XA} \| G^{XB} \| CKY_A \| CKY_B \| <SA_A> \| <ID_{A1}>)$$
$$HASH_B = PRF(SKEYID, G^{XB} \| G^{XA} \| CKY_B \| CKY_A \| <SA_A> \| <ID_{B1}>)$$

采用数字签名的身份验证，需要对 $HASH_A$ 和 $HASH_B$ 进行签名和验证；采用其他方法的身份验证，可以直接使用 $HASH_A$ 和 $HASH_B$。

4. IKE 协议的交换

IKE 协议的交换分成第一阶段协商的交换、第二阶段协商的交换以及协议控制的交换。其中第一阶段协商的交换完成了 IKE 的身份真实性验证。

IKE 交换 1：数字签名身份验证的第一阶段协商。利用数字签名，在第二轮交换中的附属信息是一次性数。该交换协议通过签名双方都可以获得的哈希值进行身份验证。

1）采用数字签名身份验证的主模式交换过程如下。

$M$1: A → B: HDR, SA
$M$2: B → A: HDR, SA
$M$3: A → B: HDR, KE, N_A
$M$4: B → A: HDR, KE, N_B
$M$5: A → B: HDR*, ID_{A1}, [CERT,] SIG_A
$M$6: B → A: HDR*, ID_{B1}, [CERT,] SIG_B

$M$1 报文中的 SA 报体包括多个"建议报体"，而 $M$2 报文中的 SA 报体只包括一个 B 选择的"建议报体"。$M$3 和 $M$4 中的 KE 报体包括了 Diffie-Hellman 密钥生成算法的公共值 G^{XA} 和 G^{XB}，利用这些公共值以及 HDR 报头中的 CKY 字段、SA 和 ID 报体值，由 A 和 B 可以分别计算哈希值 $HASH_A$ 和 $HASH_B$，通过签名得到 SIG_A 和 SIG_B。报文 $M$5 和 $M$6 的报体，即 ID、CERT 和 SIG 报体，都是被加密的密文。这两个报文中的 CERT 报体是可选项，即在 $M$5 和 $M$6 中可以选择传递证书报体。

2）采用数字签名身份验证的自信模式交换过程如下。

$M$1: A → B: HDR, SA, KE, N_A, ID_A
$M$2: B → A: HDR, SA, KE, N_B, ID_B, [CERT,] SIG_B
$M$3: A → B: HDR, [CERT,] SIG_A

自信模式交换的报体与主模式完全相同，只是每个报文携带的报体组合不同。但是，报体的含义以及在身份验证中的作用都是相同的。

IKE 交换 2：公钥加密身份验证的第一阶段协商。 这类 IKE 交换采用公钥加密验证交换双方的身份，该交换的附属信息是加密的一次性数。交换双方利用私钥解密对方加密的一次性数和标识，构造自己的哈希值发送给对方，以证明自己的身份；重构对方的哈希值验证对方的身份。主模式的交换过程如下。

$M1$: A → B: HDR, SA
$M2$: B → A: HDR, SA
$M3$: A → B: HDR, KE, [$HASH$(1),] PK_B\{<ID_{A1}>\}, PK_B\{<N_A>\}
$M4$: B → A: HDR, KE, PK_A\{<ID_{B1}>\}, PK_A\{<N_B>\}
$M5$: A → B: HDR*, $HASH_A$
$M6$: B → A: HDR*, $HASH_B$

这里的 $M1$ 和 $M2$ 与 IKE 交换 1 的过程相同。报文 $M3$ 和 $M4$ 交换时采用对方公钥加密 ID 报体和 N 报体，同时，还利用 KE 报体交换 Diffie-Hellman 公共值。这里的 PK_A 和 PK_B 分别表示 A 和 B 的公钥；这里 $HASH$(1)表示 PK_B 所在证书的哈希值，用于识别 B 方多个证书中 A 用于加密的那个证书。如果 B 方只有一个证书，即只公布一个公钥，就不需要传递 $HASH$(1)。报文 $M5$ 和 $M6$ 加密传递身份验证的哈希值。

采用公钥加密身份验证的自信模式的交互过程如下。

$M1$: A → B: HDR, SA, KE, [$HASH$(1),] PK_B\{<ID_{A1}>\}, PK_B\{<N_A>\}
$M2$: B → A: HDR, SA, KE, PK_A\{<ID_{B1}>\}, PK_A\{<N_B>\}, $HASH_B$
$M3$: A → B: HDR, $HASH_A$

自信模式交换的报体与主模式基本相同，只是自信模式在交换身份验证哈希值时没有进行加密。这里需要说明的是，由于采用公钥对交换的标识进行了加密，这样，自信模式交换也可以保护标识。另外，公钥加密身份验证的交换协议比数字签名身份验证的交换协议更加安全，因为它增加了公钥加密的保护。

IKE 交换 3：改进的公钥加密身份验证的第一阶段协商。 公钥加密身份验证的交换协议比数字签名身份验证的交换协议有了很大的改进，但是，也增加了计算的复杂性。它需要进行两次公钥加密，两次私钥加密。由于公钥加密算法的计算复杂度本来就比较高，所以会影响协议处理的性能。

在改进的公钥加密身份验证的交换中，仍然采用公钥加密一次性数，这样，也需要采用该公钥对应的私钥来解密一次性数。但是，采用 SA 报体协商的传统加密算法，利用一次性数导出的密钥加密交互双方的标识（从一次性数中导出对称密钥的具体算法可以参考 RFC 2409），这样，改进的公钥加密身份验证的交换就可以省略两次公钥密码算法，同时也没有降低交换协议的安全性。另外，为了防范攻击者对 Diffie-Hellman 交换的攻击，该交换协议还利用对称密钥加密了 KE 报体。采用改进的公钥加密身份验证的主模式的交换过程如下。

$M1$: A → B: HDR, SA
$M2$: B → A: HDR, SA

$M3$: A → B: HDR, [$HASH(1)$,] $PK_B\{<N_A>\}$, $K_{A,B}\{<KE>\}$, $K_{A,B}\{<ID_A>\}$, [$K_{A,B}\{<CERT_A>\}$]
$M4$: B → A: HDR, $PK_A\{<N_B>\}$, $K_{B,A}\{<KE>\}$, $K_{B,A}\{<ID_B>\}$
$M5$: A → B: HDR*, $HASH_A$
$M6$: B → A: HDR*, $HASH_B$

报文 $M1$ 和 $M2$ 的定义与前面交换协议中的相同。报文 $M3$ 传递采用响应方 B 的公钥 PK_B 加密一次性数报体内容，采用 A 到 B 的对称密钥 $K_{A,B}$ 加密 KE 和 ID 报体内容。这里哈希值 $HASH(1)$ 的定义与 IKE 交换 2 协议中的相同。报文 $M3$ 中最后一项是用对称密钥加密的存放 A 方的公钥的证书内容，这是一个可选项，用于通知 B 加密一次性数时应该采用的 A 方的公钥。报文 $M4$ 采用 A 的公钥加密传递一次性数报体内容，采用 B 到 A 的对称密钥 $K_{B,A}$ 加密传递 KE 和 ID 报体内容。这里 $K_{B,A}$ 不等于 $K_{A,B}$，前者是用 B 的一次性数和 CKY_B 生成的，而后者是采用 A 的一次性数和 CKY_A 生成的。

采用改进的公钥加密身份验证的自信模式的交换过程如下。

$M1$: A → B: HDR, SA, [$HASH(1)$,] $PK_B\{<N_A>\}$, $K_{A,B}\{<KE>\}$, $K_{A,B}\{<ID_A>\}$ [, $K_{A,B}\{<CERT_A>\}$]
$M2$: B → A: HDR, SA, $PK_A\{<N_B>\}$, $K_{B,A}\{<KE>\}$, $K_{B,A}\{<ID_B>\}$, $HASH_B$
$M3$: A → B: HDR, $HASH_A$

自信模式交换的报体内容和作用与主模式完全相同。

IKE 交换 4：预共享密钥身份验证的第一阶段协商。该 IKE 交换协议假定在交换之前，A 和 B 双方都已经通过带外机制协商好了共享密钥。A 和 B 可以利用该共享密钥相互进行身份验证。采用预共享密钥身份验证的主模式交换过程如下。

$M1$: A → B: HDR, SA
$M2$: B → A: HDR, SA
$M3$: A → B: HDR, KE, N_A
$M4$: B → A: HDR, KE, N_B
$M5$: A → B: HDR*, ID_{A1}, $HASH_A$
$M6$: B → A: HDR*, ID_{B1}, $HASH_B$

这些报文传递的报体的定义都与前面交换协议中的相同。只是要求预定义的共享密钥不能用 ID 报体内容进行标识，因为 ID 报体需要在 $M5$ 和 $M6$ 报文中才能加密传递。可以采用其他标识符来标识预共享密钥，例如可以采用 IP 地址。

采用预共享密钥身份验证的自信模式的交换过程如下。

$M1$: A → B: HDR, SA, KE, N_A, ID_{A1}
$M2$: B → A: HDR, SA, KE, N_B, ID_{B1}, $HASH_B$
$M3$: A → B: HDR, $HASH_A$

自信模式中没有对 ID 报体和 HASH 报体进行加密，这样，也就无法保护标识。这种模式也只能在交互双方都认为比较安全的网络环境下才能使用。另外，自信模式允许双方共享多个密钥，采用不同的标识符来标识不同交换报文中使用的共享密钥。

IKE 交换 5：第二阶段协商：快速模式。快速模式自身并不是一个完整的交换过程，它是绑定在第一阶段协商之后的交换过程，作为安全关联的第二阶段协商过程，用于导出密钥资料并协商针对非 ISAKMP 安全关联（如 AH 或者 ESP 安全协议关联）的共享安全策略。在快速模式中，交换信息必须被 ISAKMP 安全关联保护，即除了 ISAKMP 报头（即 HDR）之外的所有报体都必须被加密。

快速模式对报文传递的报体顺序有以下要求：HASH 报体必须紧跟在 ISAKMP 报头（即 HDR）之后，SA 报体必须紧跟在 HASH 报体之后。这里 HASH 报体用于验证报文的身份，并且提供该报文是否是过期报文的证明。

因为一个 ISAKMP 安全关联可能同时有多个快速模式的交换，所以，ISAKMP 报头中的报文标识符字段用于标识一个快速模式。而该快速模式所在的 ISAKMP 安全关联由 ISAKMP 报头中的"甜点"字段标识。

快速模式本质上是一个安全关联的协商过程，所以，快速模式交换过程中也需要传递一次性数报体，用于防范报文重播攻击。在快速模式交换中，也可以携带 KE 报体，用于为每个快速模式重建一个 Diffie-Hellman 交换。

如果没有在快速模式中指定用户标识符，则快速模式协商的安全关联可以采用 ISAKMP 对等方的 IP 地址标识。如果在快速模式中指定了用户标识符，则快速模式协商的安全关联将采用用户标识符 ID_{A2} 和 ID_{B2} 标识。

快速模式交换过程如下所示。

$M1$: A → B: HDR*, *HASH*(1), SA, N_A [, KE] [, ID_{A2}, ID_{B2}]
$M2$: B → A: HDR*, *HASH*(2), SA, N_B [, KE] [, ID_{A2}, ID_{B2}]
$M3$: A → B: HDR*, *HASH*(3)

报文 $M1$ 和 $M2$ 中的 ID_{A2} 和 ID_{B2} 是快速模式协商的安全关联实际对应的发起方用户标识符和响应方用户标识符。*HASH*(1)是以 SKEYIDA 为密钥，对 HDR 中的报文标识符（M-ID）与所有报体的合并进行哈希计算的值。*HASH*(2)与 *HASH*(1)类似，只是增加了发起方一次性数，用于验证报文 $M2$ 没有过期。*HASH*(3)也是为了验证报文 $M3$ 没有过期，其哈希计算的数据由 HDR 中的报文标识符（M-ID）与发起方和响应方的一次性数拼接而成。按照以下快速模式的交换报文，这三个哈希值的计算方法如下。

HASH(1) = PRF(SKEYID$_A$, M-ID ‖ SA ‖ N_A [‖ KE] [‖ ID_{A2} ‖ ID_{B2}])
HASH(2) = PRF(SKEYID$_A$, M-ID ‖ <N_A> ‖ SA ‖ N_B [‖ KE] [‖ ID_{A2} ‖ ID_{B2}])
HASH(3) = PRF(SKEYID$_A$, M-ID ‖ <N_A> ‖ <N_B>)

以上算式仅仅是针对以上快速模式的交换过程而言，如果交换过程中报体位置发生变化，则以上算式中报体拼接的位置也将发生变化。

快速模式也支持一次交换协商多个安全关联。以下是利用一个快速模式交换协商两个安全关联的交换过程。

$M1$: A → B: HDR*, *HASH*(1), SA0, SA1, N_A [, KE] [, ID_{A2}, ID_{B2}]
$M2$: B → A: HDR*, *HASH*(2), SA0, SA1, N_B [, KE] [, ID_{A2}, ID_{B2}]

$M3$: A → B: HDR*, $HASH$(3)

这样，通过该快速模式交换，可以建立 4 个安全关联，SA0 和 SA1 各建立两条相向的安全关联。

IKE 交换 6：新组模式。新组模式交换必须在第一阶段协商之后，当然，新组模式也不属于第二阶段协商。新组模式交换协议只是用于维护某个安全关联，因为从安全角度考虑，某个安全关联中的组经过一定时间后就会过期。新组也可以直接在第一阶段中采用主模式协商。新组模式的交换过程如下。

$M1$: A → B: HDR*, $HASH$(1), SA
$M2$: B → A: HDR*, $HASH$(2), SA

这里的哈希值 $HASH$(1)和 $HASH$(2)的计算公式如下：

$$HASH(1) = PRF(SKEYID_A, M\text{-}ID \parallel SA_A)$$
$$HASH(2) = PRF(SKEYID_A, M\text{-}ID \parallel SA_B)$$

其中，SA_A 表示发起方 A 提出的所有建议报体，SA_B 表示响应方 B 选择的一个建议报体。这两个哈希值可用于验证报文，防范报文重播攻击。

IKE 交换 7：ISAKMP 消息交换。该交换协议用于保护 ISAKMP 的通告或删除消息的交换。如果 ISAKMP 安全关联已经建立，$SKEYID_A$ 和 $SKEYID_E$ 已经生成，可以利用以下交换协议安全交换 ISAKMP 消息。

$M1$: A → B: HDR*, $HASH$(1), N/D

这里 N/D 表示是 ISAKMP 的通告（N）报体，或者是 ISAKMP 的删除（D）报体。其中，哈希值 $HASH$(1)的计算公式如下：

$$HASH(1) = PRF(SKEYID_A, M\text{-}ID \parallel N/D)$$

如果在 ISAKMP 安全关联尚未建立之前，ISAKMP 就需要交换消息，则无法采用该交换协议进行保护。

【例题】 假设某个销售人员在外地试图通过公共互联网从公司网络服务器中下载销售资料和文件。请问：

（1）如果该销售人员不采用任何安全技术直接从公司服务器获取数据，会遇到哪几种安全威胁？

（2）该销售人员考虑采用安全技术，则他至少应该从哪几个方面考虑安全技术？

（3）如果他试图保密地传递客户订单，他应该选用何种安全 IP 中的安全协议？

（4）如果他试图完整地传递客户促销计划，他最好选用哪种安全 IP 中的安全协议？

（5）如果他选择安全 IP 技术作为安全防范技术，他该如何进行身份验证？

（6）如果公司服务器提供了访问控制机制，需要根据用户标识来控制对公司服务器的访问权限，这时他应该选择哪种类型的安全关联建立协议？

（7）假定用户已经获得包括自己私钥和公司服务器公钥的证书，试具体描述这种用于身份验证和安全关联建立的协议的主要步骤。

答：（1）如果不采取安全防范技术，他获取的销售资料就可能被窃取、更改、假冒，还可能无法访问到公司的服务器。

（2）他至少应该从身份验证、访问控制和攻击检测三个方面考虑对安全技术的选择。

（3）为了保密地传递数据，应用安全 IP 技术时，必须采用 ESP 协议。

（4）为了完整地传递数据，应用安全 IP 技术时，最好采用 AH 协议。

（5）为了进行身份验证，必须首先通过其他安全途径（如在离开公司之前，直接到公司人力资源部）获得与他相关的用户标识和密钥（可以是公钥，也可以是共享密钥）等个人身份数据，然后，在第一次网络连接过程中输入相关个人身份数据。

（6）由于用户标识是系统进行访问控制的依据，所以，在应用 IPsec 技术创建安全关联时，必须采用具有用户标识保护功能的安全关联来创建协议。

（7）运用 IKE 协议，选用主模式下基于公钥身份验证的安全关联创建协议如下。

$M1$: A→B: HDR, SA

$M2$: B→A: HDR, SA

$M3$: A→B: HDR, KE, [$HASH$(1),] $PK_B\{<ID_{A1}>\}$, $PK_B\{<N_A>\}$

$M4$: B→A: HDR, KE, $PK_A\{<ID_{B1}>\}$, $PK_A\{<N_B>\}$

$M5$: A→B: HDR*, $HASH_A$

$M6$: B→A: HDR*, $HASH_B$

这是一道网络安全技术的综合性应用例题，可以考查的是全面掌握网络安全知识的水平，以及综合运用网络安全知识解决问题的能力。这道题应该从网络安全需求分析、网络安全的技术原理以及网络安全技术应用等角度进行分析，特别是结合本节学习的网络层安全加固技术进行分析。

6.2 传送层安全加固技术

传送层安全加固技术是指在端到端的传送层服务调用接口（套接层）的安全加固技术。互联网中的传送层是直接与应用协议连接的层次，传送层安全加固技术是直接面向网络应用的安全加固技术。它是网络安全技术中较为成功的一类网络安全加固技术。

现在广泛使用的传送层安全加固技术主要是指网景（Netscape）通信公司提出的安全套接层（SSL）协议和 IETF 基于 SSL 协议基础上标准化的传送层安全（TLS）协议，SSL 协议最初是为安全访问万维网（WWW）应用而设计的传送层安全协议。因为 TLS 协议文本绝大部分是照搬 SSL 3.0 的标准文本，而且目前实际上还是采用 SSL 协议，所以下面主要讨论 SSL 协议。

6.2.1 SSL 协议概述

安全套接层协议是一种提供在互联网环境下秘密通信的安全协议。该协议允许客户端和服务器端的应用在防范窃听、干扰和假冒报文的方式下进行通信。现在通常使用的 SSL 协议的版本是 SSL 3.0。

1．SSL 协议的结构

SSL 协议的主要目标是在两个相互通信的应用之间提供隐私性和可靠性。SSL 协议包括两个层次（见图 6-12）：下层称为"记录协议"，直接基于某个可靠传送协议之上，例如，直接基于 TCP 之上，用于封装 SSL 上层协议；上层包括握手协议、告警协议、加密规范更改协议以及应用数据协议。

握手协议	告警协议	加密规范更改协议	应用数据协议
记录协议			

图 6-12　SSL 协议分层结构

握手协议允许服务器端和客户端的应用协议在传输数据之前相互验证身份、协商加密算法和密钥。告警协议用于发送关闭连接的告警报文以及 SSL 协议处理过程中出现错误的告警报文。加密规范更改协议用于通知 SSL 协议交互的另一方，SSL 握手协议已经完成握手，新的加密规范已经协商成功，接下来就可以采用新协商的加密规范进行秘密通信。应用数据协议实际上是 SSL 协议连接应用协议的一个接口，应用协议（如 HTTP）报文可以直接标记为应用数据协议类型，并交给 SSL 记录协议处理。SSL 记录协议利用 SSL 握手协议建立的安全会话，透明地加密传递标记为应用数据协议类型的报文。

2．SSL 协议的特征

SSL 协议的一个主要优点是独立于应用协议，一个应用协议可以透明地加载到 SSL 协议之上。因为任何一个应用协议的报文都可以通过应用数据协议类型，透明地被 SSL 记录协议处理。SSL 应用数据协议没有定义任何报文格式，实际上任何应用协议报文（如 HTTP 和 SNMP 报文）都可以作为应用数据报文。

SSL 协议提供的连接安全具有以下三种特征：

1）连接是秘密的。SSL 协议经过初始握手协商了通信双方的共享密钥之后，就可以利用 SSL 记录协议对所有应用数据进行加密传递，保证在 SSL 连接上传递的数据是保密的。SSL 协议采用对称密钥进行应用数据加密，例如块加密算法 DES 和流加密算法 RC4。

2）对等方的身份是可以验证的。SSL 协议利用非对称加密算法（公钥加密算法）进行应用层通信双方的真实性验证。

3）连接是可靠的。在 SSL 连接上传递的报文包括了报文验证码，可以用于报文完整性检查。这样，可以防范在传递过程中对报文的篡改。SSL 协议使用安全哈希函数（如 SHA-1 和 MD5）计算报文验证码。

SSL 协议在完成握手协议交互和建立 SSL 会话之后，就可以传递应用层协议的报文。SSL 协议接收到应用层协议报文之后需要进行分段、压缩、生成报文验证码（MAC）、加密等操作，然后调用 TCP 这类可靠的传送协议进行传递。

SSL 接收到 TCP 传递的 SSL 报文之后，进行解密、验证报文身份和完整性、解压缩和合段等操作，然后提交给相应的应用层协议处理。SSL 协议发送和接收应用层协议报文的过程如图 6-13 所示。

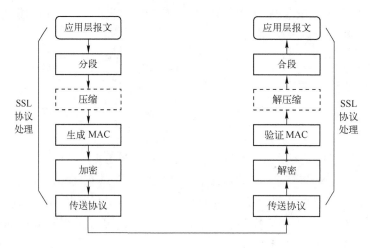

图 6-13　SSL 协议发送和接收报文的处理过程

6.2.2　SSL 记录协议

图 6-13 所示的 SSL 协议发送和接收应用层协议报文的过程，实际上就是 SSL 记录协议处理应用协议报文的过程。SSL 记录协议不仅对应用层协议报文采用这样的处理流程，对 SSL 上层协议（握手协议、告警协议和加密规范更改协议）也采用以上处理流程。只是在握手协议尚未完成之前，记录协议采用明文传递握手协议报文。

SSL 3.0 文本中采用类似于 C 语言的格式描述报文格式。对于 SSL 记录协议的格式也是采用这种语言描述。例如，对于记录协议的明文报文格式描述如下。

```
struct {
    uint8 major, minor;
} ProtocolVersion;

enum {
    change_cipher_spec(20), alert(21), handshake(22),
    application_data(23), (255)
} ContentType;

struct {
    ContentType type;
    ProtocolVersion version;
```

```
        uint16 length;
        opaque fragment[SSLPlaintext.length];
    } SSLPlaintext;
```

这里 uint8 和 uint16 分别标识长度为 8bit 和 16bit 的无符号整数类型，opaque 表示透明数据类型。以上第三个数据结构描述的就是记录协议的明文报文格式，其中长度为 8bit 的 type 字段是记录协议承载的上层协议类型，协议类型采用枚举型结构（第二个数据结构）定义，包括了加密规范更改协议（取值 20）、告警协议（取值 21）、握手协议（取值 22）和应用数据协议（取值 23）。明文报文格式中长度为 16bit 的 version 字段表示 SSL 协议支持的最大和最小版本号，其结构在以上第一个数据结构中定义。在 SSL 3.0 的取值是（3，0）。明文报文格式中长度为 16bit 的 length 字段表示随后数据字段的长度；fragment 字段存放记录协议传递的数据。

虽然采用类编程语言描述报文格式的方法不是很直观，但是，定义却十分完整和准确，可以完整地表示各个字段的取值。所以，这种报文格式定义，不仅定义了报文的句法（字段的类型），还定义了报文的语义（字段的取值）。这种定义方法非常适合协议的实现，TLS 协议文本也是这样定义协议报文的格式。SSL 记录协议加密报文格式的定义更能说明问题。

```
    struct {
        ContentType type;
        ProtocolVersion version;
        uint16 length;
        select (CipherSpec.cipher_type) {
            case stream: GenericStreamCipher;
            case block: GenericBlockCipher;
        } fragment;
    } SSLCiphertext;
```

这是一个 SSL 记录协议的加密报文格式，从报文格式看，与前面定义的明文报文格式完全相同。但是，加密报文格式中描述了不同的加密数据结构，例如，对于流加密数据应该采用以下结构类型。

```
stream-ciphered struct {
    opaque content[SSLCompressed.length];
    opaque MAC[CipherSpec.hash_size];
} GenericStreamCipher;
```

这里，采用流加密算法进行加密的数据主要包括压缩之后的数据 content 字段和报文验证码 MAC 字段，这种定义说明了必须先计算 MAC 值，然后再进行加密。而对于块加密数据应该采用以下结构类型。

```
block-ciphered struct {
    opaque content[SSLCompressed.length];
```

```
            opaque MAC[CipherSpec.hash_size];
            uint8 padding[GenericBlockCipher.padding_length];
            uint8 padding_length;
        } GenericBlockCipher;
```

这里，采用块加密算法进行加密的数据主要包括压缩之后的数据 content 字段、报文验证码 MAC 字段、填充 padding 字段以及填充长度 padding_length 字段。

6.2.3　SSL 握手协议

SSL 记录协议利用 SSL 会话和连接中协商的加密算法、真实性验证算法以及相应的密钥，对上层协议报文进行加密，而 SSL 会话和连接必须通过 SSL 握手协议创建。所以，SSL 握手协议可以作为 SSL 协议中关键的信令协议，而 SSL 记录协议可以作为 SSL 协议中关键的数据传递协议。

1．SSL 的会话与连接

在介绍 SSL 握手协议之前，首先需要讨论 SSL 的会话与连接的概念。

（1）SSL 会话

SSL 会话是两个应用实体相互进行真实性验证之后建立的一种关联，这种关联类似于互联网安全关联与密钥管理协议（ISAKMP）中定义的 ISAKMP 安全关联。SSL 会话协商了以下 SSL 会话属性。

1）会话标识符：由服务器选择的一个任意字节序列，用于标识一个活跃的、可继续使用的会话。

2）对等方证书：存放应用协议交互对等公钥的 X.509v3 证书，该属性可能为空。

3）压缩方法：SSL 记录协议压缩数据使用的压缩算法。

4）加密规范：规定了成批数据的加密算法（如 null（空）或者 DES 算法），以及报文验证码算法（如 MD5 算法和 SHA-1 算法）。加密规范还定义了其他密码属性，例如哈希值的长度等。

5）主保密字：在客户端和服务器之间共享的 48 字节的保密字。

6）可继续标志：指示该会话是否可以用于发起一条新连接的标志。

从以上 SSL 会话属性可以看出，在 SSL 会话建立后，会话双方的身份通过验证、压缩方法和加密规范已经协商确定，并且已经协商了主保密字。

（2）SSL 连接

SSL 连接是协商应用实体交互双方采用的真实性验证保密字、加密密钥、加密算法初始向量的一条安全连接。上层应用协议可以利用 SSL 握手协议建立的 SSL 连接进行秘密通信。SSL 连接具有以下属性。

1）服务器和客户机随机数：服务器和客户机为每个连接选择的一个字节序列，相当于服务器和客户机的一次性数。

2）服务器写 MAC 保密字：服务器生成 MAC 时采用的保密字。

3）客户机写 MAC 保密字：客户机生成 MAC 时采用的保密字。

4）服务器写密钥：服务器对成批数据加密的密钥，客户机对成批数据解密的密钥。

5）客户机写密钥：客户机对成批数据加密的密钥，服务器对成批数据解密的密钥。

6）初始向量：在 CBC 模式下使用块加密时，需要为每个密钥维护一个初始向量。该属性最初由 SSL 握手协议初始化，随后，每个记录的最后一个密文块将作为初始向量，供加密以后的记录使用。

7）顺序编号，对于每个连接，服务器和客户机都会维护两个不同的顺序编号，用于发送和接收报文。当一方发送或者接收一个"加密规范更改协议"报文时，相应的顺序编号设置为 0。顺序编号是长度为 64bit 的无符号整数类型，所以，顺序编号不能大于 $2^{64}-1$。实际上，每建立一个新连接，接收和发送的顺序编号都会设置为 0。发送或者接收一个"加密规范更改协议"报文，实际上就是创建完成一条新的 SSL 连接。

一个 SSL 会话可以包括多条安全连接，而服务器和客户机之间可以同时建立多个会话，满足不同应用的安全通信需求。

2．SSL 握手协议的报文格式

SSL 握手协议的问候报文交互过程如下：SSL 客户端发送客户端问候报文 ClientHello，SSL 服务器收到报文后必须用服务器问候报文 ServerHello 进行响应，否则 SSL 协议会产生"致命错误"，导致 SSL 连接失败。

ClientHello 报文的格式如下所示。

```
struct {
    ProtocolVersion client_version;
    Random random;
    SessionID session_id;
    CipherSuite cipher_suites<2..2^16-1>;
    CompressionMethod compression_methods<1..2^8-1>;
} ClientHello;
```

这里，client_version 表示客户端期望在该会话中使用的 SSL 版本；random 表示客户端产生的随机数；session_id 表示期望采用已经建立的会话标识符，如果该字段为空，则说明客户端期望新建立一个会话；cipher_suites 表示一组可选的加密算法组合；compression_methods 表示一组可选的压缩算法。

ServerHello 报文的格式如下所示。

```
struct {
    ProtocolVersion server_version;
    Random random;
    SessionID session_id;
    CipherSuite cipher_suite;
    CompressionMethod compression_method;
} ServerHello;
```

这里，server_version 字段用于存放客户端建议的较低的 SSL 版本号和服务器支持的最高的 SSL 版本号；random 表示服务器产生的随机数，其不能与客户端产生的随机数相同；session_id 表示该连接对应的会话标识符，如果客户端 session_id 为空，则服务器会生成新的 session_id，如果客户端 session_id 不为空，则服务器将查找会话缓存，确定其是否是与该会话标识符匹配的、可继续使用的会话（如果没有，则该字段为空；如果有，则该字段与客户端 session_id 相同）；cipher_suite 表示服务器选择的一种加密算法组合，如果是继续使用的会话，则采用原来会话协商的加密算法组合；compression_method 表示服务器选择的一种压缩算法，如果是继续使用的会话，则采用原来会话协商的压缩算法。

3．SSL 握手协议的交互过程

SSL 握手协议的交互过程可以简单地概括为：SSL 客户端和服务器协商一个协议版本，然后选择加密算法，并彼此验证身份（可选项），最后利用公钥加密技术生成共享保密字。交互过程可以分成：交互问候报文，协商会话和连接属性；交互证书报文，验证对方身份；交互加密规范更改报文，通知对方连接成功建立，开始传递应用数据。

SSL 握手协议的证书报文交互过程如下：在问候报文之后，如果需要验证服务器的身份，则服务器利用证书报文 Certificate 向客户端发送它自己的证书。如果服务器没有证书，或者它的证书只用于签名，则发送一个服务器密钥交换报文 ServerKeyExchange，用于真实性验证。服务器也可以向客户端发送证书请求报文 CertificateRequest，请求客户端返回证书。随后，服务器就可以发送服务器问候结束报文 ServerHelloDone，指示服务器的问候报文握手阶段已经结束，服务器等待 SSL 客户端的响应。

收到服务器证书请求后，SSL 客户端必须发送证书报文 Certificate，用于客户端的真实性验证。如果客户端没有证书，则发送无证书告警报文"no_certificate alert"，随后发送一个客户端密钥交换报文 ClientKeyExchange，用于客户端的真实性验证。客户端也可以发送一个验证自己证书的签名报文 CertificateVerify。随后，SSL 客户端完成对服务器真实性验证之后，就可以发送加密规范更改报文 ChangeCipherSpec，启用与服务器约定的加密规范。最后，客户端以新的加密算法和密钥发送完成报文 Finished。

作为对客户端的响应，SSL 服务器也向客户端发送自己的加密规范更改报文 ChangeCipherSpec，并利用新的加密规范发送完成报文 Finished。至此，SSL 客户端和服务器之间的握手已经完成，客户端和服务器之间可以开始交换应用层数据 ApplicationData。

以上握手协议的报文交换过程可以采用符号形式描述如下。

```
M1: A →B: ClientHello
M2: B → A: ServerHello[, Certificate] [, ServerKeyExchange]
          [, CertificateRequest], ServerHelloDone
M3: A → B: [Certificate,] ClientKeyExchange[, CertificateVerify],
          ChangeCipherSpec, Finished
```

*M*4: B → A: ChangeCipherSpec, Finished
*M*5: A → B: ApplicationData
*M*6: B → A: ApplicationData

这里假定 A 表示 SSL 客户端，B 表示 SSL 服务器；报文 *M*2、*M*3 和 *M*4 实际上包括了多个 SSL 报文，其中方括号"[ ]"内的 SSL 报文是可选报文。以上假定客户端先发送应用层数据。

SSL 客户端也可以利用已经建好的 SSL 会话创建新的 SSL 连接，这样，就不需要传递证书报文、密钥交换报文和证书验证报文等，进行双方的真实性验证，简化了 SSL 握手协议的交互过程。具体过程如下。

*M*1: A → B: ClientHello
*M*2: B → A: ServerHello, ChangeCipherSpec, Finished
*M*3: A → B: ChangeCipherSpec, Finished
*M*4: A → B: ApplicationData
*M*5: B → A: ApplicationData

在前面介绍客户端问候报文和服务器问候报文时已经介绍，利用已有的 SSL 会话创建的 SSL 连接只能沿用原来 SSL 会话协商的加密算法组合和压缩算法。但是，在新的 SSL 连接中可以利用新的随机数来协商新的真实性验证和加密密钥。

6.3 思考与练习

1. 概念题

（1）什么是安全 IP（IPsec）技术？它由几个部分构成？安全 IP 协议簇由哪些部分构成？

（2）什么是安全关联（SA）？为什么说安全关联是安全 IP 的基础？

（3）安全关联具有哪几种操作模式？这几种操作模式分别适用于哪些安全应用环境？

（4）为什么需要组合多个安全关联？安全 IP 中定义了哪几种安全关联组合模式？这些组合模式分别适用于哪些安全应用环境？

（5）ESP 安全协议主要提供了哪些安全功能？在不同的操作模式下，具体能够使用 ESP 的哪些安全功能？

（6）AH 安全协议主要提供哪些安全功能？既然 ESP 也可以提供 AH 提供的功能，为什么还需要单独设计一个 AH 安全协议？

（7）AH 和 ESP 安全协议是如何防范报文重播攻击的？

（8）ISAKMP 协议是否是只适用于 IP 层的协议？为什么？这样定义有何优点？又有何不足？

（9）ISAKMP 协议定义了两阶段的安全关联协商的过程，两个安全关联的协商阶段有何不同？这种阶段划分有何好处？

（10）ISAKMP 定义了哪几种交换类型？这些交换类型分别适用于哪些安全关联协商过程？

（11）IKE 协议与 ISAKMP 协议有何不同？IKE 协议究竟提供了什么功能？

（12）IKE 定义了哪两种基本的、应用于安全关联协商第一阶段的密钥交换模式？这两种密钥交换模式有何不同？如何选择这两种密钥交换模式？

（13）什么是密钥交换的"快速模式"？它只能适用于哪个阶段的安全关联协商？

（14）IKE 定义了哪几种标准的交换模式？每种标准交换模式都提供了哪些功能？

（15）SSL 协议提供了哪些安全功能？SSL 协议主要是针对哪类网络应用而设计的安全协议？

（16）SSL 协议由几个协议构成？为什么说 SSL 协议可以透明地支持所有应用协议？

（17）SSL 记录协议的主要功能是什么？对于上层报文它通常需要经过几个步骤的操作？

（18）SSL 握手协议是如何创建 SSL 的会话和连接的？

2．应用题

一位公司经理在外地洽谈业务，需要通过公共互联网从公司的网络服务器下载一批商业资料和文件，请问：（1）如果不进行任何的安全防范而直接通过公共互联网下载商业资料，会存在哪些安全风险？（2）如果该公司企业网已经建立了基于安全 IP 技术（IPsec）的网络安全系统，并对该经理试图访问的企业数据服务器进一步采用 IPsec 进行了安全保护，则至少需要通过几条安全关联（SA）才能访问到该服务器？（3）如果该经理试图通过 IPsec 保密地与公司服务器传递文件，他应该选择哪种安全协议？该协议应该绑定在哪条安全关联上？（4）如果该公司企业网已经建立了基于 IPsec 的安全系统，并且该经理试图访问的企业数据服务器也已经进一步采用 IPsec 进行了安全保护，则该经理离开公司前需要进行哪些处理？（5）如果该经理持有他自身私钥和该服务器的公钥，则他可以采用哪种安全关联创建协议来建立安全关联，为什么？（6）试描述采用该安全关联创建协议来进行协议交互的主要步骤。

第7章　网络安全应用

本章将讨论网络安全的应用技术，其中包括电子邮件安全应用技术、万维网安全应用技术、以及区块链及其应用。电子邮件安全技术包括面向电子邮件的完美隐私（PGP）技术、安全多用途互联网邮件扩展技术（S/MIME）。万维网安全技术包括万维网面临的安全威胁分析、安全防御技术、攻击检测技术、结构化查询语言（SQL）攻击与防御以及跨网站脚本编写（XSS）攻击与防御。

区块链是一类特殊的网络安全应用技术，其中综合了数据加密算法、报文真实性验证等方面的网络安全原理和方法，本章讨论的区块链及其应用，包括区块链概念、原理、应用实例、应用模型以及应用方法。

本章要求掌握面向电子邮件的完美隐私技术的原理和基本方法；掌握万维网安全威胁的分类以及万维网攻击检测方法；掌握 SQL 攻击特征以及防御方法；掌握区块链的基本概念、基本原理以及基本应用方法。

7.1　电子邮件安全应用技术

电子邮件是自互联网诞生以来使用最为普遍且一直被使用的网络应用。在互联网创建初期，电子邮件是最吸引网络用户的应用。今天，电子邮件仍然是互联网上不可缺少的应用。从网络安全角度看，目前电子邮件也是造成网络安全威胁的一个主要渠道，通过电子邮件发送的垃圾邮件仍然在给电子邮件用户带来无尽的烦恼；携带恶意代码链接或附件的电子邮件依然是僵尸网等网络恶意代码攻击的主要手段。所以，研究和开发电子邮件安全技术不仅具有很高的实用价值，而且具有主要的研究意义。

目前的电子邮件安全技术还是局限于完整地、秘密地传递电子邮件；面向电子邮件的攻击检测技术尚不成熟，还没有形成稳定的技术体系。

本节主要介绍电子邮件安全防御方面常用的且已经标准化的技术，包括完美隐私（PGP）技术和安全多用途互联网邮件扩展（S/MIME）技术。

7.1.1　完美隐私（PGP）技术

完美隐私（PGP）技术是一种典型的面向电子邮件的网络应用安全技术，它是报文真实性验证技术和报文加密技术在电子邮件传送与存储方面的具体应用。PGP 技术是美国麻省理工学院（MIT）软件工程师 Phil Zimmermann 个人发明并且推广的网络应用安全技术。PGP 技术目前已经在所有常用的计算机操作系统上实现，既有 PGP 实现的免费开源软件，又有 PGP 实现的商业软件，可以满足不同层次的互联网用户的应用需求，以及满足研究和进一步开发网络应用安全的技术需求。

PGP 提供了 5 种与网络应用安全相关的服务：报文真实性验证、报文加密、报文压缩、安全电子邮件以及报文分段。这些服务都可以在互联网环境下的两个主机之间实现，所以，PGP 技术的实现软件通常也作为互联网上的加密软件或者可信数据传送软件使用。

1. PGP 的报文真实性验证

PGP 采用 SHA-1 报文摘要算法与 RSA 公钥加密算法结合，实现对报文的真实性验证。发送方 A 首先对等待发送的报文 M 执行报文摘要算法，得到报文摘要 $H(M)$，然后，利用发送方私钥 VK_A 对报文摘要进行 RSA 加密，得到报文验证码 $VK_A\{H(M)\}$，将报文验证码附加在报文 M 之后发送给接收方 B。以上过程可以表示如下。

$M1: A \rightarrow B: M \parallel VK_A\{H(M)\}$

接收方 B 收到报文 $M1$ 之后，利用发送方 A 的公钥解密报文验证码，获得发送过来的报文摘要 $H(M)$。B 同时利用 SHA-1 算法重新计算收到的报文 M 的摘要 $H'(M)$，如果 $H'(M)=H(M)$，则说明收到的报文 $M1$ 确实是从 A 发送过来的，并且是没有被更改的报文。

PGP 还提供了利用 SHA-1 报文摘要算法和 DSS 数字签名方法进行报文真实性验证的机制。

2. PGP 的报文加密

PGP 的报文加密是十分巧妙的方法，它并没有采用安全 IP 技术和传送层安全技术中的密钥协商方法，而是利用公钥加密方法传递传统加密算法使用的对称密钥（称为会话密钥），利用传统加密算法加密报文。而且，每个会话密钥只用于加密一个报文。所以，PGP 采用"一次一密钥"的方法加密报文，成为最为安全的报文加密方法之一。

对于某个等待发送的报文 M，发送方 A 随机产生一个对称密钥 $K_{A,B}$，然后选用某个传统加密算法（如 3DES）利用该对称密钥加密报文 M，得到报文的密文 $K_{A,B}\{M\}$。最后，A 利用接收方 B 的公钥 PK_B 加密对称密钥 $K_{A,B}$，得到密钥的密文 $PK_B\{K_{A,B}\}$，将报文密文和密钥密文合并后再发送给 B。以上过程可以表示如下。

$M1: A \rightarrow B: K_{A,B}\{M\} \parallel PK_B\{K_{A,B}\}$

接收方 B 收到报文 $M1$ 之后，首先用自己的私钥解密 $PK_B\{K_{A,B}\}$，得到本次加密报文的对称密钥 $K_{A,B}$，然后，再利用 $K_{A,B}$ 解密 $K_{A,B}\{M\}$，得到报文 M。

这种不需要密钥协商的报文加密方法十分适合电子邮件的加密。PGP 在传递对称密钥的过程中还是采用 RSA 公钥加密算法。

3．PGP 的报文压缩

PGP 采用 ZIP 算法进行报文压缩。ZIP 算法是互联网上普遍使用的数据压缩算法，并且可以在互联网上获得 ZIP 算法实现的免费开源软件。PGP 对于报文的签名（真实性验证）、加密和压缩的操作顺序是：首先进行报文的签名操作，然后进行报文的压缩操作，最后进行报文的加密操作。

PGP 的这种操作顺序与安全 IP 技术中的操作顺序不同，安全 IP 技术中规定先对报文进行加密，然后再对报文进行真实性验证。这里的关键在于 PGP 面对的是实际网络应用，从应用角度考虑，先对报文进行签名，这样，便于今后验证报文签名的真实性。如果压缩后再签名报文，或者加密后再签名报文，则需要在保存报文的同时，还要保存压缩后或者加密后的、被签名的报文。这样的话，使用起来不方便。而压缩后再进行加密，不但减少了加密的数据量，提高了加密的效率，还可以提高数据的保密性。因为压缩后的数据就是没有意义的数据。

安全 IP 技术是面向数据传递的安全技术，它必须防御消耗资源的、潜在性的"拒绝服务"攻击。如果在 IP 报文传递中先进行真实性验证，然后再进行加密，则网络攻击者有可能大量发送虚假报文，使得接收方忙于解密这些报文而无法正常地接收正常报文，导致其进入"拒绝服务"状态。所以，对于 IP 报文，发送方首先要进行加密，然后再进行真实性验证操作。这样，接收方可以首先对接收报文进行真实性验证，剔除假冒的、攻击性报文。另外，真实性验证算法的效率远高于加密算法，占用接收方的资源也比较少。

4．PGP 的安全电子邮件服务

将一般报文加密算法和报文真实性验证算法应用于电子邮件的最大障碍在于：传统电子邮件系统只能传送 7bit 的 ASCII 码正文字符。而通常采用的加密算法和真实性验证算法都是生成以 8bit 为单位的任意数据流。为了解决这个问题，PGP 提供了将 8bit 为单位的数据流转换成为 7bit 的 ASCII 码正文字符流的机制。

这是采用 radix-64 转换算法实现的机制，它可以将 3 个 8bit 数据转换成为 4 个 7bit 的 ASCII 码字符。经过 radix-64 转换算法处理之后，报文长度将增加 33%。由于 PGP 采用的是对称加密算法和 SHA-1 报文摘要算法，所以，对报文处理性能的影响不大。

5．PGP 的报文分段服务

由于传统互联网上的电子邮件系统会限定电子邮件的长度，为了解决这个问题，PGP 提供了报文分段的服务。PGP 首先将较大的电子邮件分段成为较小的电子邮件，然后，再将分段后的电子邮件逐一发送出去。接收方的 PGP 系统首先将接收到的分段电子邮件进行合段，然后，再进行 radix-64 的逆转换、解密、解压缩和真实性验证处理。

PGP 对电子邮件报文的处理过程可以归纳如下。

发送方的处理过程：用户请求发送数据 → 报文真实性验证 → 报文压缩 → 报文

加密 → 密文转换为 ASCII 码字符流 → 分段大报文 → 发送电子邮件。

接收方的处理过程：接收电子邮件 → 报文合段 → ASCII 码字符流转换为密文 → 报文解密 → 报文解压缩 → 报文真实性验证 → 向用户提交正确的数据。

7.1.2 安全 MIME

PGP 虽然可以应用于互联网的电子邮件的安全传送和存储，但它仅仅是互联网中流行的技术，并不是互联网中标准的电子邮件安全技术。互联网电子邮件的标准安全技术是安全 MIME（多用途互联网邮件扩展）。

1．安全 MIME 概述

安全 MIME（多用途互联网邮件扩展）是 IETF 基于 PGP 技术标准化的有关电子邮件的安全规范。虽然互联网上许多安全电子邮件软件采用的是 PGP 技术，但是，工业界倾向于采用安全 MIME（S/MIME）作为安全电子邮件产品的标准。

RFC 3851 是 2004 年 7 月发布的安全 MIME（S/MIME 3.1），它在功能上已经与 PGP 基本相同。它可以支持电子邮件的加密、签名（真实性验证）和压缩。PGP 提供的其他两项功能已经在 IETF 发布的电子邮件其他扩展规范中有了相应的解决方案。所以，S/MIME 3.1 可以完成 PGP 的所有功能。

2．安全 MIME 提供的服务

安全 MIME 提供三种电子邮件的安全服务：安全封装服务、数字签名服务以及数字签名和安全封装服务。

1）安全封装服务：为一个或者多个电子邮件的接收方加密任何类型的邮件内容，以及加密邮件内容的密钥。这里与 PGP 采用的加密方法基本相同。但是，安全封装服务并不提供真实性验证服务。如果单独使用安全封装服务，加密的电子邮件可能在没有察觉的情况下被篡改。

2）数字签名服务：生成电子邮件内容的报文摘要，然后，利用签名者的私钥对报文摘要进行加密，将加密后的报文验证码（即数字签名）附在电子邮件后面，发送给接收方。接收方可以利用发送方的公钥和报文摘要算法来验证所收到邮件的真实性。

3）数字签名和安全封装服务：综合了电子邮件的数字签名和安全封装，既对电子邮件进行数字签名，也对电子邮件进行加密。

S/MIME 3.1 将 RSA 公钥加密算法作为必须实现的算法，将 Diffie-Hellman 密钥生成算法作为应该实现的算法。将 AES 对称密钥加密算法作为应该实现的算法，将 SHA-1 作为建议应该实现的报文摘要算法。

7.2 万维网安全应用技术

万维网（WWW）是互联网上最为普及的应用，万维网集成的网络应用是促进互联

网技术高速发展、大规模迅速膨胀的主要动力。简单、易用、统一的用户界面使得万维网成为网络应用的主要形式，电子邮件、文件传输和数据查询都可以集成在万维网的应用环境中，使用类似的用户交互界面实现。不过，万维网的易用性不但方便了善意的网络用户，也方便了恶意的网络攻击者，万维网的安全应用技术已经成为网络安全应用技术的核心。

7.2.1 万维网面临的网络安全威胁

万维网面临的网络安全威胁本质上源于它的网络应用模型简单、易操作的特征，而最初设计和实现万维网应用时更多地考虑了万维网集成多种应用系统的开放性，忽略了由此可能产生的网络安全隐患，使得万维网面临的网络安全威胁更加严重和复杂。

1. 万维网面临的结构性网络安全威胁

万维网应用由三个部分构成：提供万维网服务的万维网服务器、使用万维网服务的万维网浏览器，以及传递浏览器和服务器之间服务请求与响应报文的网络。这三个部分都面临安全的威胁。

万维网服务器安全漏洞主要源于两个方面：其一是由于万维网服务器软件错误而产生的安全漏洞；其二是由于万维网服务器配置不当而产生的安全漏洞。这些安全漏洞都有可能导致万维网服务器被驻留网络恶意代码，允许远地网络用户非法进入万维网服务器，窃取万维网服务中的敏感数据，执行非授权的修改系统或者访问系统的指令，甚至会由于发起"拒绝服务"攻击而使万维网服务器处于"不可用"状态。

万维网服务器上的安全漏洞在某种程度上是难以弥补或难以及时弥补的，因为根据目前的软件技术水平，复杂而庞大的软件系统一定会存在软件设计或实现方面的错误。而万维网应用就是一个复杂而庞大的软件系统，并且已经发现了不少软件设计或实现方面的错误。复杂而庞大的软件系统配置相应也比较复杂，很容易产生配置错误。

在这种软件设计或实现错误以及人为配置错误存在的情况下，对万维网服务器进行安全保护是一项较为复杂的网络应用安全技术，这不仅需要在万维网软件设计和实现过程中就引入网络安全的真实性验证、访问控制和攻击检测方面的功能，还需要在万维网应用中配置网络攻击检测和防御功能。另外，还需要通过严格的网络安全测试手段，例如通过一些受控的网络攻击软件，自动进行"受控"网络攻击，严格检测万维网服务器及其应用可能存在的安全漏洞。这里的关键是"受控"攻击，否则，会产生截然相反的效果。另外，万维网服务器及其应用管理员也需要及时浏览安全预警网站，获得有关万维网操作系统及其应用软件的安全漏洞公开发布信息，及时更新操作系统或应用软件的版本。

从浏览器角度看，由于现在的浏览器基本都支持 Java 语言和 Java 脚本这类移动代码编写的主动内容，所以这些内容可以在浏览器上运行。一旦这些主动内容中嵌入了恶意代码，则会破坏浏览器及浏览器所在的计算机系统、窃取浏览器所在的计算机系统中用户的敏感数据等。从浏览器角度防御恶意代码，这既属于一类蠕虫防御问题，也属于万维网安全问题。这类端系统防御网络攻击问题是目前比较困难的安全问题。

从网络角度看，主要的安全威胁来自于对万维网浏览器和服务器之间传递数据的窃听、篡改、假冒和重播报文攻击。这也是网络安全主要研究的问题。这方面目前已有比较有效的安全技术，例如，前面章节介绍的传送层安全技术中的安全套接层（SSL）技术就是针对万维网浏览器和服务器之间能保密、完整地进行数据交互而设计的。

2．万维网面临的直接网络安全威胁

结构化查询语言（SQL）注入攻击是万维网目前面临的最具有威胁的网络攻击。SQL 注入攻击可以入侵网站的数据库，窃取大量有价值用户的敏感数据。它利用万维网应用软件中嵌套的 SQL 数据库应用语言没有严格地过滤或验证输入数据而产生的漏洞，通过万维网应用提供的用户数据输入界面，注入恶意软件，窃取网站上的用户登录账户和密码，进一步假冒网站合法用户登录网站，窃取网站的其他机密数据。

跨网站脚本编写（XSS）是另一种常见的万维网应用攻击技术，涉及通过用户浏览过的网页，将攻击者提供的代码传回到该用户的浏览器或客户端。当攻击者进入可以执行其脚本的用户浏览器时，该脚本将在该网站的安全区域内运行。这样，该脚本就可以读取、更改、传送该浏览器可以访问到的任何关键数据。

7.2.2　万维网安全防御技术

根据以上对万维网应用环境下安全威胁的分析，可以将万维网的安全防御技术分成三个域：浏览器安全防御域、网络安全防御域以及服务器安全防御域。需要说明的是，这里讨论的万维网安全防御技术，还是指本书第 1 章定义的"安全"的三个特性：保密性、完整性和可用性。所以，进行万维网的安全防御实际上就是保证万维网服务的保密性、完整性和可用性。

从目前的网络安全技术来看，保证万维网服务的保密性和完整性技术比较成熟。可以采用前面章节介绍的传送层安全技术中的安全套接层（SSL）技术，在万维网浏览器和服务器之间建立一条 SSL 秘密通道，所有在浏览器和服务器之间传递的报文只有经过加密和签名之后才能在网络环境下传递，这样，如果浏览器用户能保管好自己的私钥，就可以防御网络攻击者对万维网浏览器和服务器之间传递数据的窃听、篡改、假冒与重播攻击。

目前的网络安全技术尚不能保证万维网服务器、浏览器和网络的可用性。即目前还无法完全防御分布式"拒绝服务"类的网络攻击以及探测系统漏洞进行"互联网蠕虫"攻击的网络威胁。实际上，目前对网络最大的安全威胁来自于分布式"拒绝服务"攻击，以及"互联网蠕虫"攻击。

目前，人们也设计了一些保护万维网浏览器和服务器可用性的技术，例如在公共万维网服务器前端设置一个万维网服务器防火墙，用于过滤异常的万维网服务请求，保护万维网服务器不受"拒绝服务"这类攻击。这种万维网防火墙是专门针对万维网服务器设计的一个访问控制系统，它本身携带安全策略库和审核数据库，用于控制进出万维网

服务器的报文。它比一般的网络防火墙针对性更强，可以制定较为详细的、有针对性的安全控制策略，并且可以通过及时调整安全控制策略，防御潜在的网络攻击。

在浏览器上也设计了类似专用防火墙的技术，用于过滤进入浏览器的数据，包括Java 语言和 Java 脚本编制的移动代码，通过特征分析剔除可能的恶意代码。这些万维网安全的防御技术均属于下一代防火墙技术。

7.2.3 万维网攻击检测技术

现在的针对万维网安全的攻击检测系统只是检测已知的攻击模式，而且这些已知的攻击模式还无法关联。就攻击方而言，目前也设计了专门防范攻击检测的机制，例如在大量发送的分组中掺杂一些恶意代码。在万维网安全中，万维网服务安全问题尤为突出。万维网服务本质上是开放的，即是一种不通过真实性验证的匿名服务，所以，难以严格地进行访问控制。通用的攻击检测系统和防火墙系统已经无法满足万维网的安全需求，必须专门设计和部署万维网攻击检测系统与万维网防火墙系统。

为了有效地设计万维网攻击检测系统，必须分析和分类针对万维网的攻击模式；为了有效地部署万维网攻击检测系统，必须研究防御针对万维网攻击的最有效的位置。J. Seo等人定义了一个较为科学的万维网攻击模式分类方法，采用这种分类方法，不仅可以检测已知的攻击模式，还可以检测新出现的攻击模式。这些分类（见表 7-1）包括：已知软件实现错误、HTTP 规范错误、配置失误、伪造客户端代码、异常 URI 输入，以及过载攻击。

表 7-1　万维网攻击模式分类

	攻击模式类型	攻击模式实例
可检测	已知软件实现错误	（K-1）利用栈溢出
		（K-2）利用堆溢出
		（K-3）利用格式串
		（K-4）利用竞争条件
		（K-5）利用其他软件缺陷
	HTTP 规范错误	（H-1）滥用 HTTP
	配置失误	（M-1）应用配置失误（设置纠错选项、设置后门）
不可检测	伪造客户端代码	（F-1）甜点下毒（破坏 HTTP 的"甜点"）
		（F-2）操纵隐藏值或标签
		（F-3）操纵内容（HTML、Java、Java 脚本等）
	异常 URI 输入	（A-1）滥用 Unicode（UTF-8）编码
		（A-2）强制网站浏览
		（A-3）跨网站脚本
		（A-4）应用缓存溢出
		（A-5）干预参数（干预会话标识、会话重播）
		（A-6）脚本攻击

	攻击模式类型	攻击模式实例
不可检测	异常 URI 输入	（A-7）偷偷摸摸发命令
		（A-8）注入 SQL
		（A-9）胁持"甜点"
		（A-10）口令猜测
		（A-11）WSDL 揭秘
		（A-12）其他异常 URI 输入
	过载攻击	（O-1）应用 DoS 攻击

1）基于已知软件实现错误的攻击具有固定的攻击模式，可以通过基于特征的攻击检测方法来检测和防御这些攻击。已知软件实现错误的攻击包括：利用栈溢出、利用堆溢出、利用格式串、利用竞争条件，以及利用其他软件缺陷的攻击。

2）基于 HTTP 规范错误的攻击利用一些不符合 HTTP 规范的异常或有害的请求，干扰 HTTP 的正常运行，使得 HTTP 处于"拒绝服务"状态。这种攻击模式目前在万维网上并不普遍，却是 TCP、UDP 等协议上经常发生的攻击行为。

3）基于配置失误的攻击利用万维网系统或者应用配置的错误，例如采用了一个错误的默认配置，或者万维网管理员设置了纠错功能却没有及时关闭等，使得攻击者可以通过这些错误，侵入系统内部，窃取关键数据或者修改网页。基于配置失误的攻击也具有固定的攻击模式，可以通过现有的攻击检测系统进行检测和防御。

伪造客户端代码、异常 URI 输入和过载攻击都属于基于万维网内容和代码的攻击。这类攻击通常难以利用基于特征的攻击检测系统进行检测和防御。主要遵循万维网应用软件安全开发指南的规则来开发应用软件，从逻辑上安全加固万维网应用软件，达到防御这类基于万维网内容和代码的攻击。

4）伪造客户端代码的攻击是指攻击者通过恶意改变万维网客户端代码和数据，伪造客户端状态。例如，万维网客户端可以改变 HTTP 的"甜点"、HTML 代码、Java 脚本等。有的万维网攻击者通过修改电子商务网站上网页隐藏字段中的价格，以极低的价格从被攻破的网站购买商品。通常情况下，万维网客户端是无法直接修改网页中隐藏字段的内容的。但是，攻击者将这些网页内容下载后，通过正文编辑器就可以随意修改这些隐藏字段中的内容，然后再上传到该网页，就可以实施攻击。如果电子商务网站能够遵循安全应用开发规则，不将商品单价简单地放置在网页的隐藏字段，而是采用更加安全的防御机制，也可以避免这类攻击。

5）异常 URI 输入的攻击是指攻击方发送包含恶意数据的异常万维网请求，例如向万维网服务器发送携带恶意参数的 URI（全球资源标识符）、HTML（超文本标记语言）或脚本代码，试图改变万维网会话的状态。因为万维网在大部分情况下不维持会话状态，所以，这种攻击通常能够奏效。这种攻击通常用于绕过万维网的真实性验证机制，达到伪造授权、以非正常方式使用万维网服务的目的。在前面讨论的修改电子商务网站价格的案例中，客户端上传修改的网页也是一种异常 URI 输入的攻击。

6）最后一类过载攻击是指一类"拒绝服务（DoS）"攻击，它不是指"基于已知软件实现错误"的 DoS 攻击，也不是指"基于 HTTP 规范错误"的 DoS 攻击，而是指利用大量被攻破的万维网客户端系统，大量发送万维网服务请求的分布式 DoS（DDoS）攻击。这类攻击也难以通过现有的攻击检测系统进行检测和防御。

对万维网攻击模式进行分类是为了能够检测和防御这些攻击。如何有效地部署攻击检测系统是另一个值得研究的问题。J. Seo 等人在对攻击模式进行分类的基础上，进一步研究了如何有效地部署攻击检测系统的位置。

万维网应用系统的典型结构如图 7-1 所示，它包括万维网客户端（万维网浏览器）、万维网接口、万维网服务器、服务器侧脚本预处理器以及数据库管理系统。

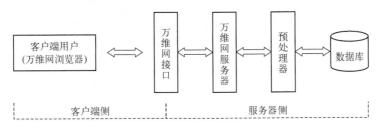

图 7-1　万维网应用系统的典型结构

万维网接口是该结构中的重要部分，其中涉及万维网客户端与服务器交互的超文本传送协议（HTTP）。万维网接口可以对应网络应用抽象结构（见图 7-1）中的网络域。基于网络的攻击检测系统和应用防火墙可以安装在万维网接口范围，保护万维网应用系统的安全。但是，目前在保护万维网服务器侧脚本预处理器和数据库应用软件方面的安全技术尚不完善，需要进一步研究。

不同类别的攻击模式应该在万维网应用系统的不同位置加以检测和防御。如表 7-2 所示，基于已知软件实现错误的攻击应该在万维网服务器、预处理器和数据库应用中进行检测和防御；基于 HTTP 规范错误的攻击应该在万维网接口和万维网服务器中进行检测和防御；而基于配置失误的攻击，则应该在万维网服务器、预处理器和数据库应用中进行检测与防御。

表 7-2　万维网攻击检测和防御的位置

	万维网接口	万维网服务器	预 处 理 器	数据库应用
已知软件实现错误		K-1、K-2、K-3、K-4、K-5		
HTTP 规范错误		H-1		
配置失误		M-1		
伪造客户端代码		F-3	F-1、F-2、F-3	
异常 URI 输入		A-1、A-2、A-3、A-6、A-7、A-10、A-11、A-12	A-1、A-2、A-3 A-4、A-5、A-6 A-7、A-8、A-9 A-10、A-11、A-12	
过载攻击	O-1			

在伪造客户端代码的攻击中，F-3 攻击模式应该在万维网服务器和预处理器中进行检测与防御，而 F-1 和 F-2 攻击模式只需要在预处理器中进行检测和防御，这里 F-1、F-2 和 F-3 是表 7-1 中针对具体攻击模式的编号。

在异常 URI 输入的攻击中，A-1、A-2、A-3、A-6、A-7、A-10、A-11 和 A-12 攻击模式应该在万维网服务器和预处理器中进行检测与防御，而 A-4、A-5、A-8 和 A-9 攻击模式只需要在预处理器中进行检测和防御。

过载攻击只需要在万维网接口中进行检测和防御。

7.2.4 SQL 注入攻击与防御

结构化查询语言（SQL）注入攻击可以入侵网站的数据库、窃取大量有价值用户的敏感信息，是万维网及其应用目前面临的主要网络威胁。它利用万维网应用软件中数据库查询语言缺少真实性验证的安全漏洞，通过万维网应用的用户交互界面注入失效用户账户来登录、查询整个数据库等 SQL 指令，躲避万维网应用的账户管理，窃取万维网应用中的敏感数据。

1．SQL 注入攻击的分类

根据 P. Kumar 和 R. K. Pateriya 的研究结果，SQL 注入攻击可以分成 4 种类型：SQL 操纵类、代码注入类、功能调用注入类以及缓存溢出类攻击。

1）SQL 操纵类攻击：是一类通过利用不同的 SQL 操作，例如 SQL 的 UNION（关系的并）操作，修改 SQL 语句的攻击过程。SQL 操纵类攻击也可以通过更改 WHERE 语句的相关判定条件，使得 WHERE 语句总是为真，或者总是为假，以实现 SQL 注入。

2）代码注入类攻击：是一类插入新的 SQL 语句的攻击过程。一种代码注入攻击的方式是在易攻击的 SQL 语句后面附加一个 SQL 服务器的 EXECUTE（执行）命令。这类攻击方式仅当单个数据库的查询请求支持多个 SQL 语句时才能够发起攻击。

3）功能调用注入类攻击：是一类在某个易攻击的 SQL 语句中插入不同数据库功能调用的攻击过程。这些插入的功能调用可以发起操作系统的调用或者操纵数据库中的数据。

4）缓存溢出类攻击：这是对网络应用软件的漏洞常用的一类攻击。在 SQL 注入攻击中，这类攻击借助于 SQL 的功能调用注入，利用系统中的漏洞使得缓存溢出，进而发起攻击。这类攻击仅仅对存在漏洞并且没有及时打补丁的服务器才能发起有效的攻击。

2．SQL 注入攻击方式

根据 P. Kumar 和 R. K. Pateriya 的分析与实验结果，SQL 注入攻击可以分成：重复式查询、逻辑错误查询、合并查询、背驮式查询等攻击方式。

1）重复式查询。重复式查询属于 SQL 操纵类攻击，攻击者可以基于 SQL 的条件语句，在查询语句中注入恶意代码。例如一个登录的查询如下：

> SELECT * FROM User_Info WHERE UserName = 'Bob' and Password='123456'.

在这条登录查询语句中，可以注入 OR 1='1'，结果的登录查询语句如下：

> SELECT * FROM User_Info WHERE UserName = '' OR 1='1';-- and Password='123456'.

由于在 SQL 的条件语句中注入了"或"操作连接的"永真"逻辑表达式，这样就可以使得这条 SQL 的登录查询语句条件总是成立，该查询语句就可以获得数据库中所有的记录数据。如果该数据库保存了用户名和用户登录密码，则这些用户敏感数据就会被盗取。

2）逻辑错误查询。逻辑错误查询也属于 SQL 操纵类攻击，在这类攻击中，攻击者利用数据库服务器返回的出错消息，获取有关数据库内部的敏感信息。

例如，以下查询语句可以获取有关数据库内部结构的敏感信息，如构成数据库的表名以及表的属性名（表的列名）等信息。

> SELECT * FROM User_info
> WHERE UserName = '' HAVING 1='1';-- and Password='123456'.

由于该查询语句的条件语句存在逻辑错误，则数据库服务器将返回出错消息，例如"列'User_info.UserID' 在选择列表中是无效的，因为它既没有包含在一个汇聚函数中，也没有包含在 GROUP BY 语句中."这样，攻击者就可以通过返回的出错消息，获得该数据库的表名：User_info，以及该表对应的属性名：User_info.UserID。

例如，通过以下的查询语句可以获得数据库中某个表的属性名：

> SELECT * FROM User_info WHERE UserName = '' GROUP BY UserID
> HAVING 1='1';-- and Password='123456'.

由于该查询语句的条件语句存在逻辑错误，所以数据库服务器将返回出错消息，例如"列'User_info.Username' 在选择列表中无效，因为它既没有包含在一个汇聚函数中，也没有包含在 GROUP BY 语句中."。这样，攻击者就可以从这条出错消息中获得该表的属性名：User_Info.Username。

3）合并查询。合并查询属于代码注入类和 SQL 操纵类攻击。合并查询在一个安全的查询上附加恶意代码或注入代码，用于从数据库服务器获取其他的表信息（如获取表属性的数据类型信息）。例如，数据库服务器执行以下的查询语句：

> SELECT * FROM User_info
> WHERE UserName = '' UNION SELECT SUM(Username) from User_info-- BY UserID
> HAVING 1='1';-- and Password='123456' .

则返回出错消息"对于 SUM 操作符，操作数的数据类型 VARCHAR 无效"，该出错消息就泄露了 Username 的数据类型是 VARCHAR 的信息。采用同样方法，攻击者可以依次获得该表所有属性的数据类型。

4）背驮式查询攻击。背驮式查询攻击属于代码注入类攻击。攻击者在传统的查询语句中注入恶意代码，并执行数据库操纵类操作，例如 INSERT（插入）、UPDATE（更新）、DELETE（删除）语句，操纵某个数据库中的记录。例如，数据库服务器执行了以下查询语句：

```
"SELECT * FROM User_info
WHERE UserName = ";INSERT INTO User_info VALUES('Bob','123'}-"
```

则将某个记录插入到数据库的 User_info 表中。同样，也可以采用 UPDATE 和 DELETE 的数据库操纵语句，对这个表中的相关记录进行类似的操作，达到对数据库进行攻击的目的。

3．SQL 注入攻击的防御

为了防御 SQL 注入攻击，学术界和工业界开展了许多相关的研究和实验，主要采用内容过滤、渗透测试、防护式编码等技术，可以防御一部分 SQL 注入攻击。防御 SQL 注入攻击仍然是一项正在研究和实验的技术。以下只讨论两种具有代表性的、具有较强技术特征的防御 SQL 注入攻击的方案，以及对这些方案适用范围的分析。

（1）真实性验证方案

这是由 I. Balasundram 和 E. Ramaraj 于 2011 年提出的防御 SQL 注入攻击的方案。该方案的基本思路是：SQL 注入攻击中的 SQL 语句都是假冒的 SQL 语句，通过对 SQL 语句中的关键操作符和用户相关信息进行加密，防御假冒的 SQL 语句，以此防御 SQL 注入攻击。这是一个单纯从网络安全角度防御 SQL 注入攻击的方案。

该方案利用传统加密体系中的 AES（高级加密标准）加密算法和公钥加密体系中的 RSA 加密算法，防御 SQL 注入攻击。该方案对于每个用户赋予一个用于传统加密算法的唯一的密钥，服务器则赋予用于公钥加密算法的公钥和私钥，对于 SQL 的登录查询，采用两级加密：

● 采用传统加密算法和用户的密钥，加密用户名和用户登录密码。
● 采用公钥加密算法和服务器公钥，加密查询模式。

该方案的执行过程包括三个阶段：①注册阶段，用户通过注册服务器获得赋予的用户密钥；②登录阶段，采用加密算法加密 SQL 登录查询语句；③验证阶段，服务器接收到用户的 SQL 登录查询语句之后，通过解密算法进行 SQL 登录查询语句的真实性验证。只有通过真实性验证的 SQL 登录查询语句，才提交 SQL 服务器执行。

经过测试，这种真实性验证方案十分有效，加密和解密过程可以在不到一秒钟的时间内完成。但该方案也存在一些不足，其中包括：无法防御基于链接的 SQL 注入攻击，难以维护客户端的传统加密算法的密钥以及服务器端的公钥加密算法的密钥，在注册阶段缺少安全保护机制。可以通过改进设计方案，弥补后面两个方面的不足。

（2）SQL 查询属性值移除方案

2011 年，Jeom-Goo Kim 提出了一种在用户提交的 SQL 查询语句的属性值中移除 SQL 查询语句的方案，这样就可以消除攻击者通过 SQL 查询语句的属性值进行代码注入攻击，防御某种类型的 SQL 注入攻击。这是一个从攻击检测角度进行 SQL 安全性增强的设计方案，通过识别和移除引起 SQL 注入攻击的 SQL 查询语句，达到防御 SQL 注入攻击的目的，同时也是一个较为有效的、防御 SQL 注入攻击的思路。

该方案综合使用了 SQL 语句的静态分析和动态分析，可以在万维网应用中检测静态 SQL 查询的属性值，也可以检测在运行过程中产生的 SQL 查询。

该方案采用了攻击检测中"异常检测"的思路，通过统计分析，获取正常用户产生的 SQL 查询的特征样本，也就是正常用户的 SQL 查询简本。通过正常用户的 SQL 查询简本与攻击者动态产生的 SQL 查询进行比对，检测并识别 SQL 注入攻击。

该方案的不足在于：需要采用统计方法获取正常用户使用 SQL 查询的行为特征，但由于行为特征描述不完整、不准确，可能产生误判，从而影响正常的 SQL 查询操作。

7.2.5 XSS 攻击与防御

跨网站脚本编写（XSS）攻击是另一种常见的万维网应用攻击技术，其主要是采用以脚本编写的恶意代码的攻击方式。

1. XSS 攻击概述

XSS 攻击主要通过用户浏览过的网页，将网络攻击者潜伏在网页上的恶意代码传回到该用户的浏览器或客户端。当网络攻击者执行其脚本的用户浏览器时，该脚本将在网站的安全区域运行。这样，该脚本就可以读取、更改和传送该浏览器可以访问的任何关键数据。

成功的 XSS 攻击使得攻击者可以通过用户在万维网应用中的"标识（Cookie）"，劫持用户的账户，由此将用户从被访问的网站重定向到另一个网站，并在该网站发起其他类型的攻击，例如"钓鱼"攻击、下载驱动的攻击等。XSS 攻击对那些与用户所在计算机文件系统进行密切交互的浏览器会造成很大的风险。XSS 攻击通常用于劫持用户访问电子商务网站时产生的会话，通过在用户的客户端运行恶意脚本或恶意代码，捕获用户浏览器的标识信息。

2. XSS 攻击的分类与防御

XSS 攻击可以分成两类：持续式 XSS 和非持续式 XSS。这两类 XSS 攻击的区别在于探寻服务器侧和客户端侧的易攻击点的方式不同。

（1）持续式 XSS 攻击

持续式 XSS 攻击也称为存储式 XSS 攻击。当恶意代码潜伏在一个万维网应用并且永久存储在该万维网应用中时，就会出现持续式 XSS 攻击。攻击者通常会将恶意代码存储在万维网邮件应用或万维网论坛应用中，当用户访问存有恶意代码的万维网邮件应用或论坛应用时，这类恶意脚本或恶意代码就会在用户的浏览器上运行。

持续式 XSS 攻击不需要引诱用户打开任何网络的链接，防御这类 XSS 攻击的方法需要依赖万维网应用的恶意代码检测和清理方法。

（2）非持续式 XSS 攻击

非持续式 XSS 攻击也称为反应式 XSS 攻击，它通常将恶意代码隐藏在万维网页面的链接中。当服务器没有很好地检测和清除提供给浏览器/客户端访问的万维网页面中隐藏的恶意代码的链接时，一旦用户打开该链接就可能发生反应式 XSS 攻击。

由于万维网的网站含有反应式 XSS 攻击的易攻击点（如假冒的对于某些内容的访问链接等），可以引诱用户打开恶意的、精心制作的链接。这样，该链接包含的恶意脚本或恶意代码就会被下载到用户的浏览器和客户端并运行，使得攻击者可以获取用户的敏感数据，例如用户身份验证的证书、用户的登录账户和密码等。

防御这类 XSS 攻击方法还是要依赖恶意代码链接的检测和清理方法。

7.3 区块链及其应用

区块链作为源于比特币的一种去中心化的网络信任管理方法和解决方案，为解决长期困扰互联网的信任问题提供了一种实用的方法，已经逐步成为互联网技术和应用的研究与开发热点。区块链涉及诸多的网络安全技术，也可以作为网络安全的一类应用技术。

本节将结合有关数据加密和身份真实性验证的相关概念与原理，描述面向比特币的区块链的基本概念和基本原理，分析区块链通用定义、分类和技术特征，讨论区块链在身份标识、数据管理、物联网等方面的应用，以及区块链应用的通用模型和方法。

7.3.1 面向比特币的区块链概念和原理

区块链不是现在的网络权威或者网络安全权威发明的，而是由自称为"中本聪"的一个人或一个团队，在构建全球去中心化数字货币体系——比特币的过程中设计和实现的一种去中心化的信任管理机制。区块链的这种信任管理机制在比特币部署和使用将近十年时间内一直运行正常，使得研究人员对于区块链在其他互联网领域的应用产生了很大的兴趣，开始考虑通过区块链解决长期困扰互联网的信任问题。而为了应用区块链的去中心化信任管理机制，就需要理解和掌握区块链这类完全源于"实践"而产生的"真知"。

面向比特币的区块链分析是研究区块链的基础。目前最为成功的区块链应用就是比特币系统，这个去中心化的互联网数字货币系统已经正常运行将近十年。目前，比特币的价值依然维持在一个较为稳定的、普遍认可的价值水平，这就说明这个去中心化的数字货币系统是可信并且实用的。比特币的在线开发文档为详细分析面向比特币的区块链技术特征提供了可靠依据。

面向比特币的区块链包括"块"和"链"结构，以及构成"块"和"链"的方法。在分析这些面向比特币的区块链的结构和构造方法之前，必须首先讨论比特币的系统、网络、结点、钱包、块、交易这些基本概念。

1. 比特币的网络和对等结点

比特币系统是基于互联网之上的对等网络，是采用去中心化方式构造的、用于数字货币交易的网络数字货币应用系统。每个互联网的结点通过比特币的联网软件发现并连接比特币系统的结点，从而接入到比特币的对等网络。随后可以通过在对等网络上广播比特币的交易，提请比特币系统其他结点验证完成的交易；通过在对等网络上广播已经验证成功的块，通告一次成功的"淘金"。比特币系统如图 7-2 所示。

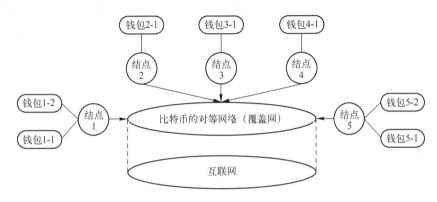

图 7-2　比特币系统的结构示意图

2. 比特币的钱包

"钱包"是在比特币系统中定义的概念，在比特币的用户参与交易之前，用户首先要在比特币的系统中创建自己的"钱包"，这个虚拟钱包由一对公钥和私钥构成。

每个比特币系统的用户可以在比特币结点上运行钱包程序，生成自己钱包的私钥，并且基于私钥推导出对应的公钥；将自己钱包的公钥的哈希值作为自己钱包的地址，用于接收在交易过程中付给自己的比特币；在后续的交易中，可以采用自己钱包的私钥产生的数字签名，花费自己钱包里的比特币。

用户不直接采用钱包的公钥作为地址，而是通过密码哈希算法生成的该钱包公钥的哈希值作为钱包地址，这样既可以缩短钱包地址的长度，又可以隐藏钱包地址与钱包私钥的对应关系，提高比特币交易的安全和隐私保护能力。但根据 Ryan Henry 的研究结论，这种隐私保护能力已经被网络安全专业人员所攻破。由此可知，缺少理论验证的安全和隐私保护能力并不可靠。

如图 7-3 所示，在比特币结点上运行钱包程序，产生钱包 B 的私钥，然后导出 B 的公钥，基于 B 的公钥生成 B 的公钥哈希值，这样，B 的公钥哈希值可以发送给钱包 A，作为钱包 A 支付的目的地址，并且复制到交易输出的相关脚本内。

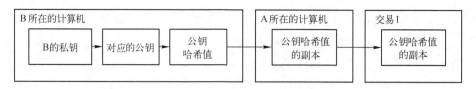

图 7-3　支付到公钥哈希值（P2PKH）交易（A 付给 B）的示意图

3．比特币的交易

比特币的交易就是将一定数额的比特币从一个钱包转移到另一个或多个钱包的过程。每个交易通过交易输入和交易输出，记录整个交易过程。每个交易可以有多个输入，也可以有多个输出。每个交易输入必须通过数字签名来验证这个交易输入有权使用已经完成的某个交易输出中的比特币，每个交易输出必须明确指示接收比特币的目的钱包（如通过公钥脚本指示）以及具体的金额。

图 7-4 表示了"交易 1"在"交易输入 0"中使用"交易 0"中"交易输出 0"的金额，分别支付给"交易 1"中"交易输出 0"中的钱包 B 和"交易输出 1"中的钱包 C。支付金额的单位是亿分之一个比特币，在比特币中称为聪（Satoshi）。

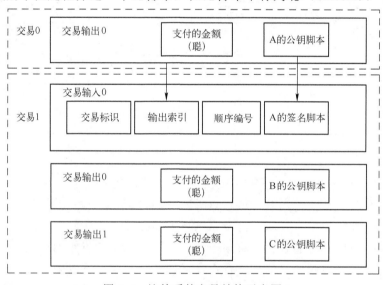

图 7-4　比特币的交易结构示意图

4．淘金与工作量证明

所有比特币系统中的交易必须经过验证才能生效。对比特币交易的验证过程也称为淘金过程。淘金（mining），通常在国内翻译为"挖矿"，但这个英文单词的原意是"挖掘、探宝"等。由于"mining"在比特币系统中意味着探寻比特金币，所以翻译为"淘金"更加准确，也容易被国内区块链的新入门者理解。淘金是指一个创建证明是有效的比特币交易块并且解开比特币块首的谜底的操作。解开比特币块首的谜底表示通过选择块首不同的一次性数而找到了低于某个目标值的比特币块首的哈希值。比特币系统将执行这个操作的装置或装置的所有者称为淘金者。

　　淘金过程中的比特币交易块是淘金者在网络上收集到的、已经完成但没有被验证的、在比特币网络上广播传递的多个交易，并且将每两个交易生成一个密码哈希值，两个密码哈希值再进一步生成一个密码哈希值，这样不断通过密码哈希算法构成一棵默克尔树，然后综合区块链当前最后一个块首的密码哈希值等参数，构造出一个数据块。这个数据块是链接在区块链中的基本数据单元，包括块头和被验证过的交易。链接在区块链中的"块"受到工作量证明的保护。图 7-5 表示了一个区块链的示意图，从中可以看到比特币交易块的组成结构。

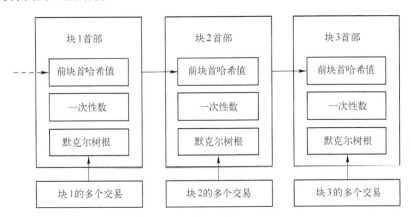

图 7-5　比特币系统的区块链示意图

　　解开比特币块首谜底的操作称为"工作量证明（Proof of Work）"，表示淘金者通过耗费一定的计算工作量，通过选择块首不同的一次性数找到低于比特币系统设置的某个目标数值的比特币块首的密码哈希值。这种通过计算找到低于某个目标值的比特币块首的哈希值的过程称为解开比特币块首的谜底。比特币系统通过每两周平均调整一次目标值的设置，可以控制大约每 10 分钟解开一个比特币块首的谜底。根据以往的统计结果，如果解开一个比特币块首的谜底少于 10 分钟，则可以降低目标值，增加解开谜底的计算复杂度；反之，则可以提升目标值，减少解开谜底的计算复杂度。比特币系统的这种通过目标值设定来控制比特币块验证速率的机制，是为了减少由于比特币系统的对等网络广播的延迟而造成的区块链的分叉，同时保持比特币系统具有稳定的处理性能。

　　一旦淘金者解开比特币块首的谜底，将会收到比特币系统的比特币奖励，同时也可以收获比特币交易块中第一次被验证的有效交易的交易费用。这样的收益确实表明淘到了比特金币。

5. 比特币交易的验证

　　交易表示比特币值的一次传递，每次交易都需要在比特币网络上广播给每个对等结点，每个对等结点在进一步广播该交易之前将验证这个交易的有效性，而交易在被淘金者收集到一个块之前也需要进行有效性验证。每个交易最终分别被不同的淘金者收集到不同的块中，包含这个交易的块一旦完成工作量证明，则该块被连接到区块链，说明这个交易通过了区块链的验证。

在比特币系统中，一个交易至少需要通过两次区块链的验证才能被认为是可信的交易，最好是通过六次区块链的验证，这样才可以确保交易中设定的比特币值的传递不会有误。

7.3.2 区块链的通用定义与技术特征

基于面向比特币的区块链分析，以下将给出可以适用于不同应用领域的、较为通用的区块链定义、分类以及技术特征。

1. 区块链定义

根据上节对于面向比特币的区块链的特征分析，可以给出以下的定义：区块链是一个去中心化的网络公用账本，可以用于网络应用中的去中心化的信任管理。

国内外不少专业人员将区块链定义为一个分布式账本，这种定义的准确性有待商榷。因为区块链并没有在网络上分布式地存放，而只是同一个账本重复保存在网络中的多个结点，并且所有对该账本的更新都会被广播到所有重复保存账本的网络结点。所以，区块链的相关内容并没有分布地保存在多个网络结点，而仅仅是重复保存在多个网络结点。这是一类没有存放在网络服务器（中心），而是在所有区块链结点重复保存的公用账本，它并不是在网络结点上分布存放的不同的区块链。应该注意到：比特币的开发指南中也称区块链是一类公共账本（Public Ledge），而不是分布式账本（Distributed Ledge）。

将区块链作为一类公用账本，这样就可以明确区块链是用于公开管理的账目，而不仅仅是公开保存的账目，这样只需要考虑如何在区块链的"块"中保存用于信任管理的有限数据，例如交易的密码哈希值，而不是完整的交易数据，从而减少区块链存储的数据量，提高区块链的处理效率。

2. 区块链分类

根据区块链应用结点连接区块链网络的方式不同，可以将区块链分成公有链和私有链。如果面向某个应用领域的区块链应用只是基于一个开放的网络，即任何一个区块链应用结点都可以自由加入或退出的区块链网络，则称之为公共或公众拥有的区块链，简称为**公有链或公链**；如果区块链的应用必须基于一个专用的网络，也就是任何一个区块链应用结点必须经过申请和身份真实性验证后才能加入或退出的区块链网络，则称为专属群体拥有的区块链，简称为**私有链或私链**。当然，对于涉及多个不同的、但又需要关联的应用领域，可以在区块链应用中采用公有链和私有链混用的方式。

3. 区块链技术特征

基于对面向比特币的区块链的分析和梳理，可以认为区块链具有其特定的网络连接技术、数据加密技术、网络安全技术和数据管理技术这四个方面的特征。

1）网络连接技术特征体现在：具有对等网络构建和维护能力以及数据广播能力。区块链应用结点的组网技术体现了互联网的覆盖网络，以及对等网络的技术特征，这样可以构成一个不受具体网络技术限制的去中心化的区块链网络。区块链应用结点之间的数据广播能力可以确保每个区块链应用结点都能参与征信操作（如比特币中的交易）的有效验证工作，保证征信操作的可信度。

2）数据加密技术特征体现在：具有公钥加密算法的密钥对生成和管理能力，以及具有数字签名计算和验证能力。每个区块链应用结点具有公钥加密算法的密钥对生成和更新能力，同时具有数字签名计算能力，以及对于数字签名真实性的验证能力。这样，就可以采用公钥的哈希值唯一标识征信实体（如比特币中的钱包），并且可以通过数字签名来验证征信操作（如比特币中的交易）的真实性。

3）网络安全技术特征体现在：在区块链网络环境下，具有对征信实体（如比特币的钱包）的真实性验证能力，以及对征信操作的真实性验证能力。区块链应用实体具有对征信操作以及区块链相关数据的真实性验证能力，例如比特币的对等结点能够通过"工作量证明"，将通过验证的交易封装成比特币块，并连接到区块链上的能力。这样就可以防御通过网络假冒征信实体或者假冒征信操作的攻击。

4）数据管理技术的特征体现在：在区块链网络环境下，具有对交易数据收集和封装成块的数据处理能力，以及对区块链的存储和验证的数据处理能力。区块链应用实体（如比特币的对等结点）必须具有对交易数据的网络收集、验证和封装成块的数据处理能力；同时，区块链应用实体必须具有在网络环境下对区块链的存储、恢复、查找和更新的数据处理能力。区块链本质上是一类数据结构，所以，区块链的数据管理技术特征是它的核心技术特征，在区块链的数据管理中融合了对等网络的数据收集和转发能力，以及密码哈希算法的数据完整性保护能力。

4. 区块链技术特征分析

由于区块链较多地涉及数据存储、查询和处理，并且有些区块链的研发也在区块链应用结点上采用了数据库技术，这样就使得一些研究和开发区块链应用的专业人员常将区块链定义为一类数据库。这类定义是不准确的，并且容易产生概念的混乱。数据库仅仅是一类数据管理的技术，最多可以扩展为网络数据管理技术，但难以包含区块链在网络连接、数据加密、网络安全等方面的技术特征。虽然可以采用数据库实现区块链，但如果在设计层面就将区块链作为数据库，则会错误地在区块链的"块"中存储并非用于信任管理的数据，这样就会导致区块链应用中可缩放性差、存储容量不够、处理效率低等问题。

比特币中的"工作量证明"是一类区块链共识协议，它并没有被直接作为区块链的技术特征。这是因为区块链共识协议仅仅是为了验证征信操作真实性的一种实现机制。"工作量证明"仅仅是数字货币的区块链应用中，为了确保数字货币价值而与现实世界计算资源绑定的一种技术手段。这种面向数字货币应用的区块链共识协议并不一定适用于其他应用领域。其他应用领域完全可以采用更有效的、满足其应用需求的征信操作真实性验证方法。

比特币中的支付脚本以及以太坊的智能合约都没有作为区块链的技术特征，这是因为这类与比特币交付相关的脚本或者与以太坊征信操作相关的智能合约都是区块链相关操作的编程。不同的应用领域定义的征信操作不同，要求的编程能力也不同，既可以采用比特币系统中较为简单的支付脚本，也可以采用以太坊系统中较为复杂的智能合约脚本，这在本质上并不会影响区块链的去中心化的信任管理技术特征。

有些区块链的研究人员，根据区块链分类或区块链是否采用智能合约，而将区块链分成多个不同的版本。由于缺少对区块链技术进行系统分析和研究的结果支撑，以及缺少必要的理论或技术原理的支撑，这样的分类可能会对区块链的应用研究和开发产生误导，不利于区块链应用的有效设计和开发，更不利于区块链应用领域的技术创新，建议慎用。

有些区块链研究者在 2015 年提出了有关区块链可应用性演进的三个版本的思路：从面向比特币的区块链（区块链 1.0），然后演进到智能合约（区块链 2.0），最后再进入正义、有效和协同的应用（区块链 3.0），以此来说明对于区块链不同阶段的应用。从技术角度分析，这种区块链应用演进的不同版本提法，在技术层面不具有合理和可信的评判依据，也无法准确而有效地指导区块链应用，反而有可能会导致区块链概念和原理方面的混乱。

7.3.3　区块链的应用实例

目前，区块链的主要应用领域包括数字货币领域的应用、物联网领域的应用、数据管理领域的应用、云服务领域的应用、标识管理领域的应用以及其他领域的应用。

1．数字货币领域的应用

区块链源于数字货币的应用，区块链在数字货币领域的应用是区块链应用的起点和基础。面向比特币的区块链应用方法包括比特币的区块链的块结构、交易的数据结构，以及将交易形成块链接的区块链的机制。面向比特币的区块链应用的最大贡献在于：通过引入区块链机制以及解决区块链分叉的共识协议，解决了去中心化的数字货币面临的数字货币"重复使用"和对于交易验证共识机制的"女巫攻击"两大问题，在互联网中首次实现了去中心化的数字货币。

虽然面向比特币的区块链方法，仅仅是因为目前参与比特币交易的有效性验证的"淘金"过程的收益较高而引人关注，这里区块链似乎是比特币的一项附属技术，但今后应用面广并且具有发展潜力的还会是区块链。因为区块链是一种能准确跟踪网络环境下任何形式交易的工具，其在数字货币交易之外具有更加重要的价值。例如，区块链在物联网、数字标识、知识产权等领域都可能具有很好的应用前景。

2．物联网领域的应用

基于互联网发展起来的物联网，已经不同于仅仅提供透明数据传递能力的互联网，而成为提供自主数据采集、存储、处理等服务的新一代的信息基础设施。为了确保物联网服务的可信，首先需要确保物联网采集、存储和处理的数据可信。而物联网连接的庞大数量的数据采集装置，从网络服务器的存储能力、网络的传输能力以及敏感数据的保护需求等多方面考虑，现有的基于云的物联网应用模式面临多方面的挑战。而区块链作为一类去中心化的网络信任管理方法，可以有效地解决物联网的信任数据管理的技术问题。

应用区块链增强物联网能力的应用方法包括：

- 物联网装置的标识可信管理。采用基于区块链的标识管理解决大量物联网装置的标识管理问题，使得物联网在装置接入能力方面具有可缩放能力，同时也具有防御对物联网装置进行恶意攻击以及篡改物联网装置采集数据的能力。
- 物联网装置的可信自主操作。运用区块链的智能合约提供物联网装置的执行自主交易能力，试图增强物联网的自主能力。
- 物联网装置的可信数据操作。利用区块链提供物联网装置的可信本地数据存储和管理能力，可以帮助物联网装置摆脱不必要的云连接。

另外，区块链可以应用于物联网的工作流，例如可以利用区块链的控制脚本——智能合约，实现在物联网应用场景下工作流的自动化。由于物联网是连接物品的互联网，这种无需人工干预的自动运行的工作模式就可以满足物联网的应用需求。应用区块链可以改变目前以云为中心的物联网应用模式，建立全新的基于区块链的物联网可信应用模型。

3. 数据管理领域的应用

区块链从实现角度看就是数据块的链接，将区块链应用于数据管理也是区块链应用研究中的一个热点。将区块链应用于数据管理的主要出发点是：如何通过引入区块链机制，消除目前基于云计算的网络应用中信任缺失的问题。这里有两种不同的思路：其一是利用区块链机制改造现有的云数据管理的模式，使得云存储的数据安全可信；其二是利用区块链机制实现敏感数据的本地存储，避免使用云数据存储而造成数据泄露或访问的失控。

电子健康是区块链应用较为活跃的领域，其思路是在云存储的电子医疗记录、电子健康记录和个人健康记录中引入区块链从而实现安全管理的技术方案，它采用了时间顺序化的数据链，可以确保数据在采集、存储、访问和处理的过程中不会被假冒和误用；同时采用了私有链，只有与自己相关的家属和亲友才可以看到这些电子健康记录和个人健康记录。这样，既可以实时共享医疗记录和健康记录，又可以保证医疗记录和健康记录的安全性与隐私性。面向电子健康的区块链应用具有以下优点：只需要在当事方之间进行安全和隐私保护约定；患者可以控制自己的数据；医疗数据完整、一致、及时、准确，并且易于分发；所有数据的改变都是可见的，所有增加的数据都是不可更改的，所有非权威的更改都是可以检测的。

另外，区块链可能改变现有数据库的应用现状，实现基于区块链的快捷而无需人工参与的互联网环境下的数据管理。区块链交易的不可更改性和透明性可以减少人工错误，以及减少由于数据冲突而采取的人工干预。这样就可以减少网络环境下数据管理的人工成本，这是因为区块链提供的顺序化商业流程可以消除在数据治理方面的重复工作，这样可以节省当前资本市场上预计 60 亿美元的费用，这种区块链的应用将会取代当前冗余的数据管理基础设施。

4. 云服务领域的应用

现在的云服务都是通过大公司建立的庞大数据中心所提供的，这与网络计算的理念并不吻合，不仅造成了很大的资源浪费和生态环境的破坏，也存在较多的安全和隐私方面的隐患。其可持续发展性值得怀疑。而基于区块链的云服务，则是真正可以充分利用网络闲散资源提供可信云服务的技术理念，是一个具有难以估量的应用前景和商业价值的技术发展方向。

目前已有多种基于区块链的、去中心化的云服务项目，这些项目是基于传统的对等网络（P2P 网络）中的每个网络结点既可以是提供服务的服务器，又可以是使用服务的客户端的理念，应用区块链对于对等网络结点进行去中心化的信任管理。这种应用区块链提供的云服务是一个去中心化的可信虚拟云服务，属于一类不需要建立庞大的、耗费能源的数据中心的云服务，也是真正利用闲散网络资源提供云服务的技术方案，具有很大的发展潜力。但目前这方面的区块链应用存在诸多的问题和不完善之处，诸如在可信服务的验证、服务质量的保证、隐私保护等方面存在问题，所采用的技术方案还是基于现有约定俗成的区块链机制（如都是基于以太坊的平台），缺少系统研究的支撑。这从另一个角度反映了目前对于区块链研究方面的缺失，以及实际区块链应用所面临的、需要系统性研究才能解决的技术问题。

5. 标识管理领域的应用

目前互联网的应用主要采用基于注册服务器的集中式标识管理，这种集中式的标识管理容易造成个人数据泄露、个人标识（如银行卡账户、手机号码等）被假冒或盗用，造成个人隐私泄露或个人财产的损失。

对基于区块链的标识管理可以从命名功能的角度进行如下分类：

- 自管理标识，用户自己拥有和控制自己的标识以及绑定的个人信息，无需依赖任何外部管理机构，也不存在该标识被收回的任何可能。
- 去中心化的可信标识，这是由某个专用服务基于已有可信证书（如护照）提供的用户标识证明的服务，并且标识的真实性证明数据被保留在区块链中，可用于后续第三方的验证。

虽然目前基于区块链的标识管理试图提供去中心化的标识管理，并且能防御中间人攻击，但现有的基于区块链的标识管理方案还是依赖于标识管理中心，并不能控制标识管理的所有环节而真正防御中间人攻击。所以，目前基于区块链的标识管理方案并没有能真正提供去中心化的标识管理能力。

基于区块链的标识管理可以允许对等共享个人标识以及相关的信息，这样可以提供对个人数据更大的控制力度，降低个人信息泄露的风险。而结合标识验证和数字标识符可以提供数字水印，实现对于电子版的论文和著作等知识产权的保护。

标识管理在互联网中的最主要服务是域名服务，目前互联网的域名服务存在受到拒绝服务攻击、域名服务欺骗、域名服务缓存记录篡改，以及攻破域名服务器或攻破证书服务器之后发布假域名对应的网络地址，或发布假证书等攻击。而采用基于区块链的去中心化域名服务和证书服务，可以提供更加安全可信的域名服务和证书服务。虽然现在已经提供的互联网去中心化服务受到了产业界和学术界的广泛关注，但这方面的技术并不成熟，还存在可缩放性较低和能耗过高等技术问题。

6. 电子投票领域的应用

由于去中心化的信任管理是互联网一直缺失的能力，所以，互联网其他应用也都在探索有关区块链的可能应用，例如在电子选举、网上拍卖、供应链等领域的应用。

基于区块链的电子投票应用虽然与大部分的区块链应用一样都没有达到标准化程度，但在全球各地已经有了几个成功运行的系统，其中包括城市居民参与城市管理、公司股东参与公司管理，以及辅助国家选举等方面的投票应用。传统的投票强调投票状态的权威性，而基于区块链的电子投票则强调投票者的透明性，这个过程是透明、去中心化、自下而上的。而采用基于区块链的电子投票带来的益处是：可以消除投票的舞弊，鼓励更多的选民参与投票，提供严格的身份验证功能，提供严格的投票人的隐私保护，加快计票的速度，杜绝不确定的选票，提供更加透明和清晰的、经得起后续审计的选票过程。而目前基于区块链的电子投票存在的问题是：公众对于基于区块链的电子投票的信任和信心；区块链技术的成熟度，以及基于区块链的电子投票软件系统的成熟度。

7. 区块链应用存在的问题

从以上区块链在不同领域的应用现状可以看出，区块链应用研究和开发十分活跃，其结果也令人对于未来的区块链应用发展前景充满信心。但也反映出了目前存在的问题：除比特币之外的应用都不算成熟，并没有完全把握这类技术的本质，无法驾驭这类技术的复杂程度，缺少公认的区块链应用技术体系等。

首先，区块链是一类尚未成熟的技术，但却受到了大量的、言过其实的报道。Brian A. Scriber 通过对 23 个区块链应用项目的分析得出如下结论：大部分区块链应用项目无法从区块链应用中获益。并且提出了 10 条评价是否适合应用区块链的指标：不可更改、透明、信任、标识、分布、工作流、交易、历史记录、生态系统、低效率，并给出了"信任"占 16%的权重，"生态系统"占 15%的权重，"不可更改""透明""交易"分别占 12%的权重，"分布"占 10%权重，这六项评价指标就占了 77%的权重，属于核心评价指标。

其次，区块链属于应用类技术，涉及数据加密、数据管理、网络安全、网络连接、数字货币、可信管理等诸多信息和通信技术领域的理论与技术，需要具有较为系统和深入的信息与通信技术应用研究基础，才能进行深入研究，从而提炼出区块链的概念和原理。虽然国际上对于区块链已经有一定程度的研究，但尚没有达到深入和完善的程度。这样也就很难开展有效而实用的区块链应用研究和开发。

目前影响区块链应用研究和设计层面的主要技术问题包括：如何明确定义区块链？如何准确描述区块链的技术特征和技术原理？如何构建通用区块链应用模型以及应用方法？

7.3.4　区块链的应用模型

为了探讨通用的区块链应用模型，需要将比特币系统中与区块链应用相关的术语更改为不具有数字货币应用领域特征的术语，并且在此基础上，从互联网的服务提供角度，构建一个区块链的通用应用模型，如图7-6所示。

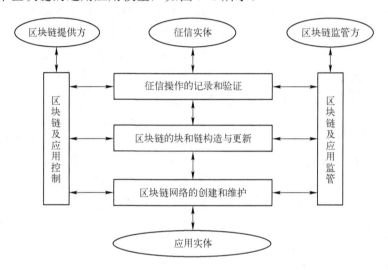

图 7-6　区块链的通用应用模型示意图

应用模型中的部件分成两类，一类是采用椭圆形表示的实体部件，这些实体部件包括区块链的应用实体，如征信实体、区块链提供方和区块链监管方。另一类是采用矩形表示的功能部件，这些功能部件包括：区块链网络的创建和维护功能、区块链的块和链构造与更新功能、征信操作的记录和验证功能、区块链及应用控制功能，以及区块链及应用监管功能。

1．应用模型的实体部件

应用模型中的应用实体对应了比特币系统中的对等结点，表示参与区块链应用的网络结点或者该网络结点的拥有者。应用实体可以通过应用模型中定义的"区块链网络的创建和维护"功能，发现区块链网络结点，并连接到区块链网络，成为区块链网络中的一个应用结点。

应用模型中的征信实体对应于比特币系统的钱包，表示区块链应用需要进行信任管理的征信操作的承载实体。征信实体可以参照钱包的标识方式，采用公钥哈希值表示其地址。征信实体中所有的征信操作都需要通过应用模型中定义的"征信操作的记录和验证"功能，确保其操作的可信度。

应用模型中的区块链提供方和区块链监管方是考虑将区块链应用作为互联网中的一类服务而设定的两个实体，其作用是满足互联网服务提供的技术规范和相关法律法规，使得互联网上的区块链应用可以灵活配置和控制，基于互联网的区块链应用可以被监管，以确保不会违反互联网安全以及隐私保护的法律法规。

2. 应用模型的功能部件

应用模型中的"区块链网络的创建和维护"功能部件向应用实体提供发现区块链网络结点，连接区块链网络，在区块链网络上获取待验证的征信操作记录，通过区块链网络广播已经验证成功的块，以及调用区块链应用相关服务等功能。该功能部件提供了类似于比特币系统中对等结点提供的建立对等网络、淘金等功能。

应用模型中的"征信操作的记录和验证"功能部件向征信实体提供记录征信操作的数据结构，通过相应的脚本执行征信操作约定的信任管理流程，验证征信操作的有效性等功能。该功能部件提供了比特币系统中钱包所提供的交易功能。

应用模型中的"区块链及应用控制"功能部件和"区块链及应用监管"功能部件，分别提供对应于应用模型中定义的区块链供应方和区块链监管方必须提供的区块链应用控制与监管的功能。这是将区块链应用作为互联网服务的两类必不可少的功能。其是将比特币应用作为一类互联网服务而设置的功能部件，这与独立于互联网运行的比特币系统不同，在比特币系统中并没有对应等功能部件。

应用模型中的"区块链的块和链构造与更新"功能部件提供了区块链应用中的"块"和"链"的构成和验证功能，所有的征信操作的记录都必须通过该功能验证有效之后才能组成块，然后在完成对块的有效性验证之后，连接到区块链上。这里涉及区块链最为核心的、为了达成所有区块链结点共识并且防御网络攻击的、类似于比特币系统"工作量证明"的"共识"机制。

应用实体通过"区块链网络的创建和维护"功能部件，调用"区块链的块和链构造与更新"功能部件的"块"和"链"的构成与验证功能，进行类似于比特币系统"淘金"的验证工作，提供区块链应用的服务。

有关区块链的通用应用模型的有效性和实用性还需要进一步通过互联网环境下实际的区块链应用项目的开发和实验，才能得到验证。

7.3.5 区块链的应用方法

在研究了面向物联网的区块链应用模型之后，需要进一步探讨面向非数字货币的其他应用领域的区块链应用相关的技术问题，这样才能与区块链的应用模型结合，构成一个面向非数字货币领域的区块链应用方案。这里涉及面向比特币的区块链应用中的钱包、交易、对等结点和比特币块等概念在其他应用领域的对应概念的定义，以及面向比特币的区块链应用中的区块链的"块"和"链"结构及其构造机制，在其他应用领域对应的数据结构和构造机制的设计与分析。

1．区块链应用的必要性判定

由于区块链及其应用研究已经提升到国家战略发展层面，所以，目前国内对于区块链及其应用的研究已经成为一个高度聚焦的热点，出现了诸如基于区块链的录取通知书管理、基于区块链的证件管理、基于区块链的学籍管理、基于区块链的票务管理等一系列关于区块链应用研究工作的报道。根据区块链的原理，区块链仅仅是用于解决互联网去中心化信任管理的一项技术，它并不是一项万能的信任管理技术。在实际进行区块链应用的分析和设计之前，首先需要判断是否是适合于区块链应用的场景或应用需求。

如何确定适合于区块链的应用领域？应用区块链至少需要满足以下两个条件：

其一，必须属于网络应用中的信任管理的应用范畴。适合于区块链应用的相关操作必须涉及网络环境下的信任管理内容，并且有确凿的证据表明目前基于网络服务器的中心化应用方案明确存在信任方面的隐患。对于像学籍管理、证件管理这类目前基于客户机/服务器（C/S）应用模型的信任管理，已经属于一类十分成熟的互联网信任管理方法，并不存在任何安全隐患，即不需要采用基于区块链的去中心化信任管理方法。

其二，必须独立于任何权威审核。适合于区块链应用的执行成功可以由应用操作的参与方完全决定，不需要经过任何第三方的权威审核。公开竞价的商品交易、公开标价的商品交易、相关产品的溯源等应用，有应用参与方就可以成功执行，并不需要权威参与方的审核。所以，这些应用都可以采用区块链进行信任管理。而高校录取通知书的发放、毕业证书和学位证书的发放，是需要经过主管部门审核的，如果对这类应用采用去中心化的区块链进行信任管理，就无法匹配现实社会的管理模式，即属于缺乏实际应用价值的区块链应用。

在明确了可以适合于区块链的应用场景和应用需求之后，才能进入以下的实际区块链应用分析和设计过程。

2．征信操作的界定和设计方法

如何定义面向不同应用领域的信任管理的操作？这是应用区块链必须首先明确和解决的问题。例如在比特币的区块链应用中，"交易"就是面向比特币的区块链应用必须处理的征信操作，由此设计了与交易相关的数据结构、操作流程、有效验证流程，以及可信管理规则等。所以，征信操作的定义包括明确定义区块链应用需求中需要进行信任管理的操作，定义用于这类操作信任管理的数据结构，定义这类操作具有信任管理的处理流程。

在物联网数据信任管理的区块链应用中，物联网数据采集、存储、传送、处理等都是需要进行信任管理的操作，需要分别定义面向这些不同操作的信任管理的数据结构，以及相应的处理流程。

3．征信实体的界定和设计方法

为了设计和实现面向不同应用领域的征信操作，就必须进一步定义承载征信操作的征信实体。征信实体类似于面向比特币的区块链应用中的钱包。由于征信实体是征信操作依赖的数据模型，在非数字货币领域的区块链应用中，征信实体的功能除了包括征信实体的可信的、具有隐私保护的标识体系之外，还可能包括征信实体对于征信操作的其他支撑功能。

在物联网数据信任管理的区块链应用中，征信实体不仅包括数据源（采集物联网数据的装置、输入数据的客户端等），还包括了数据宿（缓存数据的网关、存储数据的服务器等）。

4．应用实体的界定和设计方法

应用实体承载征信实体，并且提供面向不同应用领域的区块链网络而创建以及维护的实体，类似于面向比特币的区块链应用中的对等结点。应用实体的定义包括了应用实体的功能界定以及联网方式的定义。面向不同应用领域的区块链应用联网方式的定义，可以进一步分析和明确在某个特定应用领域的区块链应用的必要性，也可以明确需要应用的区块链分类。如果应用实体不需要采用对等网络组网，即应用实体可以采用客户机-服务器的方式组网，则就没有必要采用去中心化的区块链。如果面向特定应用领域的应用实休需要利用专用网络的组网，则需要采用私有链的区块链。

在物联网数据信任管理的区块链应用中，应用实体对应于数据用户，需要定义这些数据用户构成对等网络的方式，以及构成的区块链类型。

5．块结构及其构造机制的设计方法

如何定义面向不同应用领域的区块链的"块"结构以及设计这些"块"的构造机制，是应用区块链实现去中心化信任管理的核心技术问题之一，这里涉及征信实体真实性验证、征信操作数据完整性保护等技术。这种块结构及其构造机制可以参照比特币中的块结构及其构造机制，但需要根据不同的应用需求，进行相应的修改。

在物联网数据信任管理的区块链应用中，块结构中需要包括征信操作涉及的数据源和数据宿的物理标识、采集和存储数据的时间戳，以及与采集或存储数据的单元形成的密码哈希值，这样才能提供征信实体对征信操作的信任管理。

6．链结构及其构造机制和设计方法

如何定义面向不同应用领域的区块链的"链"结构以及形成机制。区块链的"链"结构可以参照比特币的区块链的"链"结构，但不同应用领域的区块链形成机制并不一定都需要采用比特币中的"工作量证明"机制。"工作量证明"只是一个适用于全球互联网的数字货币管理的信任管理机制，在考虑全球互联网最大可能的传输延迟后，才设置了十分钟左右完成一个比特币块验证的"工作量证明"机制。而非数字货币领域的区块链应用不一定要采用这种机制。特别是在私有链中，并没有必要采用"工作量证明"这类强共识机制。即使在公有链中采用"工作量证明"，也可以调整比特币系统中的"工作量证明"设置，在确保应用对信任管理需求的前提下，提高共识机制的实现效率。

在物联网数据信任管理的区块链应用中，采用不同类型的区块链，可以决定不同的共识机制。基于私有链的物联网数据信任管理，可以不再设置块首的密码哈希值的目标值，而直接生成块首的密码哈希值就可以完成对块的验证，这样既可以保证数据管理的可信度，也可以提高物联网数据信任管理的区块链应用效率。

7.4 思考与练习

概念题

（1）目前常见的电子邮件安全技术包括哪几种？这些安全技术是如何解决电子邮件传递过程中的密钥协商问题的？

（2）万维网安全威胁主要来自哪几个方面？

（3）目前万维网应用系统面临的最大安全威胁是什么？如何设计万维网的安全技术？

（4）为什么需要专门设计针对万维网的攻击检测系统？如何设计这类针对应用系统的攻击检测系统？

（5）在万维网应用系统中，如何防御一些无法检测的网络攻击？

（6）什么是 SQL 注入攻击？SQL 注入攻击可以分成哪几种类型？如何防御 SQL 注入攻击？目前能够防御所有的 SQL 注入攻击吗？

（7）什么是 XSS 攻击？XSS 攻击可以分成哪几种类型？XSS 攻击可能会造成哪些危害？

（8）区块链为何称为"公用账本"？区块链是如何确保其"账本"的公用性的？

（9）区块链是如何确保网络环境下的去中心化信任交易的？

附　　录

附录 A　网络安全术语中英文对照

Agent	智能体、代理
Aggressive Mode	自信模式
Alert	告警
Audit	审计监督、审核
Authentication	真实性验证、鉴真
Authenticator	真实性验证方、鉴真方
Authorization	授权、委托
Backdoor	后门
Bit	比特、位
Certificates	证书
Certification Authority	（权威）认证中心
Certification Database	证书数据库
Certification Revocation List	证书作废表
Clearance Level	保密许可等级
Commercial Security Policy	商用安全策略
Confidential	秘密、保密
Critical	关键等级
Cryptanalysis	（密码）破译
Cryptographic Hash Function	密码哈希函数
Cryptographic Protocol	密码协议
Cryptography	密码学
Digital Signature	数字签名
Discretionary Access Control	自主访问控制
Eavesdrop	窃听、偷听
Encryption	加密
End Entity	端实体
Enrolment	登记
Header	报文头、报头
Important	重要等级
Informational message	通告报文

Integrity Level	完整等级
Issuing	发布
IP Traffic	IP 报文传递、IP 分组传递
Killer Application	杀手应用、颠覆性应用
Main Mode	主模式
Malware (Malicious Code, or Malicious Software)	恶意代码
Mandatory Access Control	强制访问控制
Message Authentication Code	报文验证码
Message Digest	报文摘要
Message Forgery	假冒报文
Military Security Policy	军用安全策略
New Group Mode	新组模式
Nonce（A Number Used Only Once）	一次性数
Object	客体
One Time Pad	一次性覆盖数（流加密算法）
Ordinary	一般等级
Payload	报文体、报体
Permission	访问许可
Privacy	隐私
Privilege	访问权限
Proxy	中介、代理
Public Key	公钥
Quick Mode	快速模式
Reference Monitor	托管监控器
Registration Authority	注册（权威）中心
Remote Access Trojan	远地访问特洛伊
Round	轮回、回合
Secret	机密
Secure Hash Algorithm	安全哈希算法
Security Association	安全关联
Security Kernel	安全内核
Security Level	安全等级
Separation of Duty	职责分离
Session Key	会话密钥
Signing	签名
Subject	主体、（证书）持有者
Tamper	干扰

Ticket	访问券、许可券
Top-secret	绝密
Trapdoor	陷门
Trojan horse	特洛伊木马
Unclassified	非机密的，无限制的
Virus	病毒
Well-Formed Transaction	正规交易
Worm	蠕虫
Zombie	僵尸（感染恶意代码并受控的联网主机）

附录 B 英文缩写词一览表

ACL (Access Control List)	访问控制列表
AES（Advanced Encryption Standard）	高级加密标准
AH（Authentication Header）	真实性验证报头
C（Cipher text）	密文
C（Confidential）	秘密
C（Critical）	关键等级
CA（Certification Authority）	认证（权威）中心
CBC（Cipher Block Chaining）	密文块链接
CDB（Certification Database）	证书数据库
CDI（Constrained Data Item）	约束数据项
CFB（Cipher Feedback）	密文反馈
COI (Conflict-of-Interest)	利益冲突
CRL（Certification Revocation List）	证书作废表
D（Decryption）	解密
DAC (Discretionary Access Control)	自主访问控制
DDoS（Distributed Denial of Service）	分布式拒绝服务
DES（Data Encryption Standard）	数据加密标准
DoI（Domain of Interpretation）	取值范围
DoS（Denial of Service）	拒绝服务
E（Encryption）	加密
ECB（Electronic Codebook）	电子密码簿
EE（End Entity）	端实体
ESP（Encapsulating Security Payload）	封装安全报体
HTTP（Hypertext Transfer Protocol）	超文本传送协议
I（Important）	重要等级
ICV（Integrity Check Value）	完整性校验值
IKE（Internet Key Exchange）	互联网密钥交换
IP（Internet Protocol）	互联网协议
IPsec（IP security）	安全 IP

ISAKMP（Internet Security Association and Key Management Protocol）
互联网安全关联与密钥管理协议

IVP（Integrity Verification Procedure）　　　完整性验证过程
KDC（Key Distribution Center）　　　　　密钥分发中心
MAC (Mandatory Access Control)　　　　　强制访问控制
MAC (Message Authentication Code)　　　　报文验证码，报文真实性验证码
MD (Message Digest)　　　　　　　　　　报文摘要
O（Ordinary）　　　　　　　　　　　　一般等级
OFB（Output Feedback）　　　　　　　　输出反馈
P（Plain text）　　　　　　　　　　　　明文
PGP（Pretty Good Privacy）　　　　　　　完美隐私
PKI（Public Key Infrastructures）　　　　　公钥基础设施
POT（Pyramid of Trust）　　　　　　　　信任金字塔
RA（Registration Authority）　　　　　　注册（权威）中心
S（Secret）　　　　　　　　　　　　　机密
S/MIME (Secure/Multipurpose Internet Mail Extensions)　安全多用途互联网邮件扩展
SET（Secure Electronic Transaction）　　　安全电子交易
SHA (Secure Hash Algorithm)　　　　　　安全哈希算法
SoD（Separation of Duty）　　　　　　　职责分离
SPI（Security Parameter Index）　　　　　安全参数索引
SSL（Secure Socket Layer）　　　　　　　安全套接层
TCP（Transmission Control Protocol）　　　传输控制协议
TP（Transformation Procedure）　　　　　转换过程
TS（Top-Secret）　　　　　　　　　　　绝密
U（Unclassified）　　　　　　　　　　　非机密的，无限制的
UDI（Unconstrained Data Item）　　　　　非约束数据项
UDP（User Datagram Protocol）　　　　　用户数据报协议

附录 C　常用数学符号一览表

K　　　　数据加密方法中定义的密钥

E　　　　数据加密方法中定义的加密算法

D　　　　数据加密方法中定义的解密算法

PK　　　公钥加密方法中定义的公钥

VK　　　公钥加密方法中定义的私钥

$K_{A,B}$　　传统数据加密方法中 A 和 B 双方共享的密钥

N_A　　　A 方产生的随机一次性数

AS　　　真实性验证服务器

P　　　　明文

C　　　　密文

E_K　　　以 K 为密钥的数据加密算法

D_K　　　以 K 为密钥的数据解密算法

KS　　　流加密算法中定义的密钥流

$K\{P\}$　　以 K 为密钥对明文 P 进行加密

$E(K, P)$　以 K 为密钥、采用加密算法 E 对明文 P 进行加密

$D(K, C)$　以 K 为密钥对密文 C 进行解密

$a \oplus b$　　a 和 b 进行比特位的"异或"操作，即 $1 \oplus 1 = 0, 1 \oplus 0 = 1$

$a \wedge b$　　a 和 b 进行比特位的"与"操作，即 $1 \wedge 1 = 1, 1 \wedge 0 = 0$

$a \vee b$　　a 和 b 进行比特位的"或"操作，即 $1 \vee 1 = 1, 1 \vee 0 = 1$

$a \parallel b$　　a 和 b 进行两个比特串或符号串的合并操作，即 $1 \parallel 1 = 11$

$a \bmod b$　以 b 为模数，对 a 进行取模操作，即求以 b 为除数的 a 的余数

$\neg a$　　　对 a 进行比特位的"补"操作，即 $\neg 1 = 0, \neg 0 = 1$

$X << n$　对寄存器 X 中的二进制数左移 n bit，移位后 X 右侧填补 n 个 "0"

$X >> n$　对寄存器 X 中的二进制数右移 n bit，移位后 X 左侧填补 n 个 "0"

参 考 文 献

[1] ANDERSON R J. Security Engineering, A Guide to Building Dependable Distributed Systems[M]. New York:John Wiley & Sons, Inc., 2001.

[2] ALSHAMRANI A, MYNENI S, CHOWDHARY A, et al. A survey on advanced persistent threats: Techniques, solutions, challenges, and research opportunities[J]. IEEE Communications Surveys & Tutorials, 2019, 21(2): 1851-1877.

[3] CROCKER S D. Protecting the Internet from distributed denial-of-service attacks: a proposal[J]. Proceedings of the IEEE, 2004, 92(9): 1375-1381.

[4] DENNING D E.An intrusion-detection model[J]. IEEE Transactions on Software Engineering, 1987, 13(2): 118-131.

[5] DIFFIE W, HELLMAN M. New directions in cryptography[J]. IEEE Transactions on Information Theory, 1976, 22(6): 644-654.

[6] DIFFIE W. The first ten years of public-key cryptography[J]. Proceedings of the IEEE, 1988, 76(5): 560-577.

[7] DENNING D E, SACCO G M. Timestamps in key distribution protocols[J]. Communications of the ACM, 1981, 24(8): 533-536.

[8] FERRAIOLO D F, KUHN D R, CHANDRAMOULI R. Role-Based Access Control[M]. Boston: Artech House, 2003.

[9] KHATTAK S, RAMAY N R, KHAN K R, et al. A Taxonomy of Botnet Behavior, Detection, and Defense[J]. IEEE Communications Surveys & Tutorials, 2014, 16(2): 898-924.

[10] HELLMAN M. An overview of public key cryptography[J]. IEEE Communications Magazine, 1978, 16(6): 24-32.

[11] RUDD E M, ROZSA A, GÜNTHER M, et al. A Survey of Stealth Malware Attacks, Mitigation Measures, and Steps Toward Autonomous Open World Solutions[J]. IEEE Communications Surveys & Tutorials, 2017, 19(2): 1145-1172.

[12] NEEDHAM R M, Schroeder M D.Using encryption for authentication in large networks of computers[J]. Communications of the ACM, 1978, 21(12): 993-999.

[13] ROTHE J. Some facets of complexity theory and cryptography: a five-lecture tutorial[J]. ACM Computing Surveys, 2002, 34(4): 504-549.

[14] RIVEST R L, SHAMIR A, ADLEMAN L.A method for obtaining digital signatures and public-key cryptosystems[J]. Communications of the ACM, 1978, 21(2): 120-126.

[15] WOO T, LAM S S.Authentication for distributed systems[J]. Computer, 1992, 25(1): 39-52.

[16] STALLINGS W.Cryptography and Network Security, Principles and Practice[M]. 2nd ed. New Jersey:Prentice-Hall, 1999.

[17] BUCZAK A L, GUVEN E. A Survey of Data Mining and Machine Learning Methods for Cyber Security Intrusion Detection[J]. IEEE Communications Surveys & Tutorials, 2016, 18(2): 1153-1176.

[18] MITROPOULOS D, LOURIDAS P, POLYCHRONAKIS M, et al.Defending Against Web Application Attacks: Approaches, Challenges and Implications[J]. IEEE Transactions on Dependable and Secure Computing, 2019, 16(2): 188-203.

[19] TSCHORSCH F, SCHEUERMANN B.Bitcoin and Beyond: A Technical Survey on Decentralized Digital Currencies[J]. IEEE Communications Surveys & Tutorials, 2016, 18(3): 2084-2123.

[20] KSHETRI N. Can Blockchain Strengthen the Internet of Things[J]. IT Professional, 2017, 19(4): 68-72.

[21] DINH T, LIU R, ZHANG M, et al.Untangling Blockchain: A Data Processing View of Blockchain Systems[J]. IEEE Transactions on Knowledge and Data Engineering, 2018, 30(7): 1366-1385.

[22] DUNPHY P, PETITCOLAS F A P. A First Look at Identity Management Schemes on the Blockchain[J]. IEEE Security & Privacy, 2018, 16(4): 20-29.

[23] The Bitcoin Wiki[EB/OL].(2021-2-9) [2021-4-12]. https://en.bitcoin.it/wiki.